길 따라, 터를 찾아

길 따라, 터를 찾아
장태현 교수의 도시문화 스케치 기행

초판 1쇄 펴낸날 2009년 2월 20일

지은이 장태현
발행인 오휘영
펴낸곳 도서출판 조경
등록일 1987년 11월 27일 | **신고번호** 제406-2006-00005호
주소 경기도 파주시 교하읍 문발리 파주출판도시 529-5
전화 031.955.4966~8 | **팩스** 031.955.4969 | **이메일** klam@chol.com
필름출력 오렌지 P&B / **인쇄** 우성프린팅

ISBN 978-89-85507-57-8 93530

* 파본은 교환하여 드립니다.

정가 25,000원

길따라, 터를 찾아

장태현 교수의
도시문화 스케치 기행

도서출판
조경

나는 아직도 사고 당한 것을 인정하고 싶지 않은 듯하다. 병실 문이나 침대 발치에 걸려있는 이름과 병명은 내 것이 아니라 동명이인의 것이려니, 나와는 무관한 것이려니 하는 생각으로 작금의 내 현실을 인정하지 않으며 지금까지 용케도 지내오고 있는 것 같다.

마침 제자들을 통하여 이 책을 출판하게 되었다 하니 고맙기 그지없고, 나의 뜻을 깊이 이해하고 있는 김민중 소장과 김문모 사장, 고재환 준비위원장과 준비위원 여러분들의 노고에 감사할 따름이다. 천박한 글이나마 기꺼이 출판하여 주는 도서출판 조경 측에도 깊은 감사의 마음을 전하고자 한다.

이 책이 세상에 빛을 보게된 시발점은 중국 방문 답사 기회를 통하여 중국에 관심을 갖게 되면서 조금씩 정리해둔 생각들과 그림들이었다. 우선 양국의 배경이 서로 달랐고 변모하여 가는 중국의 속도에 흥미가 있었으며, 길 따라 펼쳐지는 답사를 해나가면서 우리와 관련이 있는 장소에 눈을 돌리게 되었다.

글들이 어느 정도 정리되어가는 순간까지도 '우리' 와 인연이 있는 연변땅은 생각만하면 가슴이 울렁거리고 그들의 현실에 연민의 정을 저버릴 수 없었다.

고구마 줄기마냥 마을들이 엎드려 있고 몇 대를 이어가면서도 강 건너 고국땅에 묻히리라 세월을 훌쩍 보내었을 우리의 피붙이들이 잊혀지지 않고 머릿속을 지나가고 있다. 비록 중국 쪽의 700리 길만 답사하였을 뿐인데도 지난날의 어제가 눈에 아물거리며 지나가고 있다. 조금 더 내륙으로 들어와 정착된 마을은 배치 상 안정되어 있는 모습이지만 이동한 집들이 많아 중국 한족들에 동화되어가며 점차 변모해가고 있었다. 그리고 이보다 더욱 도시와 가까운 마을들은 거의 한족 도시화에 동화되어 있었다. 정책상으로 "자치주" 로 남아 있지만 폐허가 되어가는 조선족의 흔적들은 겉모습만 활기차게 물들어 가고 있을 뿐이다.

어쩌면 그러한 아쉬움이 글을 쓰게 했고, 붓을 들게 했을지도 모르겠다.

이러한 시각으로 길 따라 매달린 크고 작은 마을들을 들여다 볼 수 있고 도시의 동화 과정을 파헤쳐 볼 수 있는 눈으로, 비록 주마간산격이라도 지나간 역사와 오늘의 모습을 바탕으로 줄기와 터전들의 미래를 예측해보며 소개해보고자 한다. 1990년도 초부터 드나들기 시작한 것이 어언 30회가 넘었으니 웬만한 변화 과정이나 역사를 파악하고 있어 그들의 나아갈 길을 예측하게 된다.

또한 중국 변두리에 위치하고 있는 여러 소수 민족들의 자치주와 여러 면으로 비교도 가능하게 되었다. 자치주와 자치구 또는 현의 구분은 차지한 규모에 따라 행정 단위의 차별을 둔 것일 뿐, 자치 능력에 따른 수준 차이가 아니다. 안타까운 마음으로 바라보게 된 것은 연변 지역과 한족과의 밀접한 관계와 역사적 관계를 예민한 눈으로 들여다보고 나름대로 동화 정책을 구분할 수 있게 되었기 때문이다.

오늘이 있기 전 건강이 상하기도 했었고 경제적 부담도 있었지만 가장 난처했던 경우는 공안당국의 엉뚱한 오해가 생긴 경우였다. 간혹 주변의 가까운 사람까지도 굳이 그렇게 힘든 과정을 겪으면서까지 교류 협력 사업을 해야 하냐면서, 그 필요성에 의문과 비판어린 시선을 보내기도 했었다. 그렇지만 일에 대한 성취감과 나름대로의 보람을 얻어나가면서 오늘에 이르러, 후회는 없다. 다만 이제는 후학들이나 후배들에게 그 사명감을 전해주어야 하는 점이 시원섭섭할 뿐이다.

또한 각박한 도시에 살아가는 한 사람으로써 하루가 다르게 변해가는 마을의 모습을 보면서 그림으로나마 담아둘 수 있었던 점에 깊이 감사하려 한다.

건강한 몸이 아니고 정신적으로 집중력이 떨어진 상태여서,
안내의 글을 부득이 이쯤에서 마쳐야겠다.
왜냐하면 이 글도 제자가 정리하여야 하기 때문이다.
독자들의 깊은 이해를 구하며
글을 마무리하려 한다.

2009년 2월

장태현

1부. 중국을 더듬으며

2부. 잊혀진 흔적들을 찾아

3부. 쥬라기 공원의 공룡

4부. 한국의 중소도시공원

_ 변하고 있는 오늘의 북경

_ 내일의 상해, 어제의 소주와 항주

_ 오늘의 중국 경제와 전통 원림의 진원지

_ 동서 문화 교류의 길목

_ 우리 민족이 숨쉬는 곳 연변

_ 우리의 숨결을 찾아

1부_중국을 더듬으며

죽의 장막 중공을 중화인민공화국으로 인식하는데에는 4회에 걸친 중국여행이 많은 영향을 미치지 않았나 싶다.

중국에 대한 첫인상은 1990년 8월 5일 홍콩을 경유, 이유도 밝히지 않는 비행기 결항에 미덥지 못한 불쾌감으로부터 시작된다. 그후 지난해 8월 여행때까지 내륙 비행기 안에서의 석고 같았던 스튜어디스의 미소가 조금은 자연스러워 보이고, 군인과 공안원 그리고 복무원의 복장이 식별되면서부터도 그러한 첫인상은 쉽게 변하지 않았었다.

오히려 그 보다는 사회 여러 측면에서 선택의 기회를 제공하겠다는 자신감의 표현이 "호아호아" "만만디"로 인식되었던 그들의 첫인상을 빠르게 지워나가기 시작하였다. 그들의 강한 자존심의 표현으로 사회주의 시장경제라 강조할 뿐이지 개인소유를 확대하고 전형적인 현실주의를 가리기 시작하면서부터 중공이라는 한정된 껍질을 급하게 벗기어 나가고 있었고, 그들의 장래를 예측하기에도 충분하였다.

40년전에 "공산주의는 사랑이 아니고 오직 적들을 깨부수기 위한 해머다"라고 모택동은 평했었지만 1989년 6·4사태때 인민해방군은 그들의 적을 잘못 선택하였고 등소평은 옛날의 등소평이 아닌 라오핑(늙은 등소평)이 되었을 때부터 이러한 현상은 더욱 눈에 띄게 나타나는 것 같았다.

상실된 그의 카리스마를 되찾기 위함인지 몇 년 사이에 개인기업의 대형 합자빌딩이나 여유있게 높고 넓게 확대되어가는 고층 주택군이 그 동안의 당과 국가 중심 건축물들과 대치되어가고 있었고, 아시안 게임과 2000년대 올림픽을 준비하기 위한 도시정비사업도 해가 갈수록 활발하게 움직이고 있었다. 또한 중국하면 자전거의 물결을 연상했었으나 100여미터나 되는 넓은 장안가에도 이제는 승용차와 택시 등에 밀린 자전거의 곡예가 연출되고 있어 여유있게 보이던 자전거의 흐름도 옛날 이야기가 되고 말았다.

여하튼 "10년전의 중국을 상상할 수 없듯이 앞으로 10년 후의 중국을 예측할 수 없을 것" 이라고 40여년 동안의 착오를 간접적으로 인정하면서까지 개혁 이후의 변화에 자신감을 갖고 있는 것을 보면 그들은 역시 다시 깨어나고 있는 것이 틀림 없었다.

이러한 격동기의 중국을 매년 찾을 때마다 들르게 되는 곳이 북경이고, 들렀다 하면 지나는 곳이 천안문 앞 광장이다.

••••중국의 심장 천안문天安門광장

천안문을 뒤로하고 금수교 위에서 강한 축선상에 건조된 인민 영웅 기념비와 모택동 기념관이 보인다. 모택동 기념관을 중심으로 남쪽으로는 정양문이 있고 이어서 전문루前門樓가 남아있는데 그림에서는 보이지 않는다.

그림 좌측으로는 동장안가東長安街, 우측으로는 서장안가西長安街로 이어져 북경시가지

_ 북경의 천안문 광장

를 관통하는데 그 길이가 42km에 이르고 직선도로로서는 세계최장이라 하니 북경의 광활한 대지조건을 가히 짐작할 수 있다. 그림에서는 나타나지 않으나 인민 영웅비 좌측에는 혁명 박물관, 우측에는 인민 대회당이 자리잡고 있다.

세계 최대 광장중 하나이기도 한 이곳은 남북길이가 800m, 동서 폭이 500m로 50만명의 집회를 수용할 수 있다 한다. 1919년 일본 제국주의에 항거한 5·4학생운동의 진원지였으며 1949년 공화국 수립을 선포한 곳이기도 하다. 최근 6·4사태의 흔적을 쉽게 찾을 수 없고 언제나 광장은 중국의 소수민족들과 각국의 관광객으로 메워져 있었다. 지방에서 올라온 내국인들은 모택동 기념관과 인민 영웅 기념비 앞에서 주로 줄을 서 있고, 외국인들은 천안문을 배경으로한 기념사진 찍기에 분방하게 움직이고 있다. 영웅 기념비 앞에서의 소년단 의식도 볼거리이고, 자전거를 타는 젊은 여자들의 밝은 모습에서 한국여인에 비해 다리가 예쁘고 길다는 것을 알 수 있다.

이렇게 천안문 광장은 살아있는 중국의 심장으로서 움직이는 강도와 내용에 따라 오늘의 숨소리를 듣고 읽을 수 있었다. 그 심장 한 가운데의 인민영웅 기념비, 비록 우리와 이념을 달리했던 국가의 영웅들에게는 하루도 쉬지 않고 인민들이 찾아오고 4월 5일 청명절에는 꽃다발 속에 묻힌다한다.

그런데 왜 우리에게는 그렇게 가까이 할 애국탑이나 기념비가 없을까? 정권이 바뀔 적마다 애국의 기준이 틀려 정권합리화의 기념비는 있을지언정 진정한 애국비는 없지 않았는지? 건국 50주년이 가까워도 우리를 지켜주는 정신적, 시각적 지주가 가까이 없었다는 것에 무언가 허전함을 메꿀 수 없었다.

···· 몰락한 황조皇朝 자금성紫禁城

우측 그림은 자금성 내의 외조外朝부분인 태화전, 중화전, 보화전을 구도에 넣어보았다. 담 넘어 북쪽으로는 내정內庭 후삼궁인 건청궁乾清宮, 교태전交泰殿, 곤녕궁坤寧宮의 지붕만 보이고 끝부분 배경으로 만춘정萬春亭이 서 있다. 가운데의 중화전中和殿은 한변의 길이가 28m인 정방형 건물인데 이곳에서 휴식을 취하거나 신하들의 봉축을 받던 곳이라 한다.

이곳 측면에서 보면 북해공원의 아름다운 백탑白塔이 보인다. 이러한 옛질서의 상징인

_ 북경의 자금성

자금성에 들어오려면 혼돈속에 창조적 가치를 발견했다는 천안문에 걸려있는 모택동 사진밑을 통과하거나 지난 역사에 민감하여진다면 자금성의 정문인 우람한 오문午門 전면 좌우측 문을 통해 들어올 수도 있다. 높이 38m, 벽두께 36m에 이르는 최대의 성문을 통과하면서부터는 누구나 커다란 기대를 갖고 나름대로 눈여겨 볼 사전 각본을 구상하게 된다.

그러나, 너무나 다양한 요소가 제한된 시간내에 화려하게 전개되고, 그 넓은 큰 공간에 압도되거나 관광인파에 밀리다 보면, 의미있는 공간이나 시설들을 흡족하게 음미한다는 것이 무리인 것을 깨닫고 같이 흥분하게 된다.

2회에 걸친 답사 기회때까지도 전삼전前三殿인 외조外朝 부분 사진찍기에만 급급했었으나 지난해 여름 기회때는 후삼궁과 어화원御花園을 거쳐 신무문神武門으로 나올 수 있을 정도로 마음과 시간의 여유를 갖출 수 있었다.

황제를 상징하는 황금색 기와로 뒤덮힌 이 황궁은 신해혁명으로 청나라가 타도되자 1913년 박물관으로 개방된 곳이다. 북경 외성의 영정문永定門, 천자의 문으로 도시 중앙에 있는 정양문正陽門, 황성의 천안문, 그리고 자금성의 오문을 통과하기까지의 강한 축선에 나타나는 경직감과 당시의 의식을 상상한다면 태화전 앞에서의 감정이란 가히 짐작할 수 있을 것 같았다.

천안문 앞에 걸려 있는 구호 문구대로 "중화인민공화국, 세계인민 대단결 만세"를 실천하려 함인지 아니면 지난날 태화전 앞뜰을 메웠던 문무백관들과 같이 관광객은 언제나 인산인해를 이루고 있었다. 혹은 몰락한 황조를 끌어안으려는 듯 화원 구석구석을 두리번거리고들 있었다.

이리저리 바쁘게 더듬으면서도 우리의 지난날이나 현대사와 비교되곤 하는데, 그나마 오를 산이나 있어 마음을 다스렸거나 산사山寺에서 시름을 풀게했던 우리의 정치사가 오히려 숨통이 트이지 않았겠나 할 정도로 참으로 답답한 울타리 안을 빠져나오니 어느덧 만춘정 앞 주차장이었다.

····하늘과 통하는 천단공원天壇公園

자금성을 중심으로 하여 동, 서에 일단日壇, 월단月壇이 대칭거리에 위치하여 있고, 남, 북 같은 거리에 천단과 지단地壇이 동일 축선상에 자리잡고 있다. 천안문 광장 남쪽 밑에 위치한 천단공원은 약 270만㎡로 오랜 역사를 갖고 있다 한다.

_ 북경의 천단공원

현재 중국에 남아 있는 최대의 사당식 건물로서 3층의 대리석 기단 위에 3층의 원형건물로 높이 38m, 직경 30m에 이르는 기원전은 고도의 건축예술을 자랑하고 있었다. 목구조로 둥근 평면을 갖추었다는 것과 원의 중심으로 모아지는 골 기와폭의 변화를 절묘하게 해결한 건축기법도 신비스러웠지만, 짙푸른 유리기와는 북경의 푸른 하늘과 멋지게 조화되고 있었다.

황궁우皇穹宇는 역대 황제의 위패位牌를 모신 목구조의 원형 건물인데 그보다는 건물을 둘러싼 원형 회음벽回音壁에 관심을 갖게 된다. 관광객 누구나 신기함의 표정으로 담에 기대어 벽쪽을 향해 말을 하면 60여미터 떨어진 곳에서도 전화통화를 하는 것 같이 잘 들린다 하는데 하늘을 대신하는 황제만이 통화가 가능했던지 하도 많은 관광객들의 혼선상태는 구분할 수 없었다.

환구還丘는 3층의 원형 대리석 단으로 하늘에 기원을 드리는 곳이다. 상단 원의 중심돌 위에서 하늘을 우러러 보면 몸체가 뜨는 현상이 있다하기에 올라서 보았더니 현기증만 날뿐 순서를 기다리는 다음 황제들에게 그만 자리를 물려주고 말았다. 주요시설 모두 남북 일직선 축선상에 위치하여 있고 너무도 지루했던 거리감각과 더위에 지쳐 그후 몇 번의 답사기회 때에도 제대로 둘러볼 엄두를 못 냈었다.

····사치의 극치 이화원

북경 서북쪽 16km 지점에 있는 290만㎡의 면적을 갖춘 이화원은 만수산과 곤명호의 총칭이다. 8백여년전 금나라때 호수를 확장하여 전체부지의 3/4이 호수로 되어 있다. 1860년 영, 불 연합군의 침략으로 파괴되었으나 1888년 서태후의 과욕으로 재건되어 그의 은거지로 삼았었다 한다.

청조 멸망을 재촉했던 원인의 장소이기도 하지만 궁宮, 전殿, 원園, 림林이 가히 예술적 공간으로서 금후 중국의 정치, 사회제도가 어떻게 변한다 하더라도 다시는 만들어 낼 수 없는 황홀감의 극치를 이루고 있었다. 건물은 3천여칸인데 정치, 생활, 유람의 3개 주요 구역으로 나누어 당시의 어느 공간, 어떠한 시설에 눈이 멎더라도 불향각에 이르는 길은 엄청난 규모의 호화판이었다. 사람의 욕심과 사치가 이 경지에까지 이를 수 있었겠나 하는 의문도 확인할 수 있었고, 중국 문화가 여러 측면에서 나름대로 우수했었다는 것은 인정하고 있지만 신선사상과 불로장생을 현실로 믿었다는 것도 과연 명불허전名不虛傳이 아니었음을 확인할 수 있었다.

_ 북경의 이화원

1990년도에 기억했던 그러한 그림속에서 지난해 여름방문에서는 그 자리의 주인공이 될 기회가 있었다. 북경 원림학회의 특별안내 과정에 서태후의 전용극장이던 덕화전德和殿과 이락전, 3층의 대희루大戲樓의 경극京劇 무대를 새롭게 밟아 보았고, 아름다운 장랑長廊의 780m를 걸을 때에는 잠시나마 '서태후' 부러운 것을 몰랐었다.

이러한 기분의 극치는 이화원의 정전正殿앞 배운문排雲門 선착장에서 특별 전용배를 탔을 때 절정을 이루게 된다. 그날 저녁 이름모를 황실식당에서의 만찬은 비록 1992년 IFLA행사 때의 고마운 정의 진솔한 표현으로서만은 믿기지 않을, 후한 대접을 받았었는데 생전의 서태후가 보았다면 어떠한 표정을 지었을까 궁금하여진다.

그런데 이러한 역사적인 장소에 현대적인 편익시설과 숙박시설 투자를 위하여 한국까지 유치단을 보냈다하니 남의 나라 사정치곤 도저히 이해할 수 없는 일이었다.

····중국인의 자존심은 땅속에

우측 그림은 지하 궁전이 있는 명루明樓가 보이는 진입로이다. 북경 북서외곽 50km 지점에 창평현 천수산 남쪽 기슭에 위치하고 전체면적이 약 40㎢의 넓은 구역에 자리잡고 있다.

1409년 장릉長陵으로부터 시작해서 1644년 청나라때 사릉思陵을 마칠 때까지 2백여년을 거쳤다 한다. 좀 지루하긴 하지만 우선 이곳에 도착하기 전에 대석패방大石牌坊을 지나 대홍문大紅門을 따라 신로神路의 석상石像군들을 통과하는 것이 전체 구역을 이해하는데 도움이 된다. 13릉陵에서 유일하게 발굴한 흔적이 있는 정릉定陵은 명대明代의 13대 황제인 만력제萬曆帝와 두 황후의 능묘로서 황제가 생존해 있으면서 6년동안 완성했다 하는데 가히 지하궁전이라 불릴 정도로 호화분묘이다.

_ 13능의 명루 진입로

지하 20m 깊은 곳에 전, 중, 후, 좌, 우 다섯 개의 실室로 구성되어 있고 면적은 1,195㎡로서 이를 준공한 후 대연회를 베풀었던 황제의 모습은 발굴 당시 백골과 검은 머리카락만 남았다 하니, 인생의 무상함은 동서고금 크게 다를 바가 없겠다.

재미있는 것은 지하 안내문의 설명인데 역사적 사실 자체를 설명하기보다는 당시의 전제주의 군주들이 이렇게 인민을 핍박했었다는 교화적인 문구여서 이러한 조상 문화재를 이용하여 외화를 벌어들이려는 절박한 현실이나 극성스럽게 달려드는 암달러상들의 오늘의 삶은 어떻게 설명할 수 있을는지 묘한 대조를 이루고 있었다.

비록 인민의 피와 땀이 맺힌 땅속의 자존심이긴 하나 이를 밑거름으로 지표면을 일구어 가고 있는 오늘의 중국이 명암으로 대비되어 보이는 현장이었다.

····인간의 기획능력을 벗어난 만리장성

중국인, 그들은 어떠한 사람들이었기에 그 방대한 계획을 착상하였고 실천할 의지를 갖추었을까? 불가사의한 마력이 실감나는 "고대 건축의 기적"이라 불릴만 하였다.

서쪽의 감숙성 가욕관에서부터 하북성의 산해관山海關까지 5,400km로 길게 이어져 있어 지구 적도 길이의 1/6에 해당되는 길이라 한다. 기원전 7세기 춘추전국시대때 각기 다른 국경의 장성을 시황제가 연결하였다 하는데 거용관과 팔달령일대의 장성은 명나라때 장성의 대표로서 성벽윗길에는 약 110m마다 돈대墩臺라 불리우는 봉화대가 있어 그 위에서 보는 풍경은 정말 장관을 이루고 있었다. 마치 뱀 따위의 거대한 동물이 꿈틀대며 기어가는 모습인데 목숨을 잃어가며 희생됐던 무수한 혼령들을 밟으며 즐거워하는 그 많은 인파에 질리어 오랜 시간 머무르기가 거북하였다.

대체 왜 이런 장성을 만들어야 했을까? 인간으로서 착상해낼 이런 기획을 했었다면 왜 깨우치지 못했을까? 핑퐁외교를 앞세운 미국의 조그만 탁구공 틈으로 코카콜라가 스며들어 전국을 적시고 있는데, 차라리 시간을 초월한 전위미술품으로 평가함이 우직한 방어구축물 보다는 낭만적이라 할 수 있겠다. 아니면 그림속의 "멀리 높이 보이는 루가 남서루南西樓이고 앞에 보이는 루가 3번루로서 신이 만들어낸 지극히 인간적인 조형물"이라고 하던지.

이상 여섯 곳의 그림 대상 이외에도 북경시내와 근교에는 황실과 관련된 문화공원이 많이 남아있고 자연경관과 사찰을 중심으로한 대상지가 무수히 산재되어 있다.

그동안 중국의 역사도 흥망성쇠의 부침이 심했고 특히 근세사의 여건으로 보아서는 역사문화에 대한 보존이 여의치 못했을 것으로 짐작하였는데 원형에 가깝도록 그 많고,

_ 북경의 만리장성

크고, 화려하고, 다양하고, 섬세한 문화재의 질質이 부럽기만 하였다. 또한 이렇게 남아 있다는 자체가 그들의 잠재력이 아닌가 생각되어 새삼 그들의 문화감각에 압도감을 갖게 되는 것은 누구인들 부인할 수 없을 것이다.

다만 우리의 문화와 직접 비교한다는 것이 역사적 배경, 자연조건 등에 따라 의미는 없겠으나, 주로 우리의 조건에 익숙했던 눈과 자세로 그들 문화의 현장을 대하였을 때에는 낯선 대상으로서 광활한 대지위의 거대하고 화려한 모형속을 거니는 그러한 느낌이었을 뿐이다. 그러나 북경 교외의 문화재에서는 바탕이 되는 산의 배경이 낯설지 않아서인지 그런대로 친근감을 느낄 수 있었다. 여하튼 서양인이 종교를 앞세운 과학무기로 세계를 지배하려 하고, 약삭빠른 일본인은 경제로서 대응하려 하는데, 오늘의 중국은 개방을 명분으로 그들의 문화동화정책에 우리는 그 무엇으로 대비하여야 할는지 선뜻 대안이 떠오르지 않는다.

중국은 급히 변하고 있는데 조용한 금수강산은 언제나 제 방향을 잡을 런지 말이다.

내일의 상해, 어제의 소주와 항주

앞에서는 화북華北의 중심지이며 중국의 심장인 북경 주변의 황가皇家 문화유산을 소개하였다. 이번에는 화중華中의 중심이고 개혁과 변화의 상징인 상해上海시와 원림문화園林文化의 꽃인 소주蘇州와 항주杭州시를 스케치하여 보도록 하겠다.

북경에서의 주요 그림소재는 어쩔 수 없이 지배문화의 소산을 배경으로 할 수 밖에 없었으나 이번 경우에는 다양한 소재를 선택할 수 있어 다행이었다. 그러고 보면 그 동안의 북경 방문은 교통의 편의성도 겸하여 찾게 되었지만 상해 주변 일대와 같이 볼거리를 찾아 일부러 들러보지 않았음을 깨닫게 된다.

무더위에 질려 다시는 찾지 않을 듯 하면서도 세 번이나 찾았으니 북경과는 또 다른 맛의 무엇이 남아있는가 보다.

상해의 경우 지난날에는 완전 타의他意에 의해 개방된 항구도시로서 우리의 근대사와 비교, "상하이" 란 낭만적 추억으로 더듬어 보았으나 오늘날에는 중국인 자의自意에 의해 개혁되고 있는 변화의 기수로서 중국을 활기차게 움직이는 원동력의 도시였다.

소주, 항주 역시 몇 년 전에 비하여 변화의 기미를 보이고 있으나 아직까지도 도시 구석구석과 그들의 의식속에는 놀라울 정도로 옛모습을 간직하고 있어 살아움직이는 오늘의 상해와 비교할 수 있었다.

1백여년의 시간 차이를 한나절에 오갈 수 있다는 이러한 매력 때문에 일부러 이곳을 자주 찾게 되지 않았나 새삼 생각하게 된다.

····개혁의 기수 상해

상해는 북경 및 천진과 함께 중국의 3대 도시이다. 6,300㎢ 넓이에 인구는 약 1천3백만명으로 중국 근대화의 간판이자 현대화의 상징이기도 한 상공업의 항만도시이다.

중국정권이 수립되기 전에는 열강들의 조계租界가 있었기에 시내 중심부의 건물은 근세 서구도시의 분위기가 아직도 곳곳에 남아 있다. 서구의 근대문명과 부딪친 역사성으로 보아 중국 근대사의 기점과 이곳에서 출발한 오늘의 개방물결도 결코 우연만이 아님을 깨닫게 된다.

1921년 7월 중국공산당 제1차 개최지로서, 형식과 계기는 다를지언정 변화에 대한 전통은 이어지고 있고, 그러한 물결은 쉽사리 가라앉을 것 같지 않았다.

1842년 남경조약南京條約에 의해 개항하고 나서야 도시 조성이 이루어진 곳이어서 비록 복잡하고 협소한 가로망에 교통체증이 심하였지만 최근들어 도로망을 확장하고 현대식 건물들이 곳곳에 들어서고 있어 중국 현대화의 힘찬 의지를 보여주고 있었다.

그러나 한편, 도시 전체가 사람들로 넘쳐흘러 주거공간은 홍콩처럼 매우 열악한 상태임을 예측할 수 있었는데, 도로변에 빨래나 이불들이 긴 대나무에 받쳐 널려져 있거나 연립아파트 입구에 놓인 마통馬桶은 그들의 화장실 문화와 비좁은 실내공간을 함께 대변하여 주고 있다 하겠다.

많은 인파의 대부분이 지방 떠돌이들로서 특히 상해역 광장으로 유입되는 농촌인구의 유랑민수는 대단하였고, 상상도 못했던 갖가지 기행奇行들은 내일의 기수로서 능력을 과시하고 있었다. 사람이 많다보니 사는 방법도 갖가지로서 택시잡는 과정에서나 담배꽁초를 눈치껏 버리지 못할 경우에는 기차에서 갓내린 어리숙한 그들처럼 촌놈신세가 되는 것도 우리네와 유사하기도 하다.

그러나 북경이 중후한 역사와 관료적 도시라면 상해는 쇼핑과 인간의 도시라 할 수 있겠다. 그중에서도 상해의 명동에 속하는 남경동로南京東路나 중산로는 그 아름다움으로 마치 동남아시아의 화교도시를 거니는 환상적인 분위기여서 '북경의 미인, 상해의 멋쟁이' 란 말을 이해할 수 있을 것도 같았다.

이렇게 오늘의 상해는 옛날 상하이와 같이 살아움직이는 지난 날의 전통을 이어가고 있었다.

····상해의 창窓 황포공원黃浦公園

지난 1993년 여름에는 시간의 여유가 있어 유람선으로 황포강을 돌아 보았다. 화물선들을 길게 늘어뜨리고 동력선으로 끌고가는 선대들과 돛을 단 범선들을 바라보면 옛 항구의 정경을 느끼게도 된다.

_ 상해시 남경로와 황포공원

그러나 그림에서와 같이 포구 오른쪽 시내에는 중국근대사를 웅변하는 대영제국이나 프랑스풍의 빌딩들이 강변공원을 따라 줄지어 세워져 있다. 당시 중국인들에게는 수모의 역사를 회상시키는 곳이기도 하지만 오늘날에는 좁은 주거공간의 피난처로서 시민들이 즐겨찾는 곳이다.

최근에야 "중국인과 개는 출입하지 마시오" 란 팻말이 제거되었을 뿐 수모의 역사를 지우려 하지 않고 덤덤히 용해시켜가는 그들의 모습에서 오늘의 우리 모습과 비교가 되는 그러한 장소이다. 프랑스 사람들이 설계 · 시공을 하였다 하는데 1992년도 도로확장공사로 당초 공원의 폭이 축소된 듯 하다.

····요지경 속을 헤메는 듯한 예원豫園

상해는 중국의 다른 도시에 비하여 역사가 짧아 옛 문화유적은 그리 많지 않지만 그런 가운데도 예원은 강남 4대 사가원림私家園林중의 한곳이다.

명대明代때 18년간(1559-1577) 사천성 관리였던 반윤단潘允端이 부모를 위해 조성하였다 하는데 약 4백년 동안 주인이 바뀌는 수난을 거쳐 1956년 개수되었다한다. 면적은 2만㎢로 북경의 황가원림과 비교할 수 없는 규모이지만, 건축물 배치밀도가 높고 섬세한 꾸밈이 지나쳐 인근 소주의 고정원古庭園들 보다는 무척 사치스럽고 화려하다.

_ 상해 예원의 지붕들

매년 여름 관광철에만 들려서인지 인파에 묻혀 뒤섞이다 보면 좁은 요지경속을 헤메거나 요란스러운 중국무술영화를 보고 난듯, 입구광장 호심정湖心亭에 나왔을 때에는 심호흡으로 혼란스런 머릿속을 정리해야만 하였다.

그림에서와 같이 어마어마한 관광객을 피해 시선을 위로 하여 보았다. 가뜩이나 치장이 심하고 과장이 많은 중국건축물에 날아갈 듯한 추녀와 용마루의 곡선이 용담과 함께 배경이 되는 하늘을 구성하고 있었다.

예원은 상해시 동남쪽 번화가에 위치하고 있는데 최근 도시화의 여파로 당초 규모보다 좁아졌고, 인접한 건물들이 주변 경관을 해치고 있었다. 상해시 원림국의 원림설계 원장의 이러한 걱정을 듣다보면 결코 그런 걱정을 할 필요도 없고, 하지도 않는 우리의 입장이 '과연 상팔자인가 보다' 라는 생각이 들게도 된다.

이 지역 일대에 관한 견문을 높이면서 제일 즐거운 추억으로 떠올리는 곳은 역시 소주가 아닌가 한다. 도시 전체가 운하로 연결되어 있고 23.5㎢ 길이의 도시성벽 밖에는 외성하外城河라는 운하로 감싸여 '물의 도시' 라는 말을 실감할 수가 있다.

기원전 514년 오나라 임금 합려闔閭가 개국한 이래 2천5백여년이 지났어도 당시의 가로망과 바닥포장 등 각 시대별 문화예술이 그대로 남아있는 것이 놀라울 정도로 아담한 소도시이다.

강남의 정원은 천하제일, 쑤저우의 정원은 강남제일' 이라고 일러온 말 그대로 송대宋代의 창랑정, 원대元代의 사자림獅子林, 명대明代의 유원留園 등이 북경의 황가정원과는 각기 다른 특성과 우아한 멋으로 중국정원의 진수를 보여주고 있다.

1990년도 첫해 방문에서는 이렇게도 역사의 시간이 멎을 수 있을까 의아할 정도였고, 1992년 방문때에는 1인승 인력거로 도시내의 지름길을 찾다보니 내부주택가와 시장속

_ 소주의 운하

까지 헤뒤집고 다녀 겹겹이 때묻고 훙건하게 배어나는 어제의 모습을 흡족하게 만끽할 수 있었다. 쉽게 변하려 하지 않는 그들의 생활습관이 전통에 대한 자부심의 표현인지 오늘의 도시개혁 능력의 한계인지는 몰라도 그들은 전혀 변치않고 있었다.

지난해 여름에는 그동안 찾지 못했던 도시 동남쪽의 성곽과 수문시설을 해자를 따라 둘러 보았다. 플라타너스 터널로 이뤄진 2층 루樓의 옛 상점가와 함께 평화스러운 모습은 운하도시 특유의 아름다운 구도構圖로, 오히려 그 유명하다는 정원들 보다 잊을 수 없는 정경들이었다.

그런데 최근의 소식으로는 이러한 소주를 제2의 싱가포르로 가꾸겠다는 중국정부의 야심찬 표명을 신문에서 접하게 되었다. 어떻게 변할는지 모르겠으나 우리 한국인의 개발참여 이야기가 없는 것으로 보아 참으로 다행스러운 일이라 생각되었다. 역시 그들은 우리의 때려부수는 개발 기법만은 익히 알고 있었나 보다.

····소주의 운하

우측 그림은 어느 식당에서 화장실을 찾다 주방 뒤뜰에서 찾아낸 구도이다. 수로 이용에 습관되지 않은 우리들로서 생경스러운 환경이기도 하지만 낭만적인 분위기에는 자연히 시선이 멈추게 된다. 운반 이동수단도 되고 무더운 기후를 조정하는 지혜이기도 하겠으나 생활오수가 방류되는 그들의 생활표현이 아름다운 풍경으로 나타나고 있다.

_ 소주의 운하

.... 소동파蘇東波가 놀았었다는 호구림虎丘林

중국의 정원이 자연풍경식이라 하더라도 전혀 자연에 겸손하지 못한 모습으로 살아가는 그들의 생활의식과 유사한 인상을 느끼게 한다.

_ 소주의 호구림

태호석 쌓기나 연못 호안정리기법, 창문을 통한 차경기법 등이 우리의 전통조경에 규범인 것으로 많이 나타나고 있으나 자연적인 산을 대상으로 이용한 곳은 소주에서 이곳 뿐이었다.

시내 서북쪽 5㎞지점에 높이 36m, 20ha 정도의 언덕이다. 오나라왕 합려의 무덤이 있고, 매장한 3일후 무덤앞에 흰호랑이가 앉아있었다는 전설과 함께 언덕 전체가 앉아있는 호랑이를 닮았다하여 호구虎丘라 한다.

····아름다운 원림의 도시 항주杭州

옛부터 "上有天堂, 下有蘇杭" 이라는 말이 있을 정도로 소주와 항주는 아름답다. 마르코 폴로도 그의 견문록에서 "세상에서 가장 아름답고 화려한 곳" 이라 하였다. 그중 당나라 시대에는 백낙천白樂天이, 송나라 때는 소동파가 서호西湖에 배를 띄우고 청풍명월을 즐기며 서호십경西湖十景을 찬미하는 시가 유명할 정도로 서호는 자연풍광이 좋아 항주의 상징이기도 하다. 호수 면적은 5.6㎢이고 둘레는 15㎞로서 호수 주변에는 아름다운 곳이 많고 또 그러한 자연조건을 이용한 역사 문화유적으로서 마치 울타리가 없는 박물관안을 거니는 듯한 곳이다.

어떤 면에서 욕심과 허풍이 많은 중국인들이지만 이렇게 자연을 적절히 이용할 줄 알고 아름다운 숲과 물의 절경으로서 그들 문화에 자부심을 보이는 것은 결코 과장만이 아닌 호수문화에 대한 수준으로 인정해야할 것이다.

월왕越王 주천이 오왕 부차夫差에게 바쳤다는 미녀 서시西施에 비유하여 "아침에도 좋고, 저녁에도 좋으며, 비오는 날에도 좋다" 하여, 사계절 각양각색의 매력을 서호의 아름다움과 비교하고 있다. 이러한 서호에 배를 띄우고 호수의 풍경속으로 빠져 즐기노라면 여행의 피로는 물론 고대 황제들의 휴양이나 문인 화가들의 행적을 부러워할 필요가 없게 된다.

서호를 중심으로 동북쪽은 시가화가 이루어져 있고 남서쪽으로는 근처에서 보기드문 높은 산으로 둘러져 있다. 이러한 산의 배경과 풍요로운 호수가의 숲 그리고 넓은 물요소는 같은 역사의 도시인 소주와는 또다른 느낌을 갖게 한다.

····"호수 속에 섬이요, 섬 속의 호수"인 삼담인월三潭印月

달 밝은 밤, 호수에 배를 띄우면 월광담에 비친 탑을 3개로 나눈다는 자연과 인공이 어우러진 풍치의 조화를 말한다.

삼담인월이란 섬은 넓이가 7ha이고 1607년 서호의 바닥을 준설하여 생겨난 녹주綠州에서 비롯되었다 한다. 서호의 중심섬으로 수많은 관광객이 유람원으로 가장 즐겨 들리는 곳이다.

하도 많은 문화유적들을 다 돌아보지는 못했어도 2회에 걸친 답사에서 서호의 백제白堤를 건너 고산高山주변의 방학정, 중산공원, 루외루樓外樓, 북산루의 악비묘岳飛墓, 호

_ 항주의 서호

수남쪽의 화항관어花港觀漁, 육화탑, 서쪽의 황룡방고원黃龍彷古園, 항주식물원 등을 둘러보았다.

어느 장소나 나름대로 특성이 부각되고 있는데 그래도 한가한 분위기에서의 여유있는 시간을 즐길 수 있었던 것은 황룡방고원이 아닌가 싶다. 들를적마다 아담한 숲속에서 전통 월극越劇을 보여주는데 간소하게 꾸민 무대와 적당한 크기의 공간에서 당시의 서민문화를 이해할 수 있는 싫증나지 않는 시간이었다.

어디를 가도 넓고, 많고, 어지러울 정도의 분위기였지만 은은히 대나무 숲을 통하여 귀를 자극하는 전통 취주악으로 마냥 그 장소에서 머무르고만 싶었었다. 그러나 이곳은 스케치로 설명할 수 없는 분위기와 좁은 공간으로서, 아쉽기는 하지만 다음 기회로 미루어야 했다.

주마간산격이기는 하지만 이러한 소주와 항주에서의 인상을 일견 비교한다면 소주는 다분히 인위적인 도시 구성과 높은 담장안의 정원 꾸밈이 오랜시간 흐름에도 때묻지 않고 감추려는 듯 담백한 도시로 남아있었다. 이에 비하여 항주는 한국의 자연만도 못한 조건을 화려하고 당당하게 가꾸어 도시 전체가 윤택하게 정리되었고 아름다운 원림의 극치를 과시하고 있었다.

소주와 항주의 옛 도시들을 이렇게 인상지우면서 몇가지의 의문점은 남아있는데 이러한 명원名園들이 왜 이곳에만 집중되어 있었을까? 곡창지대로 자수와 비단직포가 발달한 문화생활때문이었는지? 혹은 인근에 태호太湖가 있어 정원의 소재를 구하기가 쉬워서였는지, 아니면 그 유명한 미인의 산지로서 그들과 조화시킬 수 있는 그림의 틀을 조성하기 위함이었는지?

이 지역의 문화풍토와 도시배경을 이해하기 위해 소주에서 항주까지 운하의 배를 이용할 기회가 있었다. 25시간 동안이나 좁은 선실안에서의 인내심으로 결국은 조금이나마 중국을 이해하게 되었고 필자 개인의 인내력을 키우는데도 도움이 되었던 기억이 난다.

미국의 여류작가 펄벅이 교육받으며 자란 이곳의 어제가 『대지大地』와 같은 불후의 명작을 남길 수 있었던 곳이기에, 가도가도 끝날줄 모르는 그 넓은 벌판의 지루했던 뽕나무밭과 황폐화되어가는 전탑들이 지금도 머리속을 스쳐 지나간다.

밤새도록 줄을 이어 오르내리던 정크선단들과 배위에서 생활하는 한 가족이 손을 흔들어주며 지나가던 기억이 떠오르기도 한다. 다음날 아침 지나쳤던 조그마한 어촌에서의 떠들썩함, 한가한 대낮 무척이나 조용했던 넓은 대지의 마을들이 내일은 어떻게 묘사될까 궁금하어지기도 한 상해 일대의 추억들이다.

북으로는 훼세산령羅雪山嶺에 남쪽으로는 대해大海에 닿아 북고남저北高南低의 지형을 갖추고 있고 구릉과 평야를 엮고 있는 서장강西江, 베이징강北江, 동장강東江이 모여 주장강珠江을 이루고 있는 곳에 광주시廣州市는 자리잡고 있다.

광동성 인구 6천만의 정치, 경제, 문화의 중심지인 광주시는 중국경제의 희망이요 내일의 중국을 예고하고 있는 도시이다.

또한, 이곳 광주시에서 서북쪽에 위치한 계림시桂林市는 항공편으로 1시간 남짓 거리이고 중국을 대표하는 관광지로서 세계적인 명성을 얻고 있는 곳이다. 약 1억 8천년전의 지각변동에 의해 해저가 융기되어 육지로 되었다 하는데 해저의 석회암이 지상의 오랜 풍수에 침식된 결과 오늘날과 같은 특이한 경관이 만들어 졌다 한다. 온화한 기후에 사철꽃을 보게된다 하지만 그보다는 독특한 봉우리와 지형이 평소 상상할 수 없었던 지형이라 창조주의 놀라운 경관조성 능력에 그저 감탄사만 나올뿐이다.

····앞서가는 도시 광주

우선 광주를 보고자 하면 도시의 역사적 배경을 이해하여야 할 것이다. 중국 근대혁명의 발원지이고 1979년 중국 최초의 경제특구로 지정되어 인접도시인 심수深圳, 주하이珠海, 산터우汕頭와 함께 사회주의 경제발전의 중핵中核이 되고 있는 곳이 광주이다. 이는 바다에 접하여 근대 서양문화를 접할 수 있는 지리적 여건과 이에 따른 자연적인 반응으로 개혁정신에 대한 전통적인 흐름이 아닌가 생각된다.

혁명의 아버지 쑨원(公文, 호는 中山, 1866년生)의 저항은 옛날 향산현香山縣으로,인근 중산시中山市 취정촌에서 태어나 열강들의 극성스러운 침략과 무능한 이민족(당시의 만주족에 의한 청나라)에 대한 배척으로부터 시작되었다. 신해혁명辛亥革命을 전후한 개혁정신은 새로운 중국을 탄생시키는 계기가 되었고 이들에 의한 민족, 문화의 자긍심은 중국인을 일깨우는데 선도적 역할을 다하여 왔다. 그러나 공산당 선언이 나온지 1백50년이 지난 오늘에 즈음하여서는, 표어나 시만 가지고 더 이상 살아갈 수 없고 마르크스주의도 시대에 맞춰 고쳐져야 한다는, 또 다른 개방화의 물결에 앞장서게 된 것이다.

그래서 그러한지 사회주의식 시장경제로의 전환이 15년이 지난 오늘에는 인접한 홍콩, 마카오, 싱가폴 등과 발 맞추어 발전하여, 첫 인상으로서의 도시는 전혀 중국이란 이질체제를 느낄 수가 없었다. 1991년 8월 홍콩에서 심수를 지나면서 밤새 불야성을 이루며 야간작업을 하던 공장의 모습에서 내일의 중국에 대한 일종의 공포감과 잠재력에 전율을 느낄 정도였다. 중국여행에서 항상 부담으로 느끼게 되는 호텔 사정 역시 가장 좋았고, 특히 다양한 시설과 질 좋은 분위기의 서비스는 외국과의 합작이어서 인지는 몰라도 내륙의 다른 도시에 비하여 조금도 흠 잡을데가 없이 완벽하였다.

또한, 중국사람들이 원래 식도락을 즐기기도 하지만 옛부터 "광저우에 참맛이 있다"라는 말과 같이 전통 실내악에 맞춰 식사를 할 수 있는 편안한 기회는 이곳 뿐이 아닌가 할 정도로 그 분위기는 가히 일품이었다.

아래 그림은 숙박하였던 백조호텔 창가에서의 광주시 여명의 현장이다. 어제의 어두웠던 상황에서 서서히 내일의 상징으로 밝아지고 있는 듯 하다. 그림 오른쪽으로는 도시를 가로지르는 주장강珠江이 빛나고 멀리 도시 동쪽으로는 현대화된 빌딩군이 햇살을 가로막고 있다. 호텔 바로

_ 광주시의 아침

밑 고급 주택가에는 옛날 도시의 모습 그대로 서양식 주택들이 여유있게 차지하고 있어 아편전쟁 이후의 도시모습을 어느정도 상상할 수 있었다.

•••• 현대화된 공원시설

광주시 일대는 일년내내 꽃과 나무가 푸르르고 향내가 그윽하다. 연평균 22℃의 아열대 기후로 인한 풍부한 물과 따뜻한 햇볕으로 꽃의 성시城市를 이루고 있어 주장강 델타지역의 6백90만 인구중 절반이 중심가에 살고 있다.

도시곳곳에 공원이 산재되어 있는데 옛날 오대십국시대 남한南韓의 궁녀들이 사랑하는 사람을 생각하며 머리의 꽃을 다리 아래로 흘려 보냈다는 류화공원流花公園과 시내 최대의 공원으로 오양상五羊像이 있는 월수공원越秀公園이 유명하다.

_ 광주시 월수공원

위의 그림은 월수공원내의 석경石景으로 거대한 화강석 원석에 농사의 신을 양각으로 조각한 모습이다. 공원내에는 풍부하고 다양한 지피류와 관목으로 가꾸어져 있고 관리시설이 나름대로 완벽하여 도시의 경제력과 시민들의 문화수준을 엿볼 수 있었다. 예를들어 다른지역 도시에서의 녹지휀스나 단端처리는 근대적인 형태묘사나 극단적인 철조망이기도 하였으나 이곳 공원에서는 강조기법이 아닌 관목밀식이나 부드러운 처리의 세부적인 마감이 나타나고 있었다.

특히 다른 도시의 공원명칭과 같이 사회주의식 계층구분이 아닌 오양선정五羊仙庭이란 자연스러운 공원명이 오히려 의아하기도 하였다. 즉, 청년공원, 노동자공원, 아동공원들과 같이 분류되어 부르지도 않을 뿐 아니라 공원시설의 디자인요소 역시 현대화된 감각을 보여주고 있었다.

이곳 이외에도 쑨원을 기념하는 넓은 잔디광장의 중산 기념당이나 신해혁명 당시의 반청군反淸軍을 기리는 황화강黃花崗 72열사묘 역시 마찬가지 수준이었다.

····중국의 남방 원림 건축

원래 원림의 규모와 내용, 형식적 표현 등은 주인의 경제적 능력과 당시의 사회적 사상과 종교 및 그 지방의 기후적 조건의 차이에 따라 궁궐원림과 개인, 북쪽과 남쪽의 다른 양상을 보게 되는 것은 당연하다 하겠다. 그러나 원림의 건축물은 일반주택이나 사원건축, 궁궐건축 등에서와 같이 경제성과 사회적 격에 따른 배치와 달리 경관을 가장 중요하게 고려하여 배치하였음을 보게 된다.

원외園外의 경치를 끌어들이려 배려하였고, 폐쇄적인 건축밀도 보다는 개방적이었으며 곡선을 많이 사용하여 유연성을 나타내게 된다. 또한, 원림의 건축물들은 실용성보다는 원림 구성상 조형물의 일부로 생각하고 조형성과 윤곽을 중히 여겨 원림 건축의 대다수에서는 용마루를 구성하지 않았음을 자주 확인하게 된다.

이와같은 것으로 보아 비교적 북방 궁궐 원림의 특징은 엄격한 대칭적인 배치와 외향적인 공간구성에 있으나 강남의 개인 원림은 대칭적이지도 않고 높은 담으로 둘러져 외향적이지도 않다. 또한 북방원림은 비교적 무거운 느낌이며 남방의 원림은 담장과 건물 벽체 등의 구성에 있어서도 개구부가 많은 것이 특징이다.

건축물의 구성체에서도 남방은 정교하게 투각하거나 양각한 것이 많으며 지붕의 양식에 있어서도 시대와 용도에 따라 조금씩의 차이는 있으나 비교적 추녀가 높이들려져 있고 용마루 장식등이 매우 화려하고 장식적인 것이 특색이라 하겠다.

_ 광주시의 진씨서원

이는 인접한 남쪽으로부터의 종교문화의 영향을 받은 것 같고, 추녀가 들려져 있는 것은 건물을 더욱 가볍게 보이도록 하기 위함이며, 개방적인 것은 기후의 적응에 따르는 당연한 것이라 하겠다.

위의 그림은 광주시내에 있는 진씨서원陳氏書院으로 남방건축의 이러한 특성을 분명하게 보여주고 있었다. 서원용도로서 원림건축과 성격을 같이 할 수 없어 날아갈 듯한 팔작八作지붕의 추녀는 아니라 하더라도 맞배지붕의 현란한 조각과 개방적인 공간배치는 북방의 다른 건축공간과 비교되는 또 다른 맛이 있었다. 광동에는 예부터 진씨성陳氏性이 특히 많아 청나라 광서光緖시대인 1890년부터 4년에 걸쳐 광동성 72현의 진씨 종친들이 모금하여 자녀교육을 위해 세웠다 하니 꼭 1백년이 되는 건축물이 되겠다.

13,200㎡부지에 전, 후, 동, 서 원院을 주제로 하여 경내에는 화려하고 섬세한 조각물들이 눈을 어지럽게 하고 있다. 당원堂院, 회랑 등 건축물의 문, 창, 난간, 지붕, 기와, 기둥 등에 죽

림칠현竹林七賢, 수호전, 삼국지연의 등의 중국고전을 소재로 한 조각이 새겨져 있었다.

머리카락 굵기의 대나무쪽에 설명적인 조각이 되어 있다면 필자도 중국인의 허풍이려니 했으나 상상을 초월했던 방대한 규모의 북방 문화유적과 비교, 상대적으로 극소화된 인간능력의 한계를 보게되는 것 같았다.

···· 계림, 더 이상 아름다운 경치를 욕심내지 않으리

광주에서 서북쪽 광서성의 중심도시인 계림桂林공항에 내리면 평탄한 지평선에 병풍처럼 둘러싸인 연봉들의 경이로운 경관에 순간 압도당하게 된다.

우리가 상식적으로 생각하는 산이란 일정한 각도를 갖추어야 안정성이 유지되는 삼각형인데 반하여 인간이 의도적으로 만들어 낸 형태이거나 어린이의 상상된 그림에서나 볼 수 있는 진기함에 호기심이 발동하기 시작한다.

계림시내까지 약 15㎞거리 좌우변에도 높고 낮은 석회암 봉우리가 이어져 있어 조선족 안내인의 어눌한 한국어 관광소개가 오히려 신경을 거스릴 정도로 지나가는 차창 밖의 경치에 몰두하게 된다.

오늘의 계림시는 신해혁명을 거쳐 1940년 광서廣西의 정치, 문화, 군사의 요충지가 되었다 한다. 중 · 일 전쟁때 중국의 문화인들이 이곳에 모여들어 '문화성文化城' 이라 불렸으며 팔로군八路軍의 근거지이기도 하였다 하는데 현재는 남북으로 흐르는 이강漓江 서쪽 연안 중산로를 중심으로 구이린桂林시내가 자리하고 약 33만명이 살고 있다한다.

주요한 재원은 관광업으로 시내외의 기봉起峰이나 종유굴, 최근에 개방된 교외의 정강왕묘靖江王墓를 비롯해서 이강 아래의 종점지역인 양삭陽朔일대의 개발지, 그리고 구이린 북부의 왜룡온천, 정자평亭子坪의 폭포 등이 관광지로 각광 받고 있다.

계림은 1천여년의 역사를 가지고 있는 문화도시이며 경치가 기교하여 "계림의 산수는 천하의 으뜸桂林山水甲天下" 이라는 말이 있다. 2동盧笛庵, 七星庵, 3산인 첩채산疊彩山, 복파산伏波山, 독수봉獨秀峰과 1강漓江이 계림 산천을 대표하고 있다.

계림으로부터 하류 종착지점인 양삭까지는 이강을 따라 82㎞의 물길인데 "강은 푸른 명주대요 산은 벽옥 비녀라" 라는 당나라 시인 한유韓愈의 시가 산과 어울린 천하절경을 자랑하고 있다. 이곳 사람들이 칭송하는 "양삭풍경" 은 주로 이강 양쪽 기슭의 경치를 두고 이르는 말이다.

아래 그림은 이강 주변 농촌마을의 석양으로 어떻게 지구상에 이러한 절경이 있을 수 있을까 하는 환상적 분위기이다.

_ 이강 주변 농촌마을의 석양

계림 시내 이강 반점 가까이 있는 병강남로兵江南路 북단의 잔교棧嬌에서 출발하여 양삭까지의 사이에는 마치 산수화들이 펼쳐진 듯한 절경이 전개되고 그 절경을 선상에서 즐기는 것이 이강 관광의 절정을 이루게 된다. 6시간 코스의 유람선 2층에서 불어오는 바람을 쐬며 오른쪽에 보이는 상비산橡鼻山과 왼쪽으로 전개되는 탑산塔山을 시발로 각양각색의 절경이 앞서거니 뒤서거니 한다. 진돗개 귀모양의 쌍둥이 봉우리, 촛대같은 날카로운 바위 등이 하늘을 배경으로 수를 놓고 있고, 눈을 강가로 돌리면 무성한 대나무숲과 한적한 물소떼의 무리, 대나무로 엮은 쪽배를 타고 날렵하게 고기를 낚는 촌부들의 모습이 한껏 평화스럽게 스쳐 지나간다.

2시간 정도 지나면 아시아인은 물론 세계도처에서 몰려든 손님들과 식탁앞에 앉게되는데 한창 열기오른 분위기에 식욕이 당길리 없어 윗층 선상으로 다시 뛰어오르게 된다. 그동안 국내의 우리 금수강산을 계절변화때 마다 맘껏 돌아보면서 음미하였으나 이곳 이강 주변에 시시각각 펼쳐지는 움직이는 그림속에서는 더 이상 욕심을 갖지 않기로 다짐하면서 시욕視慾의 포만감에 식사를 거른 것도 충족된 듯 하였다.

···· 고대 원림의 배경

중국은 예부터 자연을 숭배하고 사랑하는 천인합일天人合一사상이 있어 이것이 그들원림의 근본을 이루게 된다. 유가儒家의 "상하여천지동류上下與天地同流" 도가道家의 "천지여아병생天地與我竝生", "이만물여아제일而萬物與我第一" 등은 모두 사람과 천지만물을 연결시켜 분리할 수 없는 공동체로 보는 것으로 사람으로 하여금 자연을 탐구하고 접근하게 하여 대상으로서의 아름다운 자연미를 인간에게 제공하는 것으로 보아왔다.

그래서 역대의 조경가들은 자연의 천태만상을 원천으로 삼고師法自然원림, 원유들을 창조하였으며 산과 물을 위주로 하여 조원의 풍격風格을 형성하였다 한다. 이러한 산수풍경원山水風景園과 더불어 산수시山水詩, 산수산문山水散文, 산수화는 공통적인 뿌리에서 태어난 네폭의 꽃이라 하여 서로 교류하고 융합하기도 하였다. 그래서 시인이나 화가들이 직접 원야를 경영하였으며 조경가들은 역시 그 대다수는 글을 쓰고 그림을 선호하는 지사들이었다. 그러나 시화時畵는 필묵으로 자연의 미를 묘사할 수 밖에 없었으나 원림은 다양한 자연소재와 정자나 교량과 같은 인위적 소재로서 실물로서의 환경을 조성하여 아름다움을 재현하는 것으로 다른 예술분야와 비교 평가하고 있다.

이러한 2천여년 자연식 산수유원의 발전과정중에서 창조된 원림의경園林意境은 대체적으로 2가지로 나타나는데 유가사상이 지배적이었을 때의 해도선산海島仙山이라는 신선사상에 기초를 둔것과 도교와 불교가 성행할 당시 사회적 불안으로 현학衒學을 배경으로 한 각지명승各地名勝을 묘사하는 수법으로 창작의 길을 넓혔었다.

허구적인 사모에 의한 봉래삼도蓬萊三島로부터 진일보한 것으로 일찍이 동한시기東漢時期 대장군인 양익梁翼은 하남서부河南西部의 명산인 효산崤山의 경색景色을 모방하여 개인정원에 가산假山을 만들어 "십리구판 이상이효十里九坂, 以像異崤라하였다 한다. 이러한 거대

_ 계림에서 양삭까지의 풍경으로 산과 물과 하늘이 몸 가까이 있는 것을 실감하게 된다

_ 계림의 리강

한 원림의 조성은 황실귀족이나 가능하였고 일반 사대부들은 상징수법으로나마 천하의 산해하류山海河流를 일원지내一園之內에 포함시켰던 것이다.

이로 미루어 보건데 국가 도읍지나 큰 사대부의 터전은 경제적 이익을 우선으로한 평야지대에 조성되었다면 그곳을 꾸미기 위한 원림의 의경대상지는 당연히 이곳과 같이 빼어난 산수풍경이 아닌가 판단되어 중국의 전통원림의 발원과 흐름을 이해하고 그의 배경으로서의 근원지를 찾은 듯하여 보는 즐거움을 더하게 되었다.

왼쪽의 그림은 고대 원림발상지로서의 대상을 선부른 필설로 설명할 수 없어 감히 그림으로 묘사하려 하였으나 오히려 이곳의 제모습을 개조하지 않았나 염려되어 거북한 마음 금할 수 없었다.

5월 배꽃이 유명하니 꼭 한번 다시 와달라는 안내인의 마지막 인사가 필자의 마음을 찍어낸듯하여 다시한번 유혹을 받게 되는데, 소주蘇州의 강남원림과 함께 영남원림嶺南園林이라 불리는 광동성의 청휘원清暉園을 비롯한 4대 원림을 찾기 위해서라도 다시한번 겸하여 찾아볼 생각이다.

21세기 아시아의 용으로 발돋움하려는 자세가 역력히 엿보이고 실천으로서 혁신해나가는 이곳 일대의 모습이 오늘날 중국의 고민중의 하나라고 하는 의식있는 중국인의 의미있는 말이 실감난다.

중국의 남과 북, 동과 서, 연안과 내륙, 도시와 농촌의 불균형에 따른 분배의 차이와 다양한 민족 구성원간의 갈등 등이 있으나, 그동안 북경여행에서는 이념과 관료주의 잔재로 중국의 오늘과 어제의 정치적 상황을 이해할 수 있었고, 상해, 소주 등지에서는 오늘의 정치를 움직이는 배경과 전통원림의 진수를 맛보았다면, 이곳 남쪽에서는 발전된 내일의 중국을 예측하고 중국의 자연미를 만끽하는데 커다란 기회가 되었다 생각된다.

····장구한 역사의 중심지 서안西安

한국문화의 전달과정이라면 대개 신석기, 청동기시대의 북방문화시대와 불교문화의 실크로드 문화권 시대, 그리고 불교가 쇠잔한 이후 서양 과학의 발달에 의한 남방으로부터의 문화전수 시대를 일컫게 된다.

필자가 서안을 찾은 것은 1991년도와 지난 해 여름 2회에 걸쳐였는데 이는 오늘날까지도 우리문화에 지대한 영향을 미치고 있는 불교 문화의 전수과정을 더듬어 보기 위함으로 중국측 실크로드의 시발점을 다시 찾게 된 것이다.

협서성峡西省의 성도인 서안시는 관중평원關中平原의 중심부에 위치해 있고 면적은 2,295㎢로서 시내인구 2백70만명을 포함한 6백여만명의 인구가 살아가고 있다.

서안의 옛 이름은 장안長安으로 오랜 역사를 가진 고도古都이며 3천여년의 역사중 1천1백여년간 주周, 진秦, 한漢, 수隨, 당唐 등 11개 왕조의 도읍지에다 73위나 되는 황제의 무덤과 궁전터, 불교사찰 등의 유적이 남아 있는 곳이다.

이미 2100년전 한나라 때부터 실크로드의 시발점으로 외국과의 문화를 교류하였으며 당나라 때에는 '동양의 국제시장' 으로 각광받아 각국의 사절과 유학생, 승려, 상인들이 몰려들었던 국제도시이기도 하였다. 이러한 흔적은 그대로 오늘까지 남아 있어 지금도 동시장은 국내인이 사용하고 서시장은 서양인의 활용구역으로서 보석류등이 주로 거래되고 있다.

역사의 흐름에 따라 근세에 들어서는 황소 농민 폭동과 이자성 농민 봉기군이 그들의 정권을 수립했던 곳이고 중국 현대사에서 유명한 '서안사건西安事件' 이 여기에서 터졌었다.

이러한 유구한 역사를 통해 자연에 도전하고 침략에 대항하며, 동서교역으로 이곳 문화의 주역을 담당하여 왔다는 긍지를 간직하고 살아가는 오늘의 서안 모습은 말 그대로 장구한 역사의 중심지로서 고대 문화가 살아 숨쉬는 곳이었다.

_ 서안성의 서쪽 외곽

•••• 세계의 중심지였던 서안성

서안성西安城은 이 도시의 심장부로서 동서가 남북보다 길고 총 둘레가 11㎞나 되는 세계에서 제일 완벽하게 보존된 성이다. 밑변이 16m이고 높이는 14m이며 성벽 상단의 평균폭은 12m에 이르는 거대한 축조물이었다. 그동안 무수한 전란과 외적의 침입에도 보존되어 왔고, 특히 현대사의 하나인 국・공國・共전투에서도 양측 합의에 의하여 성밖에서 승부를 겨루었다니 그들의 역사관과 전통의 힘을 새삼 과시할 수 있는 현장으로 내세울만 한 곳이다.

성벽 위로는 당시의 전차가 다닐만 하였고 성벽 주변의 해자에서는 요즈음의 뱃놀이를 즐길 수 있다 한다. 매년 정초에는 등불회를 통해 일년의 액운을 물리친다는 행사들이 있고 해자를 따라 이루어진 환성공원은 젊은 아베크족의 산책과 노인들의 아침 체조장소로 이용되고 있다 한다.

위의 그림은 이러한 서안성위 무기고 근처에서 내려다본 성밖 서쪽 해자 근처 풍경이다. 서남쪽 도시화된 빌딩들이 보이고 성밖으로 연결된 도로에서는 자전거 물결의 출입이 잦다.

····혜초 스님의 숨결이 숨어있는 대안탑

삼장법사로 알려진 현장玄奬스님(600-664)이 천축국을 순례하고 돌아와 「대당서역기大唐西域記」와 경전번역작업을 기념하여 세운탑이 대안탑大雁搭이라 하는데 자은사慈恩寺 본전 뒤 중심축을 이루는 곳에 세워져 있다.

_ 서안의 자은사내 대안탑

7층 전탑으로 높이는 64m이며 탑 내부로 오르면 주변의 경치가 한눈에 들어온다. 위의 그림은 이러한 대안탑의 모습으로, 삼장법사의 불심이 담겨진 계단을 오르면서 오늘에까지 이른 오랜 역사의 체취와 불탑초기의 양식인 정사각추의 강직함이 당시의 그의 의지를 보는 듯 하다. 최근에는 좌측으로 기울어지고 있어 언젠가는 붕괴될 위험을 보여주고 있었다.

1300년 동안 역사의 흐름속에서도 당당한 모습을 뽐내고 있었으나 현대에 들어 서안시의 지하수 개발로 인한 지반의 변화는 어쩔수 없었나 보다.

이보다 더욱 중요한 역사적 사실은 신라인 혜초스님의 영정 탁본이 전시되어 있는 것에 반가운 눈길을 끌게 된다.

1991년 1차 방문 때에는 큰 감명을 받지 못했으나 지난해 여름 돈황을 방문한 후 혜초스님의 행적을 더듬어 추측하니 새로운 감회를 받게 되었다. 즉 1900년 프랑스 동양학자 펠리오에 의해 '왕오천축국전' 사본이 돈황 막고굴 제17굴 장경동藏經洞에서 발견되기전 까지는 중국인 밀교승으로만 알려졌었다 한다. 당시 프랑스로 가져간 3~4만권의 불전과 문서를 8년간의 연구 해석 끝에 1908년 혜초스님이 신라인으로 밝혀졌다 한다.

그동안 고국에도 돌아가지 못하고 일생을 마친 그의 넋을 생각하며 당시 신라인의 활동영역과 불교에 대한 구도정신을 가늠하여 볼 수 있는 감동과 놀라움의 장소였다.

···· 현종과 양귀비의 로맨스가 담긴 화청지

화청지華清池는 인간이 욕망을 추구하는 가장 추한 모습과 전제 군주의 부도덕성이 엮어낸 세기의 로맨스가 담긴 욕지浴池이며 서안사변때 장개석이 체포 감금되었던 장소이기도 하다.

3000년의 역사를 지닌 이 온천지는 주나라 때부터 이용되어 왔었으나 당나라 현종玄宗 친아들 수壽왕의 아내였던 양귀비를 총애하면서부터 이들의 뜨거운 열정을 식히던 욕지로 변하게 되었다 한다. 오늘의 욕지에서는 연푸른 색조의 뿌연김이 서리어 더욱 환상적인 분위기를 자아내고 있으며 욕지 옆으로 자란 목단고목도 매끄럽게 광채를 발하고 있었다. 양귀비의 체취가 남은 나무라 하여 불노목不老木으로 전하여 오는데 젊음과 아름다움을 염원하는 무수한 양귀비의 후손들이 얼굴을 부벼대어 그 줄기가 빤질하게 윤기가 나고 있었다.

이궁離宮이었던 이곳의 자연배경은 주변지형에서 찾기 힘든 험준한 산이 병풍처럼 에워 싸여져 있고 숲과 어우러진 각종 정자, 누각, 연못, 용담과 다양한 모습의 문 등은 당

_ 서안의 화청지

시의 화려하고 사치스러운 분위기를 충분히 연상시키게 했다.

왼쪽 그림은 양귀비와 현종이 거닐었을 연못위의 화려한 구룡교九龍橋와 만하정晩霞亭이다. 멀리 산중턱으로 보이는 건물은 오간가五間家로 장개석 정부의 회의실, 비서실, 침실, 집무실이 그대로 보존되어 전시되고 있다.

···· 진시황의 지하군단地下軍團

고비사막이 가까워 황사현상이 심하고 다른 도시에 비해 도로 먼지가 심하여 무척 황량하고 피로감이 쉽게 느껴지는 곳이 서안이다. 그러나 넓은 평야에 71m의 인공산인 진시황의 능이 보이고 동쪽으로 1.5㎞ 정도 떨어진 병마도용兵馬陶俑전시관 앞에 도착하면 두근거리는 마음으로 그 불가사의에 빠져들게 된다.

2300년 동안 흙 속에 숨겨졌던 것을 1974년 인근의 농부들이 우물을 파다 발견한 것이 세계를 놀라게 했던 발굴의 계기가 된다. 넓은 발굴 현장은 아치형 콘세트로 덮어져 있고 총 6천개의 어마어마한 집단 규모는 양적인 압도감을 강요하나 군마나 병정의 다양한 모습과 표정이 하나같이 다르고 당시의 각 지방민족의 부분적인 의상과 각기 다른 머리모양이 친밀감 있게 구분되어 있었다.

생매장될 뻔한 수많은 젊은이를 도용으로 대신 만들어 갔던 조각가의 인생과 장사꾼 여불위의 사생아로 태어났으나 천하 대군주로 군림하며 무궁세월을 두고 군위에 임하게한 욕망을 하나하나 더듬어 볼 수 있는 현장이었다.

진시황이 필생의 역사役事를 완성하는 데에도 오랜 시간이 흘렀겠으나 현대의 발굴작업 역시 그 시간에 비례되고 있어 최근 일본에서 발굴에 대한 자금과 기술제공 조건으로 발굴품의 일부를 기증할 것을 제안하였다 한다. 그러나 중국인들은 비록 진시황의 역사役事시간을 넘기거나 발견되기 이전까지의 시간이 걸린다 하더라도 그들 스스로 해결하기로 하였다 하니 역시 일본인다운 제안이고 과연 중국인다운 생각이라 하겠다.

····서안에서의 밤

중국 어디에서건 관광객이 제법 찾아드는 도시에서는 우리의 선입관 이상으로 밤의 볼거리가 많다. 경제개방 이후 경쟁에 의한 개인성취의 욕심은 40여년간 억제되었던 봇물이 터진 듯 호객소리와 훙정의 분위기가 제법 살맛나는 분위기를 보여준다. 비록 작은 양의 상품으로 수레에 걸쳐놓은 옷가지와 채소, 과일, 간이음식 등이지만 낮에 직장단위에서의 무기력한 표정보다는 무척 활기차고 의욕적인 자세에서 본연의 중국인 모습을 보는 듯하다.

특히 우리의 호기심을 끄는 것은 붉은 양고기를 긴젓가락 같은 철사에 꿰어 붉은 등 밑에서 굽는 모습이 제법 군침을 돌게 하는데 파는 사람이나 먹는 사람이 웃통을 벗은 채 열심이어서 자리를 같이 하고 싶은 유혹을 받게 된다.

낮 관광이라야 정하여진 안내대로 뒤만 좇다보면 무료하기도 하지만 밤구경의 묘미란 시민들과 부딪치며 그들과 호흡을 같이 할 수 있다는 것이 아니겠는가. 1991년 방문시에도 주저하다가 당唐시대의 씩씩했던 가무극 관광으로 유혹을 달래던 기억이 있어 지난 여름에는 일행 몇사람과 대로변 붉은등 밑의 노점상 의자에 호기좋게 앉아보기로 하였다.

제법 인간적인 분위기로 필담을 나누며 밤 늦게까지 양고기 구이의 철사를 수북히 쌓아갔으나 결과적으로는 역시 현실적인 중국인들임을 확인하였을 뿐이었다. 예상 정가의 10배를 부르는 것으로 보아 그들은 오래된 문화유산만이 아니라 대단히 의욕적인 상인정신까지도 이어받고 있었다.

10여세기 전부터 외국인을 상대로 한 상술이 전혀 변하지 않고 있으니 거칠게 웃통을 벗고 머리깍은 그들의 조상을 만난 듯 참으로 무서운 민초들이었다.

····실크로드의 하서회랑河西回廊

평소 별러왔던 실크로드의 시발점에서 기억에 남을 전야제를 끝으로 다음날 아침 서북 서쪽의 고비사막으로 날아가게 되었다. 중국 문화의 근본적 배경과 한국문화의 전달과 정중의 한 코스를 확인하고 불교미술의 정수를 현장에서 마주하고 싶은 의욕으로 비행기에 올랐으나 너무나 지나친 과욕은 아니었는지? 낭만적인 동경과 만용의 모험심만은 아니었는지 두려운 마음이 쉽게 진정될 것 같지 않았다.

내려다보이는 실크로드의 입구인 하서회랑은 벌써부터 붉은 물결의 황량한 사막이 펼쳐지고 있었다. 하서회랑이란 란주蘭洲를 지나 무위, 장액, 주천, 안서 등의 오아시스 도시가 이어져있는 긴 복도로서 남쪽으로 황하 서쪽에서 이어지는 800km에 걸친 기련산맥祁連山脈과 북쪽으로는 합려산, 용수산 산맥에 낀 1,000km를 일컫는다. 폭도 40～100km에 이르러 좁지 않은 광활한 지역이다.

일본인들은 '하서회랑', 중국인들은 황하의 서쪽에 달리고 있는 긴 복도라 하여 '하서주랑河西走廊' 이라고도 하는데 독일의 지리학자 리히트 호펜Richt hofen(1833-1905)은 1860-1872년에 걸친 탐험여행 끝에 실크로드란 용어를 사용한 후 헤르만, 헤딘 등이 애용하여 오늘에 이르고 있다.

기련산맥(4,000～5,000m)의 눈이 녹아 오아시스를 형성하여 일찍부터 흉노족이라는 기마민족이 지배하였고 유목생활 자체가 항상 전투 태세여서 중국인들에게는 위협적인 존재였었다. 좌우가 험악한 산과 사막으로 이루어져 이 지대를 거치지 않고는 서역으로 나아갈 다른 도리가 없는 유일무이한 통로였으나 옛날이나 지금이나 광활한 모래바다는 변함이 없는 듯 하였다.

····만리장성의 서쪽끝 가욕관성

비행기로 사막위를 난지 3시간 만에 가욕관 읍내에 도착하니 5,000km를 달려온 만리장성이 서쪽 끝에 머물고 있었다.

가욕관성嘉浴關城은 최근까지 대대적인 보수공사가 막 끝난 후인지 고풍스러운 분위기는 찾기 힘들었으나 당시의 건축양식과 축성방법을 이해하는 데에는 충분하였다. 성곽

둘레는 733.3m, 높이는 10.7m, 면적은 33,500㎡이고 성의 남북길이는 160m, 동서길이는 256m, 성벽의 두께는 약 8m에 이르는 곳도 있다 한다.

동쪽 진입의 천하웅관天下雄關이란 관문 앞에 이르면 당시 세계를 호령하던 제국의 제1문으로서는 다소 왜소한 느낌이나 그림과 같이 문창각文昌閣과 관제묘關帝廟를 지나면 웅장한 내부 옹성瓮城입구에 이르게 된다.

_ 하서회랑 가욕관성의 내부 옹성

옹성을 통과하는 조종문朝宗門을 지나 장성주제長城主帝라 쓰여진 광화문을 통과하면 넓은 내성 마당에 다다른다.

성내에는 아직도 마르지 않은 우물이 있어 당시 상주하였다는 명나라의 대대병력과 말을 탄 풍승馮勝장군이 당장 나타날 것만 같았다.

세 채의 아름다운 누각중 서쪽 끝에 있는 유원문柔遠門에 오르면 남쪽으로 만년설의 기련산맥이 보이고 북으로는 마종산이 멀리 이어져 있어 하서회랑중 가장 좁은 지대에 위치하고 있는 최적의 요충지임을 깨닫게 된다. 서쪽 해자를 넘은 벌판에는 외로운 전승비각이 전초병이듯 세워져 있어 함성을 지르며 달려오는 침입자들과 혈전하는 모습을 그리어 보게 된다.

_가욕관성의 전망

그림은 서쪽 끝 누각위에서 바라다 본 성채의 일부이다. 당시 전방에 나갔다가 돌아온 병사들이 성안에 돌을 던져 메아리쳐 돌아오는 소리로 성안이 비어있음을 확인한 후 안심하고 들어왔다 한다.

····역사의 무상함을 보게되는 감신공로

가욕관성을 우측으로 하고 기련산맥으로 이어지는 토성곽을 벗어나 서쪽으로 달리면 감신공로甘新公路 좌우에는 황량한 사막이 끝없이 펼쳐진다. 버스로 달리는 이 길이 옛날에는 낙타에 의존했던 공포의 길이었으리라. 옛날에는 1㎞마다 봉화대가 이어졌었다 하며 효과적인 연기를 얻기 위하여 낙타나 들개의 말린 분뇨를 이용하였다 한다.

2시간 간격으로 옥문진玉門과 안서安西읍내에서 점심과 휴식을 취하게 되는데 이러한 사막의 오아시스는 일찍이 흉노, 대월지 등의 지배를 받다가 한무제 이래 중국의 영향권으로 들어온 뒤 당나라때 크게 발전하여 군사요지이면서 교통·상업도시로 오늘에 이르렀다 한다. 읍내 시장가에는 우리일행을 신기하게 바라보는 회교족들과 간혹 낙타들의 모습이 나타나는데 이곳에서부터는 낙타가 농사의 필수적 가축으로 이용되고 있다 한다.

도시 외곽과 도로의 가로수는 백양나무 계통으로서 방풍과 방사의 효과를 얻고 있었고, 자연재해를 막아 도시의 생존을 위한 축성 기능을 하고 있었다.

다시 읍내를 벗어나면 자갈로 드리워진 여러 형태의 무덤들은 모래속에 묻혀 가고, 도로 양 옆의 모래 뚝은 모래로 인한 도로유실을 막기 위한 수단인 듯 하였다. 사막에서의 도로 유실이 무슨 의미가 있을까 생각되지만, 어느곳은 벌써 포장면 보다 사막바닥이 높아 도로로 인한 진행방향을 잃지 않기 위해서라도 이들은 필사적으로 관리하는 듯 하였다. 그 옛날 돈항이 실크로드의 요충지였을 경우에는 비단을 실은 낙타의 요령소리와 대상들이 줄을 이었을 터인데 지금은 회오리바람만 멀리 내려다보일 뿐이니 새삼 역사의 부침을 되새기게 된다.

삭막한 회갈색의 바위산을 왼쪽으로 가깝게 달리던 길이 점점 초원지대로 내려오면서 양떼들과 밭이 보이기 시작한다. 6시간만에 385㎞ 떨어진 오아시스의 도시 돈황敦湟에 도착한 것이다.

신기하게 보였던 신기루 현상, 급하게 지표면을 변하게 하는 소륵하疏勒河의 사막하천, 포륭길布隆吉의 강한 서북풍에 깍인 토괴土塊군, 기하학에서나 해석되는 지평선 등은 이곳 감신공로에서 볼 수 있었던 처음 경험하는 자연 경관이었다.

····실크로드의 병목 돈황

지도를 펼쳐보면 본격적인 실크로드silk road란 돈황敦湟에서부터 시작됨을 알 수 있다. 천산북로는 하미, 우르무치, 우스를 통하는 황량한 고비사막과 천산남로는 하미, 투르판, 언기, 쿠차를 통과하는 코스, 타크라마칸 사막의 남로로는 누란, 체르첸, 니야, 호탄을 지나 간다라지방으로 나아가는 3개의 루트를 이룬다. 갈증과 허기를 달래며 낙타에 의지한 끈질긴 생명들에 의해 지나다닌 이 길로 동서교역이 이루어졌고 때로는 전투와 외교활동이 전개되는 가운데 문화가 활발히 교류되었던 것이다.

어느 루트를 통하건 하서회랑이 끝나는 돈황을 거치게 되었는데 인구 12만이라는 오늘의 돈황시는 사전에 익혀두었던 인상과는 달리 짜임새가 있었고 최근의 관광객을 의식한 듯 거리는 정리되어 있었다.

사막 가운데의 숙박지로서는 흡족한 편이었고 호텔내에는 각국의 여행객들로 붐비고 있어 돈황이 옛 기능을 잃은지 7세기만에 거점도시로서의 위치를 되찾은 듯 하였다.

••••불교문화의 보고寶庫 막고굴

돈황시에서 동남향으로 25㎞ 떨어진 막고굴莫高窟 가는 길에는 사막풍경의 연속이었다. 그 옛날 혜초 스님도 '왕오천축국전' 을 갖고서 이 길을 지났을 것이고 '동방견문록' 을 썼던 마르코 폴로도 이 근처 어디에선가 낯선 이국에서의 여독을 풀었으리라.

그 후 7세기 동안 모래속에 묻혔던 이 곳의 불교문화를 영국의 탐험가 오렐스 타인(1820-1943)이 20세기초에 발견하게 되어 세계를 놀라게 한 불교문화의 보고寶庫가 되었던 것이다.

주차장 입구에 도착하면 진흙으로 빚은 스투파stupa형식의 라마불탑들이 산재되어 있고 대천하大泉河가 흐르는 50m높이의 모래암 절벽에는 남북 약 2㎞에 걸쳐 1천여개의 굴이 뚫리어 마치 벌집같은 모습을 보이고 있었다.

서기 366년 중국 십육국시대 락준樂樽스님이 수도굴을 판 이래 원나라 시대에 이르기까지 100여년 동안 계속 만들어졌으며 수, 당나라 시대에는 최대의 전성기를 이루었다 한다.

현재는 4백92개의 석굴만 제 모습을 갖추고 있으며 내부의 불상은 3천, 벽화의 길이만 전개하여도 54㎞에 이른다고 한다.

이와 같이 세계 최대의 화랑이요 미술관인 막고굴은 1929년과 1937년에 큰 지진이있어 1954년 주은래 총리에 의해 4년 동안 본격적인 보수가 있었다 한다. 경관을 해치지 않기 위하여 외벽에는 주변 모래를 발랐고 부분적으로 당시의 형태를 개수 하였으나, 오늘날에는 전세계 종교연구가, 고건축, 전통의상, 불교음악 연구가에 이르기까지 관심의 대상으로서 그 면모를 과시하고 있었다.

돈황이면 벽화, 벽화 하면 막고굴을 떠올리듯 돈황 벽화의 주요 내용은 불보살과 공양인상, 각종 불교고사, 불교에 근거한 불타의 활동모습을 비롯한 각종 도안상들이었다.

건축적인 내용은 불사佛寺, 궁궐, 탑, 성곽, 주택 등 다양하였고 부지기수의 채색된 조각 작품과 현란한 그림 수준은 시간을 초월하여 경탄을 금할 수 없었다. 또한 그 시대의 풍속, 신앙, 습관, 건축 양식을 잘 묘사하고 있어 보는 사람으로 하여금 중국을 각 시대별로 안내하여 주는 듯 했으며 불교의 심오한 사상을 쉽게 이해시켜 주기도 하였다. 비록 거대하고 웅장한 규모는 아니었지만 찬란하고, 다채롭고, 아담하게 세련된 모습이 천년의 신비를 뛰어넘어 우리의 가슴에 와 닿고 있었다.

_ 돈황의 막고굴

당나라의 힘이 약해지자 여러 민족이 서로 다투는 무대로 변하다가 8세기 말에는 티베트, 9세기 중엽에는 지방 부족인 장의조張議潮가, 다음은 호탄의 세력이 멀리 타그라마칸 사막을 넘어 이곳까지 미쳤고 11세기에는 서하西夏가 지배하게 되어 이러한 민족 흥망의 역사까지도 그림으로 읽게 된다.

장안에서, 페르시아에서, 로마에서, 각종 문물을 교환하기 위해 개척했던 실크로드에 락준에 의해 열려진 막고굴은 위대한 문화교류의 이야기를 간직한채 이를 우리들에게 전해 주고 있었다.

컴컴한 굴속에서 당시 화공들의 숨소리를 들으며 돌아보았던 충격적인 감동도 잠시뿐, 제한 선택된 10~15개의 굴을 손전등에 비추며 안내인의 설명에 따라 답사하게되어 있었다.

위의 그림은 충족감을 메울 수 없어 경내 밖에서나마 굴의 외관을 담아 보았으나 여유있는 다음 답사에 미련을 남기고 바쁜 일정에 따라 무거운 발걸음을 돌리게 되었다.

···· 사진으로나 아름다운 명사산

돈황시내에서 남쪽으로 4㎞ 달리면 모래로만 이루어진 명사산鳴沙山이 밝게 빛나고 있었다. 막고굴이 있는 뒷산과 같은 줄기로서 동서 40㎞, 남북 20㎞나 뻗어 있는 고운 모래산이다. 말이 해발 1650m이지 이 지역 일대가 고원지대이기 때문에 주변 산 밑과는 100여 미터 정도 밖에 높아 보이지 않는다. 이곳 탐방객을 위한 관광상품으로 낙타등에 올라타 1㎞정도 서투른 대상행세를 하며 월아천月牙泉에 이르니 이미 다른 여행객들도 산 중턱을 오르내리고 있었다.

이곳 풍습으로는 정초에 산위에 올라 모래 미끄럼을 타고 내려오면 일년 액땜을 한다 하는데 마치 눈썰매를 타는 모습들이었다. 주변이 모래산이라 소리의 반사가 없어서인지 혹은 뜨거운 열 때문이었는지 주변은 이상하리만치 적막이 감돌고 있었고 표현 못할 공포감에 휩싸이게 된다. 가끔 바람이 불 때 모래가 무너져 내려 총소리와 같은 강한 소리가 울리게 되는데 이를 두고 명사산이라 이름 붙이게 되었다한다.

낙타 대기소에서 걷기 힘들 정도의 뜨거운 모래를 밟으며 둔덕에 올라서니 이름 그대로 초생달과 같은 오아시스 호수가 내려다보인다. 오랜세월 신기하게도 모래의 이동에 매몰되지 않고 호수의 윤곽을 유지하고 있었고 크지 않은 호수 주변에는 수초들이 자라고 있으나 남쪽 언덕에는 고목들이 죽어가고 있었다.

이곳에 오기전 사전에 기억하고 있던 장소에는 최근에 준공된 듯한 불사탑이 우측 그림과 같이 외롭게 세워져 있었다. 호수의 동서길이는 224m, 가장 넓은 곳의 폭이 39m라 한다.

생각보다 물은 깨끗한 편이었고 깊이는 약 2m 내외로서 관광객을 위한 뱃놀이 시설만 없었다면 국민학교 때 배웠던 자연 신비의 멋 그대로였다. 아름다운 구도構圖의 사진을 담으려 이곳저곳 헤매어보았으나, 아름다움도 느낄 수 있는 여유가 있을 때나 가능하지 숨이 턱에 찬 상태에서는 만사가 귀찮아 석양의 명사산이 아름답다는 이유를 알만하였다. 사진으로 보았을 때는 부드러운 모래능선의 연속으로 환상적인 경관대상이었으나 너무도 황량하고 뜨거운 현장에서 빨리 헤어나고 싶을 뿐이었다.

동물은 고사하고 지상에서 움직이고 있는 것은 바람에 날리는 모래뿐이니 이곳에서

_ 돈황 명사산의 월아천

태어나 자란 사람들의 정서로 우리의 금수강산을 대한다면 과연 어떠한 반응이 있을지 새삼 궁금하여지기도 한다.

여하튼 이들이 사는 이곳에서는 역사적으로 훌륭한 예술가가 태어나지 못했었고 그것을 기대하기 보다는 오히려 생존을 위한 수단으로서의 자연 적응방법과 서로 다른 문화 교류의 거래는 능히 발달하였으리라 짐작하게 된다.

이곳의 어린이들에겐 미술시간이 있을까하는 의문과 개울물을 까맣게 그릴 수 밖에없는 우리의 탄광촌 어린이들과 같이 이들 어린이의 자연풍경은 어떻게 표현될지 두서없는 생각들만 오락가락하는 참으로 별난 자연경험이었다.

···· 오늘의 생활을 이어가는 후예들

이곳 사람들은 기온이 떨어진 아침저녁을 주 활동시간으로 생활하는 듯 아침 일찍 나귀수레에 농산물을 싣고 시장으로 나가거나 가까운 농토에서는 저녁 늦게까지 움직이고 있었다.

12만 인구 중 9만명이 농업 인구로서 주로 밀, 옥수수, 목화 등을 주업으로 하고 최근에는 석유, 철, 동 등의 지하자원을 주요 산물로 생산하고 있다 한다.

일반 서민층의 주택은 회교도 습관이기도 하겠지만 이곳 건조지대에 적응하기 위한 구조로 중원(中原)의 폐쇄적인 한족 거주와는 사뭇 다른 형태를 갖추고 있었다.

강수량이 년 40m/m정도이므로 지붕물매는 마당 가운데로 흘러내리도록 경사지었으며 알량한 빗물을 모으기 위한 홈통Drain설치는 필수적인 시설이었다. 'ㄷ' 자 형태의 건축물 배치는 한마당을 중심으로 퍽 공개적인 출입을 하고 있었으며 건물 추녀 끝에는 발로 엮은 차양이 걸쳐져 있거나 포도넝쿨로 등책을 이루고 있었다.

연립주택 형식의 반복된 건물 배치는 외부의 뜨거운 열을 전달할 벽체의 면적을 줄인 듯 하였고, 건축재료는 주로 진흙 벽돌과 백양나무의 활용도가 높았다.

사막에서의 물은 생명의 젖줄로서, 혼탁한 농업용수나 도시내로 관통되는 수로시설은 다른 도시기반시설에 비해 철저하게 관리하는 듯 하였다.

결국 삶의 터전이란 이렇게 오랜 세월동안 자연기후와 어떻게 타협하고 적응하여가는 가의 지혜로서, 그들은 32,000㎢의 오아시스를 자연에 빼앗기지 않고 오늘까지 확보하여 오고 있는 것이었다.

오후 늦게는 시내 중심가의 밤시장을 둘러보기로 하였다. 표준 시간이 북경시간으로 통일되어 있어 방대한 대륙의 동 · 서쪽 끝의 시간차이는 실제 5시간으로서 오후 8시가 지났어도 쉽게 해가 질 것 같지 않았다.

불야성을 이룬 개인 골동품 리어카를 기웃거리며 지난 시대의 생활유품들을 들춰보는 것도 그들을 이해할 수 있는 별다른 즐거움이 있고, 비록 모조품이지만 당시의 용감했던 유목생활과 활동적이었던 상인들의 흔적을 놓고서 흥정을 하여 보는 것도 낚시의 즐거움과 같은 짜릿한 흥분을 느끼게 된다.

그러나 한편 마음구석으로는 이렇게까지 조상들의 유물을 거리낌없이 내놓는 그들에게 일종의 연민의 정과 함께 소수민족의 문화를 소홀히 취급하려는 한족들에게 의문점을 갖게 된다.

옛날과 같은 교역대상물이 없다 하더라도 이렇게까지 생활유품들을 쉽게 공개적으로 허용할 수 있을까? 중원땅의 한족들은 자신들의 문화와 유적을 현재의 경제력으로는 도저히 불가능한 경지에까지 부각시켜 놓았으면서도 이곳 소수민족 민속박물관의 전시내용이나 삶의 흔적은 그렇게 허술할 수가 없었음을 깨닫게 된다. 한漢족들의 문화와 유적은 금과 옥조로 아끼면서 주변국들의 문화는 최소한도의 조처도 외면하고 억제하고 있음을 고구려, 발해 유적지에서도 보았고 지금 이곳에서도 다시한번 보고있는 것이다.

더욱 의아스러운 것은 '중화中華' 라는 환상에서 아직도 주변 국가에 대하여 대국임을 자처하면서도 그 도량은 이 정도로 옹졸함을 보여주고, 해당 소수민족 스스로가 그들의 문화를 포기하도록 유도, 통제하고 있음에 그들은 과연 "떼국인" 이었다.

늦은 시간 호텔로 돌아왔으나 쉽게 잠을 이룰 수 없었다. 무척 건조한 밤에 열린 창을 통해서 모래가 날아들고 있었다.

그 동안의 역사교육과 지정학적 여건으로 보아 당연히 우리의 문화에 지대한 영향을 주었던 중국의 역할과 문화란 결국 여러 민족들과의 오랜 접촉 현상에서 유래한 것으로 우리의 뿌리일부를 중국에서 새삼 발견하였을 때에는 본능적으로 거부하고 싶었던 것은 어쩔 수 없었다.

여행이 이러한 지적知的욕구를 해소하기 위할 때에는 더욱 교육적 효과가 큰 것은 당연하다 하겠으나 이렇게 마음이 즐겁지 않은 것은 피곤한 일정과 견디기 힘든 기후조건만은 아닌 듯하다.

그러나 옛날에 이곳을 오갔던 무수한 문화교류자의 고통을 더듬어 본 바에야 다시 한번 내일의 일정과 언제인가 다시 찾을 준비를 서둘러야 하겠다.

우리민족이 숨쉬는 곳 연변

····길림성의 성도省都 장춘시長春市 의문으로부터 시작된 첫만남

그동안 중국을 다섯차례나 방문하게된 동기는 1992년도 세계 조경가총회IFLA를 서울에서 개최하게 됨에 따라 이를 위한 사전 준비 과정에 있었다.

1989년도 1월 중국의 길림성 원림학회와 한국 조경연합회가 자매결연을 맺게 됨을 계기로 하여 연길시 모아산延吉市 帽兒山자연공원 조성계획 의뢰에 대한 현장답사겸 1992년 서울 총회에 중국의 참여와 북한의 참여 가능성을 모색하기 위한 방문으로부터 시작된다. 1990년도 8월 6일 처음 북경 공항 광장에 오성기五星旗에 대한 낯설은 긴장감과 호기심으로부터 시작된 질문은 처음 만난 연변 조선족 안내인과의 장춘행 비행기 안에서도 이어지고 있었고 오늘날까지 계속되고 있다.

50여년 동안 단절되었던 그 숱한 이야기들은 결국 우리들을 하나의 공동체로 묶어 가는 과정이었고 우리민족이 모여산다는 연변延邊 자치주의 성도省都 장춘시는 그들의 50년 과정을 확인할 수 있는 장소의 첫 발자국이었다. 공항에서부터 도심에 이르기까지 회색빛의 도시경관은 한마디로 충격의 시작이었고 상상할 수 없었던 그들의 과거에서 오늘의 현실은 찾을 수 없었다. 2일간에 걸친 길림성 원림학회 임원들의 극진한 접대와 안내가 있었지만 사회주의 실패가 그대로 증명되는 정체된 역사현장들이었음을 보여주고 있었다.

인구 2백만의 삼림 휴양도시로서 2백여년의 역사를 간직하고 있고 길림성의 경제, 문화, 교통의 중심으로 방사선형의 광대한 면적에는 각종 공원, 녹지 등이 확보되어 있었으나 사회주의 국가 나름의 복지시설의 나열이었지 오늘의 우리가 생각하는 도시생활의 질적 환경은 아니었다.

공공녹지 면적도 6㎡인, 녹지율은 중국에서 두 번째로 높은 33.6%로서 생태적인 도시 건설을 목표로 하고 있다는 설명이었으나 만주국의 수도였던 역사적 건물의 흔적만 퇴색한채 남아있었고, 중공업 도시로서의 무수한 굴뚝 연기는 회색빛의 음산함과 어우러져 도시에 대한 첫인상을 흐리게 하고 있었다.

_ 길림성 장춘의 노동공원

수양버들과 백양나무 등의 가로수 터널만 도시역사의 흐름을 가늠할 수 있었을 뿐 조금만 눈여겨 살펴보면 도시의 기반시설이 너무도 열악함을 발견하게 된다. 칸막이도 없이 구멍만 뚫린 공중 화장실에서의 지옥과 천당을 오갔던 시간, 노인공원에서의 우악스러웠던 철조망시설, 황폐하다시피한 동 · 식물원의 관리 등은 그들의 푸짐한 음식 · 음주 문화와 비교되어 충격적이고 연속적인 의문의 첫 방문으로부터 시작되었다. 위의 그림은 장춘시 노동공원 안의 호수풍경으로 그들 전통문화의 유산을 오늘의 표현으로 보여 주고 있다.

····장춘에서 만난 두 사람

그 후도 몇 번인가 오가면서 지나쳤던 장춘이었으나 오늘날까지도 지워지지 않은 이러한 어두운 인상은 그곳에서 만난 조선족 동포 두 사람의 영향 때문이 아닌가 생각하게 된다.

그중에 한 사람은 첫해 방문때 만났던 조선족 노인으로서, 해방 이후 사회 혼란기에 사상적 갈등으로 서울을 등지고 만주로 넘어 왔다는 권씨성을 가진 분으로 어느 음산한 분위기의 주택가 식당에서였다.

장춘에 도착한지 이틀밖에 안되었지만 끼니때 마다 중국인 특유의 극진한 대접에 속이 불편하여지자 일행 모두 한국식 저녁 끼니를 찾기로 하였다. 조선족이 모여 산다는 곳을 수소문해서 2시간만에 찾았으나 날도 저물어 낯선곳을 우선 피하고 싶은 심정이었고 한글 간판이 그나마도 반가워 들어가긴 했어도 선뜻 내키지 않는 10여평 남짓한 허술한 식당이었다. 주인 권씨노인은 고향이 강원도로서 부인과 10여년전에 사별한 후 혼자서 식당을 꾸려나간다 했다. 행색이 남루했던지 가능한 우리 일행과의 대화에 선뜻 응하고 싶지 않은 표정이었으나 담배인사로부터 시작된 과거 이야기는 퍽 의식있는 표현으로 2세 교육의 걱정으로부터 시작되었다. 젊었을 때에는 서울에서 공부를 했다면서 정확한 표준어를 사용하였고 향수어린 감정으로 서울의 발전상과 올림픽 개최를 칭찬하기도 하였지만 그의 표정에서는 옹색하고 찌들은 식당 분위기를 지울 수가 없었다.

좁은 원형식탁에 낯익은 김치, 콩나물, 보신육류를 내 놓았으나 시각효과만 있었지 이미 우리 음식이 아니었다. 그나마 벽에는 남쪽 젊은 여성의 열띤 자세가 담긴 북쪽 달력이 권노인의 젊은 날을 보는 듯하여 착잡한 심정으로 그곳을 나와야만 했었다.

그후 3년이 지나 실크로드의 돈황을 답사한 후 급히 연길시 행사에 참석하러 잠시 들렀을때 이선생이란 젊은이의 도움을 받은일이 있었다. 장춘시 건설국에 근무한다는 분으로 서투른 함경도 말씨 이외에는 전형적인 중국사람 인상으로 대단히 정력적인 떠벌이였다. 동족이라는 순수한 개념보다는 한국인 안내기회를 무척 의식하여서인지 지나칠 정도로 자기능력을 과시하는 듯하여 도무지 미덥지가 못한 사람이었다. 우여곡절 끝에 루안쭈어軟座라는 6인용 침대의 밤열차로 12시간만에 연길시에 도착하였으나 일은 그곳에서 터지고 말았다. 결국 우리일행도 모르는 사이 내국인표로 안내하였다 하여 이른 새벽 연길 기차역에서 벌금으로 해결하는 망신을 당하게 된 것이다. 일은 여기서 끝나지 않고 이틀후 북경행 교통편을 잡지 못하자 내키지 않는 이선생의 신세를 다시 지게 되었다.

12시간동안 만주벌의 밤길을 승용차로 달려 새벽 4시경 장춘에 도착, 한시간이나 헤매며 시내 호텔을 찾았으나 결국 지친 끝에 허름한 여관에 들게되었다.

아침 8시까지 비행기표를 구하기 위하여 떠벌이 선생이 나간 이후 3시간 동안은 다시 한번 기억하고 싶지 않은 악몽의 시간이었다. 바닥에 흩어진 음식찌꺼기의 냄새와 찌들은 낡은 침대, 고장난 세면장에서의 악취를 참는다는 것은 거의 절망에 가까운 고문의 현장이었다. 해가 뜨기 전까지 창밖의 맑은 공기를 찾아 몸부림 쳤던 순간은 그동안 있었던 중국여행에 대한 의미를 다시 생각하게 하였다.

아무리 스스로 선택한 여행이라 하더라도 만주벌판을 누볐던 독립운동가의 처지도 아닌 후회감과 함께 이러한 이상집단에 대한 비판을 더 이상 억제할 수 없었다. 젊은 이선생 역시 어쩔 수 없는 상황이었다 하더라도 동족을 샹첸칸向錢看의 열풍 대상으로 밖에 생각하지 않았나하는 서운함과 함께 지난 시대의 권노인의 모습과 함께 중첩되어 어둡게 굳어진 도시의 인상이 되어버렸다.

그들의 성도省都가 이러할진데 장춘에서 처음 연길공항에 도착하였을 때에는 공항이라기 보다는 변두리 역보다 못하였었다. 절차도 없이 공항 밖으로 나와 잡초 투성이의 광장에 마중나온 동포들의 남루한 행색을 대하자니 먼 이국땅에서의 반가움보다는 형언할 수 없는 슬픔으로 맞이해야만 했었다. 영화속에서나 나올법한 낡은 48인승 쌍발 프로펠러기를 호기심속에서 내렸으나 시내까지의 비참한 풍경은 60년대초 한국의 모습을 찍기 위한 영화 세트장으로 들어서는 기분이었다.

그래도 그때에는 무어라 형언할 수 없는 짙은 인간적 향기로 우리를 끌리게 하였고 우리 한국인에게서 느낄 수 없었던 '공동체적 삶' 의 미덕이 지친 우리들 주변을 지켜주고 있었다. 비록 도시환경은 장춘 보다도 못하였고 시내에서의 인상은 온통 먼지 투성이었지만 설레이는 마음으로 동포들과의 지냄은 푸근함 속의 즐거운 나날들

_ 길림성 연변 조선족 자치주 연길시

이었다. 그림은 자치주 주정부 당위원회 청사로서 시내 중심가에 자리잡고 있었고 이러한 자치주는 1952년 9월 3일에 건립되어 중국에서 조선족이 제일 많이 모여 사는 곳이라 했다. 길림성 총면적의 1/4을 차지하는 42,700㎢에 주로 한족漢族과 만족滿族 등 19개 민족과 어우러져 살면서 총인구 2백만중 조선족은 81만 5천명으로 40%를 조금 넘고 있었다.

이들 자치주에는 연길, 도문, 돈화, 용정, 훈춘 등의 5개 시와 안도, 화룡, 왕청 등의 3개 현縣이 있으며 도합 17개의 진鎭으로 구성되어 있다고 대견스런 모습으로 그들은 자랑하고 있었다.

····자치주의 중심 연길延吉

그중 연길시는 조선족 자치주 인민정부의 소재지이고 자치주의 정치, 문화의 중심지로서 인구는 약 30만 정도에 조선족은 58%에 이른다고 했다. "부르하통하"라는 강이 시 중심을 흐르고 연집하煙集河가 북쪽으로부터 남쪽 시구역에 이르러 합쳐지고 있었다.

한글 간판에 한복을 입은 여인들이 옷고름을 펄럭이며 자전거를 타고 가는 모습이 퍽이나 인상적이었고 한국보다 더 짙은 민속을 보존하고 있어 비록 남루 하지만 그들에게 무언가의 고마움으로 가슴 뭉클함을 떨칠 수가 없었다.

이러한 민족적 긍지는 연변대延邊大로부터 피어나고 그 얼은 이민족 속에 겨레의 동질성을 확인하는 중요한 요소로 작용되는 듯 하였다. 중국내에서 조선족 식자층은 거의가 연변대 출신이고 그 학맥의 영향력은 동북3성東北三省의 경우 더욱 막강한 듯 하였다.

연변대의 캠퍼스에도 우리처럼 젊음의 낭만은 흐르고 있었다. 우리처럼 무절제한 감정표출의 대학이 이세상 어느곳에 있으랴만 한적한 대학 교정을 거닐어 보니 전혀 변할 것 같지 않은 평온함을 느끼기도 하였다.

이렇게 오랫동안 바깥 세상과 담을 쌓고 살았던 탓인지 연변의 모습은 현대 물질문명으로부터 전혀 오염되지 않을 듯 하였으나 그러한 현상은 최근들어 빠르게 무너져 가고 있었다. 아래 그림은 모아산 자락의 조선족 농촌 마을이다. 옹기종기 모여사는 모습이 전혀 낯설지 않은 우리의 풍습을 간직하고 있었다.

_ 연변 연길시 모아산 자락의 조선족마을

····민족의 현실, 도문圖們

도문시는 두만강 북안, 즉 가야하가 두만강과 합수되는 곳에 자리잡고 있다. 도문시는 철교와 인도교로 북한의 남양南陽과 통하고 있으며 도문해관圖們海關이 설치되어 있는 국경도시이다. 시의 역사라야 일제시 만철滿鐵의 도시경영에 의해 계획된 도시로서 50여년밖에 안되고 해방후 자치주 직할시로 된 후에 경제, 문화면 등에서 발전하여 왔으며 인구 약 12만명중 조선족이 60%를 못 채우고 있었다.

강뚝길 공원에는 한국을 포함한 중국 각지역의 관광객으로 붐비고 있었으며 주말의 자유업個體戶으로 활기차고 명랑한 분위기였다. 기념사진을 찍기 위한 여러 가지 배경의 그림판과 각양각색의 한복과 군복, 결혼 예식복, 중국전통의상 등을 갖추고 호객행위를 하는 모습이 옛날 서울의 파고다 공원이나 남산공원 모습 그대로였다.

뚝방밑의 선착장에서는 많은 사람들이 모터보트를 기다리고 강위에서는 2,3척의 배들이 흰선을 그리며 북한지경을 드나들고 있었다. 강폭은 생각보다 좁았으며 "두마안강 ~ 푸른 물에 노오 젓는…" 류의 낭만적인 강은 못되었다. 북한과 연결되는 교량 위에

_ 길림성 도문시 두만강변의 국경

서는 한 맺힌 사연인 듯 몇 사람이 서성이며 쉽게 헤어질줄 모르고, 무심히 흐르는 강 건너편에는 울창한 숲과 적막으로 가리어져 움직임을 볼 수 없었다. 산중턱의 선전 문구인 '속도전' 이란 선전 구호에도 맞지 않게 가끔 연기와 함께 기적소리를 날리며 달리는 기차만이 힘겹게 사라지고 있어 겨우 사람사는 도시로 인식될 정도였다.

착찹한 심정을 가눌 수 없어 그림 도구를 펼쳐 보았다. 어느 곳에서나 마찬가지로 어린이들이 호기심 있게 모여 수군거리고, 숫기어린 조선족 노인네가 수채화의 물통을 갈아 주기도 하였다. 윗 그림의 왼쪽 숲을 넘어가면 남양시이고, 교량 좌측 푸른색 교판부터가 북쪽경계가 된다.

···· 독립운동의 요람 용정龍井

연길시 서쪽 지구에 위치한 모아산帽兒山(해발 517m)은 연길시의 중요한 원림구園林區이다. 그동안 시민들과 근로자들의 명절날이나 휴식때에는 좋은 놀이터였다 하는데 1991년

_ 연변 용정평야와 해란강

도 8월에 한국조경연합회에서는 이 일대를 종합레저단지로 계획하여 보고서를 기증한 바 있다.

이곳 산 정상에 오르면 그림과 같이 연길시와 용정벌이 한눈에 들어오게 되는데 '선구자' 노래 가사중의 해란강이 무심히도 흐르고 있다. 당시 독립운동의 성지였던 용정에 들어서면 조국을 떠나 망국의 한을 달래던 선구자들의 모습이 가까이 다가오는 듯하다.

용정은 벌이 넓고 비옥하기 때문에 구한말 조선에서 들어오는 난민들은 이곳 용정을 거쳐 연변 각지역으로 흩어져 1924년 일제때에는 연변에서 가장 번창한 도시였다 한다.

오가는 길손들을 위하여 우물에 용드레를 만들어 놓아 용드레촌이라 부르며 한자로 용정촌龍井村이라 쓰고 훗날에는 용정이라 불렀다 한다.

일제 때에는 반일지사들이 서전서숙瑞甸書塾과 동흥東興, 대성大成 등 사립중학교를 세웠다 한다. 급진적 지식인들과 혁명투사들이 글을 가르치면서 반일 계몽운동을 하여 한때 연변 조선족의 반일운동 중심지이기도 하였다.

이처럼 우리민족이 만주땅에서 제일 처음으로 거주하기 시작한 곳이 용정이며, 이 용정의 우물이 바로 북간도의 슬픈 역사가 시작된 곳으로 석양의 우물터에서는 그 많은 이야기를 찾을 길이 없었다. 현재는 약 28만 인구에 조선족은 63%로 연변에서 가장 높은 조선족 비율을 나타내고 있는 곳이다.

····· 백두산의 길목, 안도安圖

안도현은 자치주의 서남부에 위치하며 비록 현縣 단위이긴 하지만 한국의 충청북도 면적과 비슷한 7,438㎢의 넓이를 갖고 있다. 백두산이 경내에 포함되어 있어 뛰어난 경관자원을 배경으로 관광산업에 눈을 뜨고 있고, 그들 구상대로 북한의 삼지연과 연계된 개발계획이 이루어 진다면 그 가능성의 잠재력은 높다 하겠다.

인구는 22만명중 조선족이 26%를 차지하여 그 비율은 다른 현에 비해 낮게 나타나고 있다. 현재는 명월진明月鎭이 현縣 소재지이며 안도인安圖人 동굴 유적과 각 시대별 유적지가 산재되어 있다. 이곳은 1992년도 한국조경연합회에 의뢰한 백두산 총체개발계획白頭山 總體開發計劃 관계로 2회에 걸쳐 현지 답사를 한 바 있었고, 그것이 인연이 되어 지난해에 이어 올해에도 방문하게 되었다.

연길시 보다도 더욱 오지奧地이기에 따뜻한 인심이 남아 있는 곳으로 항상 들리면 찾아가는 곳이 있다. 명월진에서 백두산까지 통과하는 길목에 만보라는 조그마한 촌락이 있는데 몇채 안되는 조선족 마을 길가에 '금강산' 이라는 식당이 있었다. 당시 부현장 되시는 분의 안내로 들렀던 곳이 단골이 되어 매년 이곳을 지날적마다 인사차 들리게 되었다. 뒤 냇가에서 잡아올린 싱싱한 잉어 매운탕이나, 식욕이 없을때는 푸짐한 보신탕 국물이 최고라면서 피곤한 여정을 풀어주곤 하였었다. 주인 아주머니는 원산 밑이 고향이라 하였고 과년한 큰딸은 조선족에게 시집간다며 어머니의 부엌일을 배우고 있었다.

이렇게 우리 동포들은 황량한 만주벌판에서 외로움을 달래며 민들레 같은 강한 뿌리

_ 길림성 안도현의 백두산 가는길

를 내려가고 있었다. 그림은 백두산 가는 길의 자연림이다. 멀리 장백폭포가 가슴을 설레이게 하는데 이곳의 여름은 1개월 정도로 8월 중순부터는 단풍이 지고 있었다.

····변하고 있는 오늘의 연변사람들
풀뿌리 보다 질긴 연변의 정착과정

1640년대 청조清朝 통치가들은 압록강과 두만강 1천여리나 되는 지역을 만족 선조의 발상지라 하여 룡흥지지龍興之地라 칭하고 이곳에 이민족의 거주지를 금지시켰다. 그러나 "아침에 들어와 저녁에 돌아가겠다." "봄에 들어와서 씨를 뿌리고 가을에 거두어 가며" "영領이 엄하면 돌아가고 늦추어지면 또 들어오는" 등 갖은 방법으로 계속 강안 일대에서 농사를 지어 지방의 관병들로 하여금 막을 길이 없게 하였다.

뒤축이 빠진 짚신을 신고 날 굵은 베옷으로 몸을 가리운채 쪽박만 차고 목숨을 걸고 월강한 조선족들은 추운 기후와 싸우며 억척스레 황무지를 개간하고 점차 새로운 살림을 꾸리기 시작하였다. 그러나 청조 말에는 혹심한 계급적 압박과 민족적 피해를 받게 되는데 '점산호占山戶' 라는 특수한 지주 계급의 토지 수탈과 '치발역복稚發易服' 이라는 굴욕적인 민족동화 정책에 자존심 상하기도 하였었다. 그후 일제때에는 반일 단체의 무장 봉기로서 침략자들과 투쟁을 벌였었고 도처에서 그들을 타격하며 알뜰이 가꾼 터전을 보호하였다. 일제로부터 해방 이후 3년간 국민당과의 내분시기에는 그들을 축출하고 오늘의 중국을 창건하는데 커다란 희생을 치르기도 하였다.

내부 문제에서 한시름 벗어나는 듯 하자 이번에는 한반도에서 전쟁이 벌어지게 되었다. 이에 항미원조抗美援朝, 보가위국保家衛國이라는 이데올로기에 휘말리는 비극을 맛보게 되었고 연이어서 1966년부터 10여년간 '문화대혁명' 에 휩쓸리게 되었다. 그 기간 동안에는 민족 형식의 쓸데없는 네 가지 낡은 것(옛사상, 문화, 풍습, 습관)이라 부정당하여 '수정주의' '투항주의' 의 비판대상으로 그나마 남아 있었던 민족 정서마저 수난 당하게 되었던 것이다. 1976년 10월 문화 대혁명의 소용돌이가 멎자 겨우 명예를 회복받고 '삼중회의三中會議' 개최를 기점으로 오늘의 등소평 노선이 확립, 4대 현대화 건설로 오늘에 접어들게 되었다.

조국 강토에서 버림받고 이민족의 설움과 일본 침략군의 핍박, 각종 내란과 전쟁, 혁명의 소용돌이에서 겨우 숨돌리게 된 오늘의 동포들에게 연변은 그들의 천국이며 부정할 수 없는 뿌리의 터전일 것이다.

이렇게 피눈물 나는 3백 50년 이민사에서 그들의 뿌리는 질기게 연명하여 왔는데 개방정책 이후 오늘의 우리를 만남에 따라 또 다른 충격과 자극의 시작을 맛보게 되었던 것이다.

•••• 그들의 의식구조

장춘에서 떠나올 때 중국인들은 우리 민족의 좋은 점을 칭찬하였었다. 우선 춤과 노래를 즐길줄 아는 재능이 있고, 머리가 좋아 교육열이 높으며, 충직한 의리가 있으며, 노인을 섬길줄 아는 도덕심이 밝으며, 근면성실하여 재리에 밝다는 등의 여섯가지를 밝혔는데, 연길시의 한족 부시장도 처음 만난 인사말에 같은 내용으로 치켜세웠었다. 장춘에서의 고급 공무원들도 놀랄 정도로 공산정권 50년 정책을 실패로 인정하고 솔직한 비판을 가하기도 하였었다. 문화혁명 기간 동안의 무지함을 세계의 웃음거리였다고 인정하면서도 그들은 모택동을 인간적으로 이해하려 하였고 사회주의 자체를 부정하려 들지는 않았었다. 여기까지는 거짓 없는 있는 진실 그대로였다. 타민족에 대하여 항상 상대적 충족감과 자신을 갖고 살아왔던 우리 동족들로서는 어느날 갑자기 드나들기 시작한 남쪽 동포들과 비교되는 현실에 지난 설움에 대한 넋두리도 쉽게 풀어 헤칠 수 없었을 것이다. 그리고 보상 받을 수 없는 지난 과거에 대한 회한이 자존심의 표출로 우리앞에 나타나게 되었을 것이다.

그들은 분명 2개국에 속하고 또다른 체제 속의 동일한 민족으로 혈통, 기질, 문화, 풍속, 심리, 소질면에서 오늘에 이르기까지 우리와 공통성을 보유하고 있었다. 그러나 그러한 공통성 가운데 중국 민족의 새로운 요소가 쉬지 않고 자라고 있었으며 그들의 지난 과거와 눈치보며 얽혀사는 현 여건을 생각한다면 이는 당연한 현상으로 받아들여야 할 것이다. 그나마 그들의 의식속에 남아 있다는 민족의 정통의식, 민족의 자존의식, 민족의 친화親和의식, 타민족과의 경쟁의식, 애국의식 등은 지난 과정에서 살아남을 수 있었던 근본적 요소이기도 하지만 내일을 살기 위한 지침으로서도 이어지기만 기원할 뿐이다.

····변하고 있는 상황들

연변의 조선족 인구분포는 대체로 동에서 서쪽에 이를수록, 남쪽에서 북쪽에 이를수록 인구가 적다. 이 특성은 그들이 이전에 조선으로부터 이주해 들어온 노선과 일치한다. 한족은 조선족과 정반대 방향으로서 그들이 관내로 이주해 들어온 노선과 일치하고 있다. 그러나 최근 인구가 급격히 늘어나고 있는데 이는 중국 인구 12억중 97%를 차지하는 한족들의 자연증가율과 동화정책에 의한 의도적인 이주 정책에 의한 결과이다. 산동성의 빈민들을 백두산 개발 명분으로 이주시키거나 연길 인근에 한족 도시를 만들면서 공공 기관의 주요 직책에 중국인 50%를 권유하는 것 등이 이를 말하여 주고 있다. 자치주의 언론 매체, 교육을 다 허용해 놓고 나니 겁이 났던 모양이다. 중국을 지배하던 만주족이 1백년이 못되어 지구상에서 사라지는 것을 보면 한족들의 전통적 흡수력은 그들 식욕 이상으로 놀랄만한 일이다.

또 한편으로 그들 스스로 변화 추세의 적응이다. 대부분의 연변 동포들은 변화를 원하고 있으며 그것은 피할 수 없는 인간의 본능이기도 하겠지만 그들의 정책이기도 하다. 다정하고 순수해 보이는 동포들이 '자본주의'에 접하게 되면 달라질 것이라고 괴로운 염려를 하였으나 그들은 결코 자본주의가 아닌 경제적 부富를 추구하고 있는 것이다. 그 계기가 시장경제의 열풍과 서울 손님들로서 자본주의의 문화중 가장 천박한 퇴폐행위가 침투하고 있다는 것과 그를 식별 못하고 걷잡을 수 없이 빠져들고 있는 그들 역시 문제였다.

한국 가요가 만주벌을 누비고 있는 것이 부의 상징이요 룸싸롱과 카페가 있어야 가난을 벗어난 서울사람 행색이라고 생각하는 것은 커다란 착오일 것이다. 지난해에 들렀을 때에는 동북삼성東北三省에서 제일 크다고 자랑하던 나이트클럽이 실내체육관 만한 크기로 서울의 대형 술집보다도 더욱 컸었다. 갖은 수모를 겪으며 한국을 드나들고 러시아와 북한에서 보따리장사皮包公司를 하면서 벌어들인 외화 보유고가 장춘 보다 높다고 자랑이 대단하였다.

관광 업소에서 일하는 조선족도 몇 년 전까지만 해도 "돈말고 물건을 주시라우요" 하면서 겸연쩍게 팁을 사양했었는데 이제는 당연히 받을 줄도 알게 되었다. 대중 문화의 접근으로 민족의 동질성을 찾는 것도 중요하겠으나 과연 이러한 대변만으로 그들의 자존심을 설명한다는 것이 좋은 현상만은 아닐 것이다.

마지막 상황변화의 한가지는 그들은 그렇게 쉽게 변할 수 없는 지난 역사와 이념을 간직하고자 한다는 점이다. 비록 공산주의의 50년 실책을 인정하며 우리와 같은 감정의 민족의 동질성을 한때 찾았으나 그들의 정서적 상대는 결코 우리가 아니라는 점이다.

다만 정치와 경제를 구분하여 경제 대상일 때에는 동족을 내세우고 불이익의 경우에는 중국의 정책을 우선하고 있는 것이다.

그동안 떨어져 살던 같은 민족이 중국보다 잘사는 현실에 동족으로서의 우월성을 인정받게 됨에 좋으나 가능하다면 같은 체제였고 가깝게 지내던 그들 뿌리의 근원이 잘살게 되었다면 더욱 좋았을 것이라고 공공연히 말하고 있어 민족공동체에 대한 개념이 우리의 정서와는 차이가 있다는 점이다.

최근 북한을 통한 밀무역이 성행하여 경제적 혜택의 동기를 제공받자 그러한 언행은 더욱 심화 되는 듯 하였고 북한주민 탈출에 대한 비인도적 자세도 같은 맥락으로 해석되게 한다. 북한의 청진항을 함께 개발하여 용정까지 고속화 도로를 함께 이용하게 되었다 하니 옛날 개척기의 지리적 이해와 오늘의 이념적 동질성을 잘 활용하고 있는 것으로 역사는 역시 돌고 있음을 보여주게 되어 내일의 이 땅이 어떻게 변화될까 궁금하여 진다.

필자가 이곳 연변에 관한 이야기를 쓰면서 고민했던 것은 역사책의 한 페이지였던 지난 역사를 한축에 꿰어 이해하기 전에는 우리와 떨어진 별도의 땅 이야기일 뿐이다. 근세사의 지정학적 여건으로 보아 이념에 폐쇄되어 있었던 곳이고 찬란했었을 우리 과거의 문화 흔적을 한족들의 속성상 그대로 인정하고 보호하였을리 만무한 문화의 황폐지로서, 우리의 과거와 현재를 오가는 시간 여행일 뿐 중국의 다른 답사 대상지와는 또다른 여건에 처하게 되었다.

고구려 당시의 광대한 기상과 발해국의 찬란했던 문화의 대상지도 체험할 수 없었고, 조선말엽 혼란기의 설움과 일제에 대한 박해를 극복한 것에 대한 격려의 마음도 6.25 당시의 참전사실에 대한 갈등과 분단의 아픔속에 묻히게 된다. 그들의 지난 과거에 대한 이해와 빠르게 변하는 시간과의 차이에서 그 무엇을 선택할 수 없는 순간이 오늘의 현실이 아닌가 한다.

가면갈수록 더욱 멀어지는 만주땅이면서도 그래도 가깝게 찾을 수 밖에 없는 역사의 땅으로 가까워지는 것은 어떤 마음일까? 금년 여름에도 또다시 찾게 되었던 마음 한 구석에는 그동안 먼시간 서로 잊고 살아왔으나 오늘의 우리와 한 핏줄의 동족으로서 그들의 터를 닦고 떳떳하게 살아갈 수 있기를 기원하는 마음이 남아 있었음을 숨길 수 없었다.

언젠가 그들도 건전한 문화의 전수자로서 고구려, 발해 당시의 찬란했던 문화의 꽃을 다시한번 보여주기 바란다.

이러한 끊을 수 없는 끈질긴 민족감정의 표현을 이념전달이라는 긴장감으로 오늘의 순간을 극복하지 못하고 오직 이익의 대상으로만 민족을 찾는 현실이 안타까울 뿐으로 그들의 건전한 장래를 염원할 뿐이다.

우리도 그들을 언제까지나 옛 정서의 대상으로 감상적 동정 보다는 그들 스스로 시간을 갖고 자립할 수 있는 정신, 문화적 도움이 우선 필요하리란 것을 깨달아야 할 것이다. 한국가요가 자치주의 내에 흐르고 한국의 퇴폐문화가 거리를 범람하여도 결코 그곳은 오늘의 한국이 아니란 점이다. 우리의 기준으로만 그들의 정서와 오늘의 문화환경을 탓하지 말고 그동안 공유하지 못했던 민족의 공동체 의식을 따뜻한 마음으로 심어주어야 할 것이다. 또한 "고위금용古爲今用"이라는 해석대로 어제의 그들에게서 남아있는 인간적인 그 무엇을 찾아내지 못한다면 우리 역시 영구히 고통스러운 왕래만 후손들에게 넘겨줄 것이란 것도 잊지 않고 기억하여야 할 것이다.

지혜롭지 못했던 선조들의 업보로 장춘에서의 어느 여관에서와 같이 이민족의 변기통이나 끌어안고 괴로워하는 후손들이 다시는 없어야 할 것이다. 아! 끔찍한 우리민족이다.

우리의 숨결을 찾아

금년도 중국여행(1994. 7. 24~8. 4)에서는 고구려의 문화유적을 찾아보기로 마음먹었다. 그동안 몇 번 다니면서 중국에서의 우리 문화 및 유적지를 눈여겨보았지만 쉽게 눈에 띌 정도로 나타나지는 못했었다. 근대사의 일부로서 상해上海시에서의 흔적 이외에는 비교적 중국 동북삼성東北三省에서 찾을 수밖에 없었고, 마침 연변쪽은 자주 왕래가 있어서 주로 발해渤海 시기와 인연이 있는 유적지들의 위치는 대강 더듬어 놓고 있었다.

그러나 고대사古代史의 중요한 위치를 차지하는 고구려 문화 유적지는 언제나 마음속에만 묻어두고 기회만을 기다리고 있던 중이었다. 마침 북경에서의 학술회의를 마치고 연변에 들렀을 때 백두산 밑 이도백하진二道白河鎭에서 통화通化 경유 심양瀋陽으로 출발하는 야간열차가 있어 이를 이용하기로 결심하였다. 중국에서의 장시간 기차여행에 심각할 정도로 건강이 상했던 경험이 있어 선뜻 내키지 않았으나 다른 선택의 여지가 없었고 다시 찾기도 힘든 오지奧地에다 그동안 중국문화를 찾아 헤메면서도 당연히 우리의 것을 늦게 찾는데 대한 자책감이 가장 결정적 요인이 되었다.

•••• 고구려 유적의 유감

8시간 만에 통화시에 도착한 후 아침식사를 마치자 집안集安시로 직행하기로 하였다. 5시간 이상 비포장길에 흔들리면서도 한국의 여느 산골과 다를바 없는 낯익은 풍광風光에 역시 이곳은 중국의 중원과 다른 우리의 냄새를 맡을 수 있었다.

남쪽을 향해 통구하通溝河를 굽이치고 고분벽화에서 익혀 두었던 험한 고갯길을 몇 개 넘으니 이상한 예감이 드는 고갯길을 오르게 된다. 주변 산세로 보아 산마루를 넘으면 무엇인가

_ 통구평원에 잠들고 있는 고구려 고분군들. 남쪽을 향하여 우리를 부르고 있다

전개될 듯한 느낌이었는데 과연 넓게 퍼진 벌판에 집안 시내가 내려다 보이고 압록강 건너편에는 만포滿浦시가 펼쳐지고 있었다.

북쪽으로부터의 험한 산맥이 흐르고 흘러 이곳 압록강변에 대우산大禹山, 의룡산依龍山, 칠성산七星山으로 맺어지자 이곳이 바로 유서깊은 역사의 현장이었다. 유리왕瑠璃王 22년(서기 3년) 제2의 도읍지로 처음 말에서 내린 곳인 것이다.

중국 동북삼성과 한반도의 절반 이상을 석권했던 고구려의 왕도였으며 한때 위魏 나라에 철저히 파괴되었던 이곳에서 고구려인의 기상과 좌절을 상상하니 필자는 형언할 수 없는 감동을 느끼게 된다.

2000여년이 지나 비록 바퀴달린 차에 등산모 차림으로 달려 왔으나 통꺽전자通溝甸子에 누워있는 수많은 고구려 고분군(11,258개)이 모두 알아보는 듯 깃 꽂은 모자에 말을 타고 맞이하여 줄 것만 같았다.

삼국사기 기록 중 이곳에 왕도王都를 정할 때 지형 설명을 보면 "산과 물이 깊고 험하며, 토양이 기름져 여러 가지 곡식 키우기에 알맞고, 산짐승과 물고기가 많이 잡힌다"라든가 "왕께서 만일 그곳으로 도읍을 옮기면 백성들의 복리가 무궁할 뿐 아니라 전쟁의 위험을 면할 수 있습니다"라는 이야기처럼 경제적, 군사적 유리함을 고려한 듯 하다.

오늘의 집안시에 위치한 국내성國內城은 평지에 네모꼴을 이룬데 반해 통구하를 거슬러 올라 칠성산 밑에 자리잡은 환도성丸都城은 부정원형不整圓形을 이루고 있었다. 시 외곽의 통꺽평원에는 졸본卒本(현재의 요녕성 五女山城) 이후 425년 긴 세월동안 고구려의 정치, 경제, 문화의 중심을 이루었던 선조들이 잠들고 있었는데 놀랍게도 고분군의 면적은 동서길이가 16km, 남북폭이 2~4km인 묘군墓群이 6개 구역으로 나뉘어져 넓은 벌판을 메우고 있었다.

이러한 고분군중에 그동안 미공개 되었던 장천 1호분長川一號墳, 무용총舞踊塚, 각저총角抵塚, 오궤사호묘五蓋4호墳등을 모처럼 기회에 직접 만날 수 있게 되었다. 잃었던 부모를 만난 듯 흥분된 감정을 억누를 수 없었는데 당시의 사회문화와 신화가 담겨 있었고 힘이 있는 선묘線描와 화려한 색채가 아름다워 당시의 종교 문화와 묘제를 연구하는데 진귀한 가치를 보여주고 있었다.

그 외의 평원에는 고구려 건국신화 및 호태왕好太王 일생의 공적, 묘를 지키는 제도와 관련된 법령 등이 기록된 광개토대왕비가 아직도 권위를 잃지 않고 우리들을 기다리고 있었다. 의룡산 아래에 자리잡고 있는 장군묘(장수왕능)는 이집트의 피라밋과 유사하다하여 '동방금자탑' 이라 부르고 있었으며 그 웅장함은(밑변 31.5m, 높이 12.4m) 당시의 대륙을 호령하던 기상을 보는 듯 숙연한 마음을 가눌 수 없게 된다.

그러나 한편 이러한 우리 선조들의 기상과 기개를 감개무량하게 대하면서도 왜곡된 역사관에 의한 현지 안내인 설명이나 알량한 상품전시로 전락한 허술한 관리를 보자하니 그 육중했던 돌 무게에 가슴을 눌린 듯 착잡한 심정을 금할 수 없게 된다. "시대에 따라 영토와 거주민은 바뀔 수 있지만 고구려를 중국사의 일부분이라 할 수 있는가?"라고 항의하였더니 북경에서부터 동행했던 조선족 안내양 역시 중국인과 마찬가지 생각이었다. 북경민족대학 사학과를 졸업했다는 그녀는 역시 오로지 한국어를 할 줄 아는 중국의 젊은이였을 뿐이었다.

답답한 심정을 압록강변 강뚝에 앉아 흐르는 물에나 씻어 버려야지 어찌 이곳에서 교육받은 그들을 탓할 수 있을까 보냐. 강 건너 만포시의 아름다운 산들이 손에 잡힐 듯 가깝게 다가온다.

강 건너부터라도 우리의 땅이라고 가슴속에 다짐하여 보지만 역사보다 더욱 착잡한 오늘의 현실을 모르는 듯 압록강은 유유히도 흐르고 있었다.

····발해渤海의 유지遺址들

일찍이 중국 동북東北에 웅거하면서 '해동성국海東盛國'이라 불리던 발해국은 지금의 연변延邊지방 여러 곳에 많은 유지와 문물을 남기고 있었다.

돈화현敦化懸 돈화시 남쪽 교외에는 제1대 국왕이었던 대조영大祚榮이 건국한 도성都城이 자리잡고 있다. 오동성敖東城 동으로는 목단강에 이르고 북으로는 발해의 상경용천부上京龍泉府(지금의 흑룡강성 영안현 동경성)로 통하는 길목에 있어 지리적 위치가 매우 좋은 곳이다.

오동성에서 남쪽으로 약 2.5km 떨어진 성산자산城山子山은 발해건국(698)의 정황을 상세하게 전해주고 있는 『구당서舊唐書』의 기록에 따른 동모산東牟山으로 그 가능성을 높이고 있다.

1993년 8월 23일 조선일보사의 대륙연구소가 현지답사를 한 바로는 제3대 왕인 대흠무大欽茂의 둘째딸 정혜貞惠공주묘와 함께 발해 제2대 왕인 대무예大武藝의 능, 파란만장했던 대조영의 왕능도 그곳 어디엔가 있을 것으로 추정하면서 발해사의 수수께끼를 제공하고 있다.

훈춘현琿春懸 여러곳에도 발해시기의 유적이 남아 있다. 평원성 4개와 산성 2개, 절터 4곳, 탑자리 1곳 등이다. 그 중 팔연성八連城은 발해 5경의 하나인 동경용원부東京龍原府의 유지로서 기원 785년부터 794년 까지의 발해의 수도였다. 『신당서新唐書』 발해전에는 "예맥의 고지는 동경으로서 왕원부라 하며 책성부柵城府라고도 한다"고 기재되어 있다. 이것은 발해가 고구려의 성터를 그대로 썼다는 것을 말해준다.

화룡현和龍懸 서성공사西城公社 소재지에서 동에서 약 10리 되는 곳에 서고성西古城이 있는데 연변 고고학계에서는 발해 중경현덕부中京懸德府의 유지로 인정하고 있다.

_ 통구의 의룡산 자락에 누워있는 장수왕릉 장군총. 통구평원의 국내성을 내려다 보고 있다

이곳에서 서남쪽 10리 되는 곳에 팔가자 북대 발해 고분군八家子 北大 渤海 古墳群 수백개의 무덤중 50여개는 정리되었다 한다. 아울러 남쪽 4km에는 하남둔고성河南屯古城이 있고, 화룡현 용수공사 서쪽 용두산에는 대흠무의 넷째딸인 정효貞孝 공주의 무덤이 있다. 1980년에 발굴되었다 하는데 묘비와 석실내의 벽화에서 발해국의 역사법령, 제도, 사상, 문화를 연구하는데 중요한 학술적, 역사적 가치가 커서 길림성 중점 문물보호단지로 지정되었다 한다.

또한 연길시延吉市에서 남쪽으로 10리 되는 곳에 부르하 통하와 해란강의 합수목 서북쪽에는 성자산성城子山城이 있다. 성내에는 궁전자리가 있고 정연하게 배열된 주춧돌이 남아 있다 하는데 금년 여름 한국조경학회 답사팀이 찾았을 때에는 잡초가 우거져 옛 흔적은 찾을 길이 없었다. 그동안 고구려, 발해 당시의 기와가 발굴되었고 요금遼金때의 각종 장식품이 발견되었다 한다. 산성은 고구려때 쌓은 것이며 발해를 거쳐 금나라에 이르기까지 수리를 하면서 썼다는 것을 알 수 있다.

연변에는 이렇게 고구려, 발해 당시의 유지가 많이 남아 있는데 그 외 요·금시대에 이르기까지에는 무수한 고성古城들이 산재되어 있었다.

유감스럽게도 필자는 이러한 발해유적지를 한번도 답사할 기회가 없었다. 5회에 걸쳐 거르지 않고 연변일대를 드나들었어도 일행을 안내했던 그곳 동포들은 우리들 앞에서 고대사古代史에 대한 흔적을 굳이 밝히려 들지 않았었다. 아마도 근자에 한국 사람들의 잦은 왕래로 지난 역사에 대한 미묘한 해석과 복잡한 논란을 피하려했던 것으로 이해된다.

그들이 급하게 부탁하는 개발계획에 참고하고자 지난 역사를 들춰보니 평소 구릉지대로만 보여지던 연변일대가 사실은 발해문화의 중심지로서, 오늘날까지도 우리 민족과의 인연의 땅이 된 것은 결코 우연만은 아닌 듯 새삼 깨닫게 되었다.

연변대학 출판부에서 발행한 『발해사 연구2』에서도 "발해의 통치집단 즉 대조영을 위수로 한 속말갈은 일찍 고구려에 예속되었으며 발해건국 시기에는 적지않은 고구려 유민들이 발해에 귀속되었었음"을 발해 제3대왕 대흠무의 둘째딸 정혜공주의 3년장 제도를 그 예로 하였다. 『구당서』 발해전에서도 "발해 말갈 대조영은 본래 고구려의 별동渤海靺鞨 大祚榮者 本 高句麗 別種也"이라 하였고, 『신당서』 발해전에서도 "발해는 본래 속말말갈粟末靺鞨로 고구려에 부속되었는데 성은 대씨였다"라고 하였다.

이렇게 발해왕국은 중국의 동북지역과 연해주 일대 그리고 한반도 북부에 건립된 지방정권으로서 당왕조의 책봉을 받고 수시로 중원 지구에 조공을 하였다 하더라도 우리민족인 고구려의 영향과 참여로 이루어진 것은 당연한 사실로 받아들일 수 있을 것이다.

····상해上海의 근대사近代史 흔적

중국하면 지금도 처음 방문했던 1990년도 북경공항의 오성기五星旗에 섬뜩함을 새롭게 하고, 상해하면 그해 8월 15일 홍구공원虹口公園을 헤메던 기억이 떠오르게 된다. 고국을 나가면 애국자가 된다던가 기회 있을때 마다 일행들을 안내겸 몇 번 찾았지만 갈 때마다 아쉬운 점이 한두겹 쌓이는 것이 있었다. 그것은 한국 정부에 대한 정통성과 그와 유관된 역사적 사실을 지우려 한다는 점이다. 지난 시절 자기네에 의한 아팠던 상처마저 무감각해 하면서 엉뚱하게 만주 군관학교와 항일투쟁 강조로서 은연중 이념논쟁의 껍질을 벗기고 있었다. 그해 여름 연길에서 상해까지 동행하며 안내했던 허許선생도 50대를 넘어섰고 고급공무원의 식자층인데도 윤봉길尹奉吉 의사에 대한 의거흔적과 그 역사적 사실을 모르거나 인정하려 하지 않았었다. 중국의 정치체제와 인접된 북한과의 관계로 보아 어쩌면 당연한 일이라 이해하면서도 우리와 정식국교 이후 그곳에 기념정자 하나 세우는 일에도 인색한 중국정부를 생각한다면 그들의 철저한 역사왜곡과 이념에 의한 현실부정에 놀라움을 금할 수 없었다.

_ 상해 노신공원 안의 윤봉길 의사 의거 현장. 위치만 표시되어 있고 안내설명문은 전혀 없었다

힘들게 물어물어 당시를 기억하는 어느 중국 노인의 안내로 현장을 찾았으나 1956년도에 조성되었다는 노신魯迅 묘원墓園만 기다리고 있을 뿐 이었다. 8월 15일을 기억하며 의미있게 찾았었는데 초개같이 젊은 목숨을 던진 그에게는 조그마한 판자조각의 기념표지 하나 없이 피맺힌 한숨소리가 뒤로 들리는데 새삼 만주군관학교 이야기가 우리 귀에 들리지 않는 것은 당연한 일이었다.

그후 1993년도 여름에는 상해임시정부 청사를 찾은 일이 있었다. 어느 좁은 골목으로 돌아들어가면 낡고 좁은 주택가에 청사로 썼었다는 3층 건물이 나타나는데 전형적인 서민용 연립주택이었다. 이곳이 마당로馬當路 306의 4호인 임시정부청사原韓國臨時流亡政府舊址이다.

중국인 주택구조가 원래 폐쇄적이긴 하지만 2, 3층은 침실, 1층은 집무실로서 겨우 1인이 오르내릴 수 있는 협소한 장소였다. 그곳에서 항일투쟁을 의논하며 광복의 날을 기다렸다 하니 허름한 가구 하나하나에 당시의 김구 선생과 애국지사들의 뜨거운 채취가 배어있을 것만 같았다.

그런데 청사 자리가 너무 협소하여 한국방문객을 위한 접대실은 골목밖 길가에 개설되어 어느 중년 여인이 안내를 하고 있었다. 어눌한 한국어 발음으로 존칭어도 빠진 형편없는 안내로서, 그나마 일본인에게 맡기지 않은 것만으로도 다행으로 생각하여야 한단 말인가?

금년봄 우리 정부의 높은 분들이 기세좋게 날아갔었으나 무엇이 어떻게 해결되었는지 엉뚱한 호랑이 한쌍만 얻어왔다는 대서특필만 보게 되었다. 오히려 우리의 것을 지키는 안내인이 마땅치 않다면 백두산 호랑이라도 앉히는 것이 나을 법 하지 않았을까 생각되는 현장이었다.

•••• 조선족들의 민속

어느해인가 연길시에 있는 연변 박물관과 용정에 있는 민속박물관을 방문하면서 열악한 전시조건과 빈약한 내용에 가슴 아파한 일이 있었다. 한반도에서 이주 당시 만주족과의 마찰 과정과 맨손의 정착과정을 생각한다면 그럴 수밖에 없겠으나 민족문화에 대한 근거도 마련 못한 채 맨몸으로 이국땅에 기거하고 있는 그들의 모습이 그렇게 처절하게 보일 수 없었다.

그 후 기회가 있어 연길시의 '모아산 자연공원' 개발계획 때 민속촌 지구를 포함시켜 한국에 남아있는 기록과 실측자료를 정성껏 보내준 일이 있었다. 그런 얼마후 "한국의 것이 어떻게 우리민족의 문화를 대표할 수 있는가?" 라는 민간학자들의 반론이 있었다 하기에 관련학자 몇분에게 그 취지와 뜻을 전달하면서 "현재 한반도 북부의 자료는 우리도 구입할 수 없는 여건으로 한국의 것을 강요하는 것이 아니라 참고자료로 선택하였으면 좋겠다"라는 부탁의 말로 맺은 일이 있었다. 이렇게 그들은 그동안의 시간과 공간상의 거리에 따라 우리민족 고유의 정서마저 벌어지고 있지만 동포들의 분포지역에 따라 우리와의 인연은 어렴풋이 구분되고 있었다.

중국 조선족들의 풍속은 크게 두가지 유형으로 나뉘게 되는데 그중 조선에서 가지고 들어간 고유풍속과 중국식 생활환경에 영향을 받은 혼합풍속이다. 대체로 조선 8도 사람들은 중국의 동북각지에 섞여 살지만 그중 함경도 사람들은 주로 연변지방과 길림성의 장백 조선족 자치현, 흑룡강성의 동부와 남부지방에 살고 있다. 한편 경상도 출신들은 좀더 내륙으로 들어가 길림성의 길림지구와 흑룡강성의 서부와 북부지방에, 요녕성의 동북부 지방에 살고 있다. 그리고 평안도에서 떠난 사람들은 길림성의 서남지방과 요녕성에 뿌리를 내리고 있다. 나머지 각도 사람들은 동북각지에 흩어져 살면서 '전라도 마을' '경기툰'과 같이 소규모적인 촌락을 형성하고 있어 풍속면에 있어서 3도 만큼 큰 영향을 주지 못하고 있다.

명절놀이 등 음력 세시풍속은 거의 상실한 채 양력을 중심으로 이어지고 있으며 우리의 어린이날에 해당하는 6월 1일과 광복절을 대신하기 위한 노인절, 연변자치주 창립기념일인 9.3절을 우리의 추석과 같이 성대하게 즐기고 있다. 이러한 날에는 주로 집단군무로서 이질문화異質文化에 저항감을 나타내거나 경로회 성격의 민속놀이들로서 민족의 단결과 화합을 다지는 한마당이 된다. 중국이 추석을 명절로 지정하지 않아 대부분의 조선족들은 추석날 틈을 내어 성묘를 하고는 곧 일자리로 돌아가야 한다. 국가적으로 화장火葬을 장려하고 있으며 일부 도시에서는 매장금지법을 시행하고 있기 때문이다.

심양瀋陽의 경우 공동묘지를 아예 없애버려 매장할 곳을 마련하기가 쉽지도 않다. 연길시의 어느 식자는 "도시발전에 따라 그나마 남아 있던 민족 고유의 풍속과 전통마저 서서히 사라지고 있는 것 같아 안타깝다"라고 말하기도 한다.

그러나 1994년 7월 연길시를 찾았을 때 그곳 시장으로부터 깜짝놀랄 제안을 받았었다. 연길시에 공원묘지계획을 마련하여 달라는 주문이었다. 지난날에 지관地官을 모셔다 묘자리를 택하기도 하였고 지금도 농촌에서는 묘를 쓰기는 하나 일반적으로 공동묘지는 없는 상태였다는데 사회주의 국가 기관장의 제안으로서는 놀랄만한 변화였다.

『터』의 작가 손석우 선생을 지난 이른봄 한국에서 모셔다가 터를 보아 두었다면서 담당자와 함께 현장답사를 권유하는 것이었다. 한국의 서산瑞山땅이 앞으로 어떻고 어느 재벌 조상묘를 거들면서 명당자리 이야기하는 것을 보면 그분 역시 같은 동족임에 틀림없었고, 문화혁명기간동안 불태웠다는 족보를 다시 찾기 위한 최근의 움직임과 함께 우리와 같은 뿌리임을 확인할 수 있었다. 그러나 한편 언젠가 그들도 호화분묘 이야기로 고민하는 날을 보게 될 것 같아 썩 마음내키는 일은 아니었다.

····백두산에 대한 소고

오늘의 백두산을 오르려면 정상 북쪽 중국으로부터 올라야 하고 천문봉 밑 기상첨 주차장에서 15분 정도 거리라는데 실망하게 된다. 그러나 그러한 심정은 하산길의 여유있는 시간의 생각이고 정상에서 내려다본 천지의 장관을 처음 대하는 순간부터는 그러한 현실은 잊게 되고 만다. 중국쪽 정상의 백운봉(2,691m)과 우리쪽의 백두봉(2,749m), 삼기봉

_ 백두산 장백폭포의 여름경관

_ 백두산 흑풍구에서 내려다본 장백폭포 계곡

(2,670), 고준봉(2,711m), 자하봉(2,618m) 등 모두 17개 봉우리가 천지를 에워싸며 어깨를 견주고 있는데 천지 수면의 높이가 해발 2,155m이니 하나하나의 봉우리가 천태만상의 모습으로 그 웅장한 규모에 가슴 설레이게 된다. 순간순간 변하는 천지 주변의 모습은 수천 만가지의 감동을 연출할 수 있는 무대배경과 같았고 지나가는 구름의 그림자는 화폭변화의 숙련된 연출자였다. 영험한 장소에 감히 오래 머무르는 것 자체가 두렵기만 하고 현실로 인정되지 않는 흥분된 감정이 반복적으로 이루어지게 된다. 이러한 백두산은 우리 민족의 발상지로서 단군이 탄강誕降한 성지로 신성시 되어 왔으며, 정상의 용왕담龍王湛 천지는 한민족의 마음의 고향이며 우리얼의 원천源泉이었지만 현장에서의 폭발하는 감동은 이러한 이성적 생각을 묻어버리게 된다.

대동여지전도의 발문跋文이나 1496년 발간된 동국여지승람에도 '백두산은 조선산맥의 조산祖山이 된다. 이 산은 모두 3층으로 되어 있는데 높이가 2백리요 가로는 천리에 뻗쳐 있다. 그 꼭대기에 못이 있는데 둘레가 80리다. 그 못의 물이 남으로 흘러 압록강이 되고 동으로 흘러 두만강이 된다' 고 하였다. 그러나 중국 역시 고서문헌에 백두산에 대한 내용이 많이 기재되어 있다 한다. 『산해경山海經』에는 '머나먼 곳에 산이 있는데 불함不咸이라고 한다.' 그래서 주 · 진周 · 秦시기부터 당조唐朝에 이르기까지에는 시대별로 '불함산' '개마대산蓋馬大山' '도태산徒太山' '태백산太白山' 이라 불렀고, 금조金朝때에 이르러서야 비로서 '장백산' 이라 부르기 시작하였다 한다. 그후 청조淸朝는 이곳을 왕조인 애친각라愛親覺羅의 발상지라 숭배하여 수시로 시찰과 산신제를 지내게 하였다 한다.

이러한 양국간의 미묘한 국경문제를 청조때인 1712년 5월 15일 양국대표가 백두산에 올라 회담한 결과 백두산 산정 동남방 약 4km 해발 2200m지점에 우리민족의 한이 서린 백두산 정계비定界碑를 세우게 된다.

"서쪽으로 압록강, 동쪽으로 토문강을 한 · 중 국경선西爲鴨綠 東爲土門 故於分水嶺上 勒石爲記으로 정한다"라는 내용으로 실로 어이없게 백두산 천지는 우리의 국경밖에 위치하게 되었던 것이다. 뒤늦게 이에 놀란 우리 조정과 백성들이 현지답사를 하고 토문강이 송화강 상류라는 빌미를 잡고 약 25년안 몸부림쳤으나 역부족이었고, 1909년 일제와 청나라간에 소위 '간도협정' 체결로 탈취당하는 과정을 겪게 되었으니 그 직접적 계기는 백두산 정계비에 있었던 것이다.

그후 1970년경 중국은 북한측에 한국전 참전댓가로 삼지연에 이르는 백두산 남쪽 산록까지 양도를 주장하자, 북한측은 정권의 입지를 강조하며 대신 압록강의 일부 하중도河中島를 중국측에 양도하는 댓가로 오늘의 백두산 천지의 반쪽을 차지하게 되었다는 내용을 그곳 조선족들에게 듣게 된다. 따라서 백두산 정계비는 국경선 표석터로서 그 가치를 상실하고 실로 260여년만에 천지의 반쪽이나마 되찾게 되었으니 실제로 천지의 면적중 우리측이 5,882km 로서 중국측의 3,9318km 보다 약 1.5배에 이르고 있다.

이렇게 백두산 천지분할의 실상을 알고나면 너무나 큰 실망과 충격을 받지 않을 수 없게 된다. 물론 고조선때나 고구려, 발해때의 우리민족의 경계선은 백두산을 지나 멀리 흑룡강성까지 우리의 땅이었다. 그러나 현실을 모르고 우리의 기존 정서와 일방적 희망의 애국심만으로는 국경선 문제가 해결되지 않을 뿐 아니라 천지주변 국경 표기에 대한 추후 중국정부의 시정요청에 대한 시비는 지금부터 하고 있어야 할 것이다.

1990년도 8월 11일 처음으로 천문봉에 올랐을 때의 가슴터질 듯한 감격속에는 그러한 분할과정을 되씹어 볼만한 마음의 여유가 없었고 새삼 생각하고 싶지도 않았었다. 그러나 1991년도 '세계 한민족 과학자 대회' 연길 행사때 북한 학자들과 함께 오르기로 약속 되었으나 어느 사유였는지 8월 23일 우리 대표들만 정상에 오르게 되었다. 그들은 장백폭포를 지나 천지에 올랐었다는데, 아마도 그들은 천지의 분할과정을 알고 있었기에 그러하였는지 아쉽게도 의미있는 기간을 놓치게 되고 말았다. 그 후 금년 여름까지 연이어 올랐었으

_ 백두산 장백폭포의 설경

_ 백두산 정상에서 내려다본 천지

나 별다른 감흥도 없었고 처음 올라 탄성을 지르는 한국 관광객을 이상한 듯 주시하는 국경경비대의 모습이 오늘의 현실을 일깨워 주고 있을 뿐이었다. 언제인가 편안한 마음으로 남쪽 삼지연에서 올라 이곳 장백폭포에 몸을 적실 수 있을까? 7천만이 함께할 수 있는 그 시간까지 천지의 물은 계속 우리 민족을 부르고 있는 듯 오랜시간 발걸음을 멎게 한다.

금년 여름 귀국하자마자 평소 가깝게 모셨던 문화체육부의 생활문화국장님을 찾아 중국의 우리문화에 대한 염려를 드린바 있었다. '우리와 관련된 문화재의 공동학술연구 및 보존관리에 대한 문제를 해결하기 위하여 문화협약을 금년봄에 맺은바 있으나, 중국 정부의 소수민족 정책 때문에 관리에 대한 지원금만 우리정부에 요구하고 있는 상태로 정식협정을 맺지 못하고 있는 실정' 이라 한다. 또 최근의 신문지상에는 양국 교육장관 회담 결과 '양국 사학자들끼리 토론을 통한 역사교과서의 객관적 서술을 해 나가자' 라는 결론을 얻었다 한다.

왜곡역사의 근원까지 흡수하려는 그들과 어느 세월에 기다릴 수 있을런지 양국간에 문제의식을 제기하였다는 점에서나 의의를 두고 싶을 뿐이다.

백두대간白頭大幹 소백산 줄기의 대야산 자락에서 이 글을 마감하며 한가지의 기원祈願을 되뇌어 본다. 필자의 기氣가 언제 어디까지 통할는지 모르겠으나 백두산 너머 그 어느 곳까지 머무른다면 그곳의 우리의 것은 우리의 것으로 확인할 수 있는 날이 있기를.

어느해인가 피로에 지친 몸으로 만주벌판의 차가운 밤공기를 가르며 아쉽게 지나쳤던 그 많은 발해 유적지들과 삼국사기 기록에도 있다는 환도성 안의 흠마지欽馬池도 다시한번 확인하여 보고 싶다.

그 동안의 중국여행에서 어제 오늘의 여러 가지를 보고 생각하였지만, 그 넓은 벌판에 말을 달리며 거치른 숨결로 우리를 부르고 있는 선조들의 목소리를 들은 것이 가장 보람있는 시간이었던 것 같다. 한국의 산하를 부지런히 훑어보았던 필자가 백두산 너머 땅까지 드나들게 됨은 타고난 역마살이기도 하지만 중공을 중국으로, 남조선을 한국으로 이해하게 되는데 일조가 되었다면 그 또한 부수적 보람으로 치부하고 싶다.

필자와 함께 백두산 등정에 첫발을 함께 하였던 우리 조경계의 오휘영 교수님, 이규목 교수님, 이재근 교수님께도 당시의 감동을 영원히 나누고 싶다. 그리고 외로운 여행길의 동료였던 김기성 소장님과 괴로움을 함께 나누었던 심창진 부장님께도 이 기회를 빌어 다시 한번 감사의 말씀을 전하고 싶다.

'동해물과 백두산이 마르고 닳도록……'

_두만강변 7백리길을 다녀와서(1) - 조선족 이주정착의 배경

_두만강변 7백리길을 다녀와서(2) - 강변 사람들의 잊혀졌던 모습들

_두만강변 7백리길을 다녀와서(3) - 변치않는 습관과 변할 수 없는 운명들

_해동성국을 다녀와서(1) - 발해에 대한 해석

_해동성국을 다녀와서(2) - 발해의 터전들

_해동성국을 다녀와서(3) - 발해가 남긴 것들

_해동성국을 다녀와서(4) - 발해여 다시 한번

2부_잊혀진 흔적들을 찾아

두만강변 7백리 길을 다녀와서 (1)

조선족 이주정착의 배경

···· 조선족 이주정착의 배경

지난 1999년 9월 1일부터 1년간 해외 파견교수로 임명을 받은 나는 13회에 걸쳐 답사해 보았던 중국 일대를 다시 찾아보기로 하였다. 그동안 주마간산走馬看山격으로 변방문화권의 이 구석과 저 구석을 헤집기만 한 것을 정리도 할겸, 마음속에 접어두었던 두만강 7백리 길에서 우리 피붙이들과 못다한 이야기들도 이어보고 싶었다. 그래서 우선 몽골의 드넓은 초원에서 고대사古代史의 우리 뿌리를 확인하는 즐거움도 맛보았고, 수천년이 지난 오늘 '동쪽으로 간 무지개족' 이라고 반겼을 때에도 그리 거북하지 않았었다. 중국의 서남쪽 운남성云南省에서는 소수민족들의 풍물과 석림石林의 빼어난 자연경관을 만끽하기도 하였고 요녕성遙寧省 요동반도 끝자락의 대련大蓮과 여순시旅順市에서는 중국의 근대사近代史와 현대 도시로의 발돋움을 확인하기도 했다. 이어서 찾은 중원中原의 고도古都 하남성河南省 개봉開封과 소림사少林寺에서는 황하黃河만큼이나 길고 넓은 한족漢族들의 근원과 역사의 자존심을 읽어보기도 하였다.

이렇게 겹겹이 쌓여진 그들의 창고 속을 들여다보면서 그동안 확인되었던 알갱이들이 이어지며 어렴풋이나마 인접국과 여러 민족들의 문화흐름을 구분하게 되었고, 비록 곳간 입구에서 출납장부속의 '우리의 것' 을 추스려보려던 10여년의 우둔함 때문에 심신은 많이 피로해졌지만 앞으로 '우리의 것' 과 비교하기 위한 시간을 생각한다면 이 정도로 미련을 접어두기로 하였다.

그래서 이제부터 '읽어서' 터득할 수 있는 것을 '보아야만' 깨우치는 '우리의 것' 이 어떠한 접촉과정을 통해 중국에

_ 두만강변 지도

영향을 미쳤고 동화, 변질되어 가는가를 더듬어 보기로 하였다. 그동안 틈틈이 중국 동북삼성東北三省의 고대유지古代遺址들은 어느 정도 파악하고 있었으나 역사의 흐름속에 맡길 수 밖에 없는 것이 현실적인 여건이었다. 그러나 근대사近代史의 '우리의 것'은 오늘을 사는 우리의 업보業報로서 흘리기에는 많은 것을 남기고 있고, 언젠가는 이것마저도 잃을 시간이 다가오고 있음을 예감하게 된다.

그중에 관심이 있는 것은 우리 동족들의 터전으로서 그들이 사는 모습과 수단들인데 이를 확인하는 것조차 수월치 못한 상황이었다. 지난 1990년 여름 잡풀투성이의 연길延吉 공항에 내렸을 때 허름하게 차린 그곳 관련인사들에게 "이곳 집단 부락의 배치도를 구할 수 있는가?"라는 부탁에서부터 이곳과의 인연은 시작되었다. 하지만 이제는 말끔하게 정비된 국제공항 청사를 나오자 "10년 동안 개근하였으니 이젠 조선족 전통마을을 보여 줄 수 있지 않은가?"라고 하기까지는 무수하게 많은 미련이 쌓였기에 나는 다음날부터 곧바로 그들의 승용차 안내를 받게 되었다. 그동안 연변에서의 뒤쫓기는 듯한 여행일정, 중국변경 지역에서의 민감한 사정, 접근하기 열악한 교통조건 등으로 여지껏 미루어 왔으나 이번엔 기어코 두만강 7백리길을 밟아보게 된 것이다. 미련할 정도의 우직함에 그들도 감동하였는지, 참으로 고맙게 안내해 주었다.

_ 오랑캐령의 첫눈. 한 많은 고개 밑 자락에는 조선족의 마을이 눈속에 엎드려 있고 방목에서 돌아오는 농부들이 양떼들을 몰고 있다

두만강의 생명이 끝나는 방천防川 3개국 초소에서는 벌판만큼이나 허전한 발길을 돌려야 했었고, 습관적으로 들려야만 했던 도문圖們 국경지대에서는 강 건너의 적막감만큼이나 가슴이 답답할 수밖에 없었다. 1993년도였던가 백두산 개발계획을 위한 현장답사 때 자치주의 안도현安圖縣과 육로로 접하게 되는 쌍두봉雙頭峰 경비대 초소를 찾는 일도 있었다. 안내자만 따라 혼자 밀림속의 외길을 달릴 때의 긴장감은 지금도 잊을 수 없는데 아마도 이 근처가 두만강의 최상류로 여러 계곡중 하나의 원천 지점이었을 것이다. 이렇게 점點으로만 오가면서 조선족의 부락이나 생활 모습은 먼발치의 고향집을 지나치듯 언제인가를 기다리는 수밖에 없었다. 그러나 눈여겨 보아두었던 이러한 자료들을 이번 길에 엮어서 걷게 되었으니 그 설레임이란 이루 말할 수 없었고, 이들의 이주사移住史와 환경적응에 따른 변모과정을 우선 챙기기 시작하였다. 즉 배경으로서의 이주과정과 정착하기까지의 환경여건을 파악하여야만 현재의 모습을 이해할 수 있기 때문이었다.

연변延邊에서 출판되는 민족사와 관련된 자료들을 정리하여 보면 대개 6단계로 이주 과정과 경로를 설명하고 있다.

1단계는 명조말明朝末에서 청조초기淸朝初期로서 1620년대부터 1677년까지의 청나라 통치세력에 의한 '강제이민시기' 이다. 나라를 돕기 위해 출병했던 1만2천여명의 조선국포로들과 정묘丁卯, 병자호란丙子胡亂때 납치당했던 군인과 백성들이 농노 및 가내노예句衣로 전락한 경우이다. 이때에 이주 당한 사람들은 넓은 만주 벌판에 분산, 한족화漢族化되어 집단의 근거를 파악할 수 없게 된다.

2단계는 청나라 정책에 따라 월경이주越境移住 경작이 엄금되었던 1677년부터 1881년까지의 시기이다. 이때에는 한반도 북부에 자연재해가 극심하였고, 봉금령封禁令이 해이해지자 압록강, 두만강 북안에 범월잠입犯越潜入하게 된다. 아침에 건너가 농사짓고 저녁에 돌아온다든지, 봄이면 몰래 건너가 밭을 갈고 가을에 추수를 하는 식으로 청나라 관리들의 눈치를 살피며 엉거주춤 오가던 시기이다.

3단계는 1882년부터 1910년까지의 이민 초간移民 招墾의 시기이다. 청조말 산동반도의 기근을 피하려는 한족들의 이주移住에 대처하고 러시아의 남진정책을 방지하기 위한 전략물자의 비축을 목적으로한 시기이다. 이에 대한 수단으로 조선족의 정착을 유도하고 이주민들로부터 쌀 농사에 의한 개간을 보호하게 되는 것이다. 이때까지 억척스럽게 산간 벽지에 숨어 지내던 이주민들은 심양을 중심으로 요녕성遙寧省에 산재하여 정착하게 되었고, 함경도에서 두만강으로 건너갔던 조선인들은 현재의 연변을 중심으로 길림성吉林省 조선족 자치주의 근간을 이루는 이민 1세대들이 된다.

4단계는 1911년부터 1920년까지의 자유이민自由移民시기이다. 즉 조선을 합방한 일제의 환위이민換位移民정책으로, 파산된 조선 농민과 망국노가 되기를 거절한 조선인들이 대거 고향을 떠나게 되는 경우이다. 이때에는 압록강과 두만강변의 조선북부 농민들이 이주한 것이 아니라 한반도 남쪽의 사람들이 이주하게 되어 경제, 문화적 계층의 차이를 보이게 된다. 이렇게 건너간 사람들은 항일운동을 하거나 일제의 핍박을 피하기 위하여 더욱 북쪽인 흑룡강성이나 내몽골, 러시아 연해주 일대까지 이주하게 된다.

5단계는 만주를 잠식하기 시작한 일제와 청나라와의 마찰이 극심한 시기로서 1921

_ 북홍촌의 빨래터. 뒤편 강둑 밑으로는 두만강이 흐르는데 낙동강의 어느 농촌마을을 답사하는 기분이었다

년부터 1931년까지 '이민의 제한' 을 받게 된다. 일제는 내선일체內鮮一體라는 명분으로 기旣 이주한 조선족들을 중국인과 분리, 치외법권을 강요하자 청조는 조선족 보호와 박해 구축을 위하여 조선족들에게 귀화를 강요하게 된다. 이러한 청 · 일의 시달림을 피해 조선족들은 한반도로 다시 건너오거나 아예 북만주 깊숙이 피신하게 되는 계기가 된다.

6단계는 1931년부터 1945년까지의 일제에 의한 '강제집단이민' 시기를 말한다. 일제는 중국 동북삼성의 식민통치가 확립되자 남쪽 중원中原을 침략하기 위하여 만주지역을 병참기지로 하려는 3대 국책을 수립하게 된다. 그중 건설 이민 사업을 근거로 일본인 1백만 세대를 이주시키고 그 보조수단으로 해마다 1만세대의 조선인들을 이주시킴으로써 동북의 토지개발을 권장하게 되었다. 당시 동북 조선인의 인구는 1백6만명을 넘었고, 마지막 광복직전까지는 2백15만명에 이르게 된다. 그 후 1949년 중국 정부가 수립되자 약 1백20만명으로 오늘날 2백만 동북삼성 조선족의 뿌리를 이루게 되었고, 그 중 약 1백만명이 길림성 조선족 자치주 수립의 근거가 되었다.

이러한 이주 정착의 과정에는 청조관리들에 의한 치발역복과 점산호占山戶들에 의한 토지 소유권의 박탈 등, 민족적 차별과 억압을 받게 되거나, 귀화 입적을 할 경우 일본인들에 의한 영사 재판권을 강요받는 이중 국적의 압박과 희생을 치르게 된 것이다.

그 후 일제가 물러나자 중국정부 수립까지에는 국공분쟁國供分爭에 휩쓸리게 되었고 한반도에 전쟁이 터지자 보가위국保家爲國, 항미원조抗美援朝라는 명분으로 참전하게 된다. 이에 대한 영향은 동북삼성 조선족들의 심리적 갈등으로 남아 아직까지도 이념의 굴레를 벗어나지 못하고 있는 근본적 원인이 되었고, 전쟁의 수습이 끝나기도 전에 대약진운동이라는 사회적 격동기에는 공산주의 사상에 의한 많은 변화를 겪게 된다. 그 중 미신과 무속 활동이 금지되고 부락 제사나 기우제, 성황당 제사 등 집단적 민속신앙이 자취를 감추게 되었다. 이어서 1960년부터 10년간 벌어졌던 문화대혁명 시기에는 극좌적인 사조思潮가 전국적으로 범람하게 되자 특히 한반도에서 이주한 조선족의 전통민속은 다른 지역의 토착민족에 비해 주요 타파대상이 되어 오늘날까지도 민속 풍속에 대한 애착심마저 잃게된 직접적 동기가 되었다. 이렇게 민족의 고유성을 잃게 되고 정치적으로 핍박을 받게 되자 일부는 북한으로 건너가게 되며, 그들로부터 경제, 정신적 지원을 받게 된다.

이러한 일련의 상황들이 오늘날까지 북한에 대한 애정과 한국에 대한 상대적 증오심으로 남게된 제 2의 원인이 되고 있는 것이다. 여하튼 10년 대란이 끝나자 중국정부에 의한 민족 정책이 시정, 회복되었다고는 하나, 문화 · 정신적 공황으로 조선족 전통민속이 제대로 전승되지 못하고 아직까지도 당시의 충격은 그들의 잠재의식 속에 깊이 남아있게 된 것이다. 그래서 60세 이하의 중 · 청년들 가운데는 이러한 사상관념이 지워지지 않아 그들이 살아왔던 터전에 대한 전통적 배경을 부정적으로 이해하고 있음을 발견하게 된다. 그동안 여행기회가 있을 때마다 마을 배치나 정주定住공간 구성에 미친 풍수사상이나 민간신앙 등의 흔적을 찾고자 하면 그들은 "수정주의", "투항주의"를 풀지 않고 서로의 눈치만 살피고 있는 것이다. 이렇듯 민족의 넋이 지워진 그들의 터전에서 서성거리고 있자니 가슴은 아프지만 그래도 어쩔 것인가?

솟대라든가 장승의 터는 전통적 사상에 의한 것이라 하더라도 연못이나 정자 등 현실적 생활의 휴식 기능은 1백여년이 넘은 시간과 경제적 여건으로 볼때 그 흔적이라도 남아 있을 법도 한데 이마저도 확인할 수 없게 되었다.

다만 언어와 문자만 교육에 의해 명맥을 유지하고 있으나 "빈털터리"라 불릴 정도로, 중국 언어습관에 동화되어 가는 과정도 의식하고 있지 못한 상태였다.

연변의 경우 중국 전체의 지리적인 여건상 조선족의 분포가 많아 자치권을 인정받고 있다. 그러나 이는 형식적 구실이고 실제로는 공동체로서의 구성과 의식이 서서히 무너지고 있다. 구체적인 인구 비례를 보면 자치주내의 동남쪽인 두만강 연안만 50% 이상을 유지하고 있고, 서북쪽 내륙의 도시나 농촌은 한족들의 구성비가 70%를 넘고 있어 의식에서나 정주공간定住空間 등 모든 문화적 요소들이 이중적 과정으로 변모되어가는 원인이 되고 있는 것이다.

_ 동강촌 근처의 두만강 상류. 내(川)를 건너면 북녘땅이다. 숲속에는 가끔 초소병들의 순찰이 눈에 띄는데 마치 사슴을 발견한 듯 숨소리를 낮추며 바라보아야만 했다

그나마 집단거주지로서 남아있다는 용정시나 화룡시 역시 마찬가지였고, 100% 조선족 집단 부락이라는 용정시의 지신향知新鄕, 장재촌長財村, 신동촌新東村, 성동촌城東村에서도 1990년 초보다도 주거환경의 모습이 변질되어 있음을 발견하게 된다. 그래서 이번기

회에 아예 두만강변의 오랑캐령南崗村을 넘어 훈춘시의 회룡촌回龍村과 벌둥촌, 도문시 월청현月晴縣의 백룡촌白龍村, 용정시 삼합향三合鄕의 북흥촌北興村과 북흥1대北興1隊, 그리고 숭선현崇善縣의 동강촌東江村을 찾기로 하였다. 두만강변을 따라 그들의 고향과도 가깝고 교통여건상 오지奧地이기 때문에 함경도식의 마을구성을 이루고 있다 하기에 결국 이곳에서나 우리의 것을 더듬어보기로 한 것이다. 민족적인 감정을 접어두고서라도 강변의 경치와 산골의 모습이 전형적인 우리의 산천과 다를 바 없어 아직도 그들은 떠나고 있지 못한 듯 하다. 그러나 이곳에 뿌리를 내린 사람들은 한반도의 고유문화를 제대로 혜택받지 못했던 서러운 계층이었고, 일제 때 넘어왔던 사람들이라 하더라도 뿌리를 남겨둔채 피신하여야 했기에 움집이나마 제대로 지을 연장이 있을 수 없고, 기술을 갖춘 기능자를 찾을 여유도 없었을 것이리라.

이러하니 터를 보고 집의 격格을 따지거나 품위와 멋을 헤아릴 틈도 없는 그저 은둔처로서만 만족했었음을 짐작하게 된다. 그래도 좋았다.

진흙 벽에 그들의 숨소리가 아직까지도 배어 있을 것이고 땀자욱이 멍석자리에 젖어 있음직만 해도 고마운 일들이었다. 그리고 오늘날까지 그들의 핏줄이 살아 숨쉬고 있다는 자체만으로도 필자는 그곳을 찾아야만 했었다.

그러한 흔적과 숨소리들을 찾아 두만강변의 비극적인 역사의 기억을 거슬러 더듬어 보게 되었으니 우리의 혼魂이 빠지고, 말이 어눌하고, 기름진 음식을 비록 먹고 있더라도 그것이 그들의 원죄가 아닌 바에야 그들은 분명 우리의 피붙이들이었기 때문이다.

····강변사람들의 잊혀졌던 모습들

9월 7일.

연길에 여장을 풀 겨를도 없이 다음날부터 답사는 시작되었다. 그런데 안내를 하겠다는 젊은이가 별난 친구였다. 북경에서 대학을 졸업하고 임산가공 분야에서 뚜렷한 직장도 갖고 있었다. 그는 연길에 도착하기 전 북경 북쪽의 승덕시承德市의 피서산장避暑山莊을 함께 여행하면서도 그의 고향집 마을 안내만은 곤란하다는 것이다. 이야기를 듣자하니, 연변 화룡시和龍市 두만강변 오지奧地로서의 옛 모습을 보여드렸으면 좋겠지만 평소 향학向學만을 강조하시던 부친에게 이렇게 불쑥 찾아뵈었다간 그 노여움을 감당 할 수 없다는 것이다. 그래서 찾아간 곳이 상류의 마지막 집단부락인 숭선崇善의 동강촌東江村이었고, 결국 박군朴君 혼자서라도 아랫마을의 고향 부모님께 인사나 드리라고 달래는 수밖에 없었다. 그러한 박군의 부친은 낙향하여 의료활동을 하시지만 짐작한 대로 함경도가 뿌리로서 억척스러운 북청北靑 물장수의 후손들이었다.

이렇게 하여 5시간 걸리는 백두산 자락까지 한달음에 찾아갔으나 이농移農한 집이 많고 잡풀마저 우거져 그 원형原形에 대한 가치를 비교할 수 없는데다 안내마저 마땅치 않아 급한 발길을 뒤로 미루게 되었다. 손에 잡힐 듯한 북녘 땅과 오염되지 않은 산골 모습에 미련을 버리고 우선 부락공간의 전모를 촬영할 수 있는 낙엽시기와 눈雪으로 인한 교통편의 등을 고려하여 11월 초순으로 일정을 조정하기로 하였다. 그 후 근교近郊 용정시龍井市의 장재촌長財村을 자주 익히며 정착민들의 지난 이야기와 현재의 변모되어 가는 모습을 파악

_ 북흥 1대의 박극락씨댁 뒷마당. 단이진 뒤뜰에는 우리식의 모습이 아니라 밀려나온 생활도구들의 은닉처였다

하게 되자 가장 접근하기 쉬운 곳부터 다시 찾아 나서게 되었다. 그렇게 해서 찾아간 곳이 오랑캐령을 넘어 늦가을 정취가 무르익은 삼합三合의 북흥촌北興村이었다.

골 깊은 고갯길과 단풍진 계곡을 벗어나 낮게 숨어 있는 듯한 학성마을을 지나면 넓은 개활지가 나타난다. 우측 두루봉 자락에는 북흥1대北興一隊마을이 흘러내리고 도로 건너편으로는 북흥2대가 남북으로 길게 펼쳐지고 있는데, 북흥촌은 이렇게 강을 따라 나란한 길가 좌우에 6대六隊까지 이어져 있고 강 건너의 낮고 높은 산들이 병풍처럼 막아서고 있다. 그중 강변 가까이에 있는 북흥2대에 처마가 이중으로 된 기와집이 있다기에 우선 그곳부터 찾았더니, 부락 마당에서는 탈곡작업이 한창이었다. 넓은 마당에 들어서자 몇 그루의 유실수도 있고 보기 드문 철제대문으로 보아 제법 여유있는 집안인 듯 했다. 주인은 양기현楊基賢(67세)씨로 3세때 황해도에서 모친을 따라 이곳의 지주집에 신세를 지다 해방 이후 6백원에 이 집을 물려받았다 한다. 건축년도는 65년 정도 되었음직하고 기둥과 보가 휘지 않아 문틀의 형태가 그대로임을 자랑하며 천장도 높아 반자로 가리웠다 한다. 문틀 위의 빛바랜 사진들은 우리네 60년대 분위기와 비슷하고, 정지칸과 함께 있는 부엌찬장이나 가재도구들은 윤기가 흐르고 있어 안주인의 한결같은 세월을 보여주고 있었다.

_ 북홍 2대의 양기현씨댁 앞마당. 오래전에 우사와 창고가 집밖으로 나왔는데 보기드문 철제문이 변화의 조짐으로 보인다

이곳 저구석을 두루 살피며 지난날을 더듬어 보고 있는데 마침 큰손녀와 함께 손두부를 만들던 부인(64세)이 투박한 함경도 말씨로 "이 집을 한국에서 구입할 수 없겠는가?" 라고 정색을 하며 제안하기에, 필자는 순간 대화를 멈출 수밖에 없었다. 아마도 연변 TV에서 자주 소개를 받다보니 문화재 가치로 인식하고 있는 듯 하였다. 이렇게 보존하고 계신 것만으로도 고맙다라는 간곡한 인사말만 남기고 서둘러 나왔지만 농업시대의

유산으로 겨우 산업사회를 맞는 그들에게 문화적 가치를 새삼 설명하기도 무리이고, 듣기 좋은 말로 돈벌이를 위한 삶으로서라도 우리만의 정서를 요구할 수 없는 딱한 입장이었다.

동네 밖 강둑으로 나오자 부락 빨래터에서는 어린시절 이발소에서 자주 보아왔던 그림이 보여지고, 뚝 아래 갈대밭 너머에는 두만강이 눈부시게 반사되고 있었다. 이 마을은 강 건너 회령會寧에서 집단이주한 국경마을이라 연길과의 교통이 비교적 편리하고 토지이용에도 여유가 있어 보였다. 그래서 그러한지 배부르면 편한 것을 찾는다고, 언제인가 이 마을도 쉽게 변할 것만 같아 좀더 머무르며 지난 정취를 만끽하고 싶어졌다.

이 골목 저 골목 자연스럽게 끌어들이는 마을 뒷길을 돌다가 상류로 거슬러 올라 큰길을 건너 두루봉자락에 닿으니 새롭게 지붕을 잇던 중년부부의 손짓인사도 반갑다. 사진을 찍도록 탈곡장면을 재현하는 마을 사람들의 표정도 즐거웁게 맞아준다. 부락의 중심으로 천천히 오르자 양지에서의 한가한 가축들도 반기는 듯, 전혀 낯설지 않는 풍광에 모처럼 마음마저 편안해진다. 중턱에 올라 뒤돌아보면 구불구불한 찻길과 훤히 트인 인근마을, 강건너 북녘의 산들까지도 가까이 다가와 모든 것이 정감있게 펼쳐진다. 이주 당시의 이 마을은 화전火田으로 생계를 이으며 숨어지내다 수전水田이 들어오면서 점점 아래로 내려왔다 한다.

그래서 산록으로 좀더 오를수록 집들도 줄어드는데 중간지역 과수원 사이로 보기드문 기와집 한 채가 문득 발길을 옮기게 한다. 마당에 들어서 앞뒤를 한바퀴 살펴본 후 주인을 찾으니 순박하신 할머니 한분이 정지문을 열고 나서신다. 주인 할아버지는 박극락朴極樂(65세)씨이고 회령출신 선조들이 삼합에 정착한 후 태어났다 한다. 할머니(허금순씨, 64세) 혼자서 집을 지키고 있는데 이곳 청수 태생이라며 굳이 안으로 들어와 이야기를 하잔다. 햇볕도 따뜻하고 툇마루도 깨끗하기에 마루턱에서 서성거렸더니 긴히 부탁할 이야기가 있는 듯 하다. 10칸짜리 이집은 박림호(시아버지)씨에게 시집온 한춘자(시어머니)씨가 17세때 이주한 후 지었다 하니 약 1백10년 정도는 된 듯하고 부엌살림이나 세간들이 정갈하여 안 · 밖 모두 허름한 구석이란 찾아 볼 수 없었다. 이야기인즉, 아들딸 둘씩 낳아 출가를 하고 내외분이 농사를 짓고 사는데 할아버지는 둘째딸 외손주 입원을 도우러 연길로 잠시 나가셨다 한다. 자식들은 다들 외지에서 제자리를 잡고 있는데 그 중 안도安圖로 간 첫째딸을 어떻게라도 한국에 보낼 수 없겠냐며 앞뒤없이 부탁을 하기 시작한다.

막무가내의 주문에 황당스럽기도 하고, "강 건너 사정으로는 더 이상 살 수가 없고 같은 동포인데 왜 이리도 살기가 힘드는지…"라며 눈시울을 닦는데는 차마 그저 듣고 있기가 민망할 지경이었다. 허겁지겁 울타리를 벗어나면서도 하도 아름다운 주위 풍경에 다시한번 카메라를 눌렀더니 어느새 할머니는 뒤따라 나와 미련어린 배웅을 하고 있었다.

"언제인가 좋은 세월 만나겠지요"라고 자신없이 위로는 하여 드렸지만, 바로 엊그제 헤어진 듯 말씨나 살림살이가 전혀 변함이 없는데 그 길고 길었던 세월의 한恨은 언제 이루어질 수 있을런지….

일주일후 이번에는 두만강 하류의 회룡촌回龍村과 벌둥마을을 찾기로 하였다. 자주 찾던 도문圖們시를 지나 강을 따라 동쪽으로 내려가면 훈춘시가 넓게 펼쳐지고, 이곳에서 다시 동남쪽으로 방향을 바꾸어 45km 정도 달리면 한적한 경신진敬信鎭에 이른다. 다시 남쪽으로 농로를 따라 10km 정도 들어서면 그야말로 옛 가요속의 두만강 푸른물을 만나게 되는데, 강 하류가 넓기도 하지만 갈대밭이 우거지고 깨끗한 모래톱과 밝은 백사장의 강변 모습은 마치 낙동강의 하회河回마을을 연상케 한다.

지도를 놓고 보아도 태극모양으로 물이 휘돌아 나가는 것 하며 전형적인 여건 역시 매우 흡사함을 확인할 수 있다. 이때쯤이면 그럴듯한 마을이 나타날 법한데, 과연 회룡산 밑자락 야트막한 구릉에는 벌동촌이 1백여호 자리잡고 있고 안으로 들어서니 회룡촌 80여채가 오순도순 엎드려 있다. 지형에 따라 남향과 동남향으로 강 건너의 아오지리阿吾地里와 함평의 고향산천을 바라보고 있고, 좌 · 우 두마을이 이어지는 나지막한 동산에는 부락마다 흔히 볼 수 있는 혁명열사비가 세워져 있다. 과수 나무들이 심겨져 있는 이 주변을 아마도 옛사람들은 안산案山정도로 보았음직 하다.

기복이 심한 부락 뒷산 계곡에는 상수리와 어울려 자란 소나무 숲 사이로 정자라도 한 채 있을 듯하고 남쪽강변까지 넓게 펼쳐진 전답의 모습은 전형적인 한반도에서의 풍경이었다. 이중에서 산자락 깊숙이 들어간 높은 곳에 기와집 한 채가 눈에 띄어 찾았더니 마침 연변일대에서 가장 규범적인 전통가옥으로 소문난 집이었다.

_ 옥수수다라(광)와 김치굴. 동강촌 어느집 모퉁이의 갈무리 터이다

8칸 남향南向으로 기와는 당시 조선에서 구워왔고 9백냥을 모아서 집을 짓기까지에는 3년을 준비하였다 한다. 1백여년전 집을 지은 유인철씨로부터 46년전(1953년)에 물려받았다면서 당시의 유씨는 천민 출신인 듯 집 한번 제대로 짓고 사는 것이 소원이었다 한다. 그래서 원래의 초가를 헐고 뒷산의 돌을 다듬어 축대를 쌓고, 못을 사용치 않은 홍송대목으로 세웠다며 현재의 주인인 박영규(74세)씨와 할머니(김옥선, 72세)는 자

랑이 대단하다. 두분은 함경북도 청학과 학송에서 건너오셨고 현재는 아들내외와 손녀 등 다섯식구가 농사를 지으며 지내고 있는데 곡간과 앞마당에는 노적가리가 그득하였다.

제법 격식을 차리느라 인근에서 볼수 없는 툇마루자리도 보이고 거칠기는 하지만 제대로 이어진 기단석이며, 대문 위치 계단도 운치가 있어 보였다. 이집을 나오는 길에 아랫마을의 박남선씨 초가도 둘러 보았다.

최근인 1973년대에 짓기는 하였지만 함경도 양통초가의 형식을 갖추었다 하기에 허술한 판자문을 밀고 들어갔다. 넓은 마당에 잡석으로 앞뜰을 높였고 6칸 본채옆에는 외양간과 창고가 별도로 이어져 있었다. 전에는 "서방 없이는 살아도 소가 없으면 살 수가 없다"고 외양간이 본채 정지간 옆 한지붕에 살았으나 문화혁명때 비위생적이라 하여 밖으로 밀려 나왔다 한다.

전에 쓰던 외양간은 방나 창고로 쓰이고 외양간 옆 방앗간자리는 창고나 가축사로 들이고 있었다. 이러한 현상은 이 일대 어느집이나 마찬가지여서 앞이나 뒤뜰에 가마솥이 걸려있는 것도 여름철 여물을 끓이는 가마이다. 당시의 절구나 맷돌 역시 마당 한구석에 나뒹굴고 부락마다 몇군데 있던 우물도 이제는 흔적만 있을뿐 개인별 상수도 시설이 내부 정주공간으로 들어와 있다. 다만 변치않고 있는 것은 김치굴과 옥수수다라(광)로, 잡목으로 거칠게 엮으면서 가축의 접근을 피하고 건조를 위하여 밑은 한단 띄었는데 그 밑 약 1.5m 지하에는 사다리로 오르내릴 수 있는 김치굴이 있다. 점심마저 거르며 부락을 한바퀴 돌고나자 어느집에 하루 유숙하고 싶었으나 내일을 위하여 아쉬운 발길을 돌리게 되었다. 여느 곳과 마찬가지로 이곳 역시 마을 노인을 통해 확인할 수는 없었지만 제법 풍수를 고려하여 공간이 구성된 듯한 많지 않은 사례로, 1990년대초 UNDP에 의해 제안된 두만강지역개발계획TRADP : Tumen River Area Development Programme의 중심지이기도 하다.

어떻게 이루어질지는 두고 보아야겠으나 당초의 뜻대로 여러 민족의 문화와 생태적 다양성을 배우는 실험적 도시로 이루어진다 하더라도 새로운 세기에는 우憂를 범하지 않기를 기대하는 수밖에 없겠다.

오후 늦게 훈춘을 거쳐 도문시에서 1박한 후 다음날에는 다시 개산촌開山村 밑 월청현月晴縣 백룡촌白龍村을 찾았는데, 강길을 따라 12.5km를 거슬러 남하하면 월청에 이르고 이곳에서 다시 12km 정도 개산촌을 향하다 보면 남에서 북으로 흐르는 강변 부근의 평탄한 지대에 자리를 잡고 있었다. 강 건너 함지산의 연맥들이 병풍을 이루는 곳은 강안리이고, 산을 넘으면 바로 종성鍾城땅이라 한다. 강변을 따라 20~30여호씩 상 · 중 · 하촌이 가까운 거리를 두고 차례대로 이어진 산촌散村마을로서 그중 중촌은 개척시기 강변 가까이에 이루어졌으나 자주 침수되어 지대가 약간 높은 현재의 서쪽으로 마을 중심이 옮겨졌다 한다. 따라서 개척시기의 강변집들은 거의 다 없어졌고 그중 장일천張日天(75세)씨댁이 가장 오래된 집으로 남아있다 한다. 물어물어 강변에 이르니 시야가 넓게 트인 30m각 정도의 넓은 터에 자리잡고 있었다.

_ 백룡촌의 장일천씨댁 앞마당. 강바람과 함께 5대째 이어온 생활의 터전이다. 흰 벽과 굴뚝 그리고 김치굴은 오늘날까지도 이어지고 있다

엉성하게 엮은 판자문을 밀고 들어서자 주저앉을 듯한 초가가 힘들게 버티고 있고 그 옆으로 달아지은 외양간에서는 송아지 한 마리가 여물을 씹고 있다. 본채는 바람을 막으려는 듯 창문마다 비닐을 덮었는데 정면 4칸 측면 2칸 규모로 강돌주초위에 원목기둥으로 세웠다. 삽짝에서 잘보이는 정면과 동측면은 벽회로 마감하였고, 옛날 우사였던 측면은 닭장을 들인 듯 하다.

굴뚝이 있는 쪽과 뒷벽은 흙바름 마감인데 굴뚝은 널판으로 네모나게 짜서 높이 세운 것이 다른 집의 통나무 굴뚝보다 우람하고 무겁게 보였다. 뒤뜰에는 여물용 가마솥과 잡다한 농사기구들이 흐트러져 있고 오늘의 궁색한 모습을 그대로 보여주고 있었다. 허리를 굽히고 안으로 들어서면 백회로 칠한 천정과 벽의 심한 그을림이 볼썽사나우나 그래도 낯익은 개다리상과 곡식키가 걸려있어 전혀 변모되지 않은 이주 당시를 보는 듯 새롭기만 하다.

주인 노인은 아들(張學哲, 43세)과 며느리(최영자, 40세), 손주 정일(10세)군과 함께 다소 놀란 듯이 필자를 맞이하여 준다. 비좁은 정주칸에 올라 인사를 나누며 내부를 기웃거려 보았더니 아랫방과 안방을 한 개로 털었고 윗방에는 혁명열사 표창장이 높이 걸려있었다. 한반도 전쟁을 상기시키며 할아버지의 잘려진 왼쪽 손목에 눈길을 보냈더니 멋쩍은 듯 남동생이 참전했었다 둘러댄다.

울진 장蔚珍 張씨로서 언제인지는 모르겠으나 그의 조부때 강원도 어디에서 간도땅으로 들어와 살다가 그 뒤 이곳으로 이주하였는데 장씨의 부친(張昌俊)은 이곳에서 태어났다 한다. 당초에는 박풍원이란 사람이 살았었으나 1960년도부터 아버지를 모시게 돼 이집을 구입하여 오늘에 이르게 되었고 사랑채가 허물어져 다시 지으면서 몸체 내부도 일부 구조변경이 있었던 듯, 여하튼 1백여년은 된 집이라 한다. 이집의 이민사로 보아 5대째의 손주 정일군은 현재 초등학교 2학년이고 손녀(17세)는 고등학교를 졸업하고 도시로 나가 있다 한다.

하도 정확한 억양의 함경도 말씨라 대견해 하였더니 대대로 동포들끼리 만나 어울려 살았기 때문이라며 한족어漢族語에 능통하지 못해 이렇게 찌들게 산다고 지난날을 후회하고 있었다. 마침 어머니와 함께 밥상 위에 책을 펴놓고 공부하고 있는 정일군의 교과서를 넘겨보니 중국어 교재였다. 도시의 빈털터리들을 비판하면서도 역시 그들은 생존을 위한 선택의 길을 걷고 있었다.

"그래 중국어를 배워 훌륭한 사람이 되더라도 우리말은 잊지마라" 하고 격려의 인사를 전하자 식구들은 한사코 강변까지 따라 나와 주는 것이다. 그날 따라 강바람이 차가웠고 개산촌 국경 마을을 지나 오랑캐령을 넘으니 첫눈마저 휘날리고 있었다. 우리는 잊었지만 이미 5대째를 이어 뿌리를 내리고 있는 그들의 근대사는 이렇게 두만강변에 흘러가고 있는데 영특하게만 보였던 오늘의 정일군은 어떻게 자라고 있을까? 과연 아버지를 따라 금년 봄에도 강바닥을 일구고 있을런지….

두만강변 7백리 길을 다녀와서 (3)

변치않는 습관과 변할 수 없는 운명들

1999년 11월 26일.

20세기의 마지막 해가 기울어 가기 시작하자 둥지를 찾아야겠다는 생각이 절실해졌다. 편할 수 없는 이국異國에서의 객지 생활보다도 짧은 기간동안이나마 의식과 환경의 차이를 극복하는데 너무도 지쳐 있었다. 날이 새면 일어나고 해가 지면 누울자리 찾는 습관이야 동물적 본능이니, 날씨가 풀릴 때까지 일시 귀국하기로 하고 미처 정리하지 못한 것들을 추스리기 시작하였다. 그중 한 가지가 당초 찾았던 화룡현和龍懸 숭선崇善의 동강촌東江村을 다시 한번 답사하는 것이었다.

좀더 남쪽에 있는 고국산천도 가까이 할 수 있겠지만 무엇보다 시급했던 것은 연길시의 난방용 석탄가스로부터 하루라도 피하고 싶어서였다. 도시 전체를 회색으로 찌들게 할 뿐 아니라, 모아산帽兒山 넘어 평강平崗벌을 지나야 겨우 냄새를 벗어날 수 있는데, 1년에 5개월을 고통스럽게 지내야 한다는 것은 보통 심각한 것이 아닌 듯하다. 도시민의 건강과 정서면에서도 그렇고 자극적인 감각을 자주 요구하게 되어 도시경관과 함께 연변延邊의 인상들을 어둡게 하는 원인이 될 수도 있을 것이다. 그러나 이러한 어두운 생각들도 화룡和龍시를 벗어나 백두산자락으로 들어서면서부터는 화창한 날씨만큼이나 상쾌해진다. 특히 두만강변에 가까운 홍암리興岩里에 이르러서는 계곡도 깊고 가파른 봉우리도 나타나 제법 강원도의 어느 산골마을을 지나는 듯하다.

더욱 아름다운 곳은 계곡을 벗어나면서부터인데, 두만강 건너편에 펼쳐지는 그림 같은 경치는 감탄을 자아내게 한다. 단애端涯로 이루어진 사행천蛇行川의 굽이침도 장관이고 강 건너 백무고원白茂高原을 배경으로 한 신덕新德의 선경仙景은 마치 운보雲甫선생의 힘찬 그림을 보는 듯하다. 짙은 먹으로 이어지는 과감한 능선이 밝은 곳에 멈추어서는 점점히 박힌 촌락과 소나무 숲을 설명적으로 나타내고 있어 길 따라 감상하는 경관은 자연 전시장의 연속이었다. 그 앞 웅장한 벌판에는 흰눈이 펼쳐지고 무서웁게 드리워진 계곡의 어둠 밑으로 두만강이 흐르는 감동적인 순간에 정치구호로 얼룩진 경사면의 오점誤点에 이르러서는 탄성이 그만 한탄으로 변하게 된다.

_ 백무고원을 배경으로 한 북녘의 산하. 달리면서 감상하는 자연의 전시장으로 두만강 상류의 사행천이다

환상의 시간에서 깨어나게 하는 "자주自主……" 어쩌고 한 정치구호를 지나자 숭선진의 한가한 국경촌에 이르게 되었다. 도착하기까지 건너편의 아름다운 화폭에 다가서고 싶었던 충동은 어느새 사라지고 오히려 조용한 긴장감에 멈칫하여 진다. 역시 일정한 감상거리가 요구되는 현실에서는 중국쪽의 내川를 건너기조차 조심스럽게 북녘땅은 가까이 있었다. 이곳에서부터 북녘의 홍단수紅丹水와 중국측 쌍두봉雙頭峰계류가 합수되어 강의 경계가 뚜렷해지기 시작하는데, 조금더 상류에는 10m폭 정도의 하천에 급류가 흐르고 양안兩岸을 구분하기조차 힘들다.

긴장감을 늦추지 않고 몇 구비의 골짜기를 굽이치다 지난 여름 지나쳤던 부락에 도착하였다. 잡목으로 우거졌던 분지안은 하얀 눈에 덮힌 평화스러운 모습이었지만 지난 늦여름때와 또다른 분위기를 느끼게 한다.

너무도 지근至近 거리의 북쪽초소에서는 빤히 내려다보고 있는데, 오가는 사람없는 부락마당 한가운데서 어느 집이나 쉽게 찾아들기란 여간 부담스럽지 않다. 허름한 상점이 있기에 마지못해 들렀더니 구입하고 싶은 물건도 마땅치 않거니와 주인 역시 무언가 탐탁치 않은 눈치였다. 허튼소리 몇 마디로 긴장이나 풀게하고 눈덮힌 마을의 이 골목 저 모퉁이를 둘러보다 아무래도 마을의 뒷산으로 오르는 수밖에 없었다. 건너편으로부터 주시를 받게 되느니 오히려 높은 곳에 올라 내려다보는 것이 편할 것만 같았다.

마을은 사방이 산으로 둘러싸인 소쿠리의 형상에 서쪽에서 동쪽으로 기울어진 지형의 틈으로 내川가 흐르고 건너편 남쪽 봉우리의 북측 경계초소는 30m쯤 간격으로 능선마루에 이어져 있다. 뒤쪽 언덕을 넘으면 구릉지에 밭농사가 일구어져 있고 동쪽 마을 입구에는 봉우리가 높이 솟아 문주인양 버티고 있다. 이렇게 아늑하게 위요된 동구洞丘안은 60여호가 자리 잡기에는 비좁은 듯한데, 당시의 편치 않은 교통조건과 후미진 은둔처로서는 오히려 적당한 조건이었을 것이다.

_ 용정시 근교의 장재촌. 오랫동안 잘 살아 보겠다는 염원으로 마을이름도 장재촌이고, 마당의 토지이용도 알뜰하다

이와 같은 산골마을의 정경을 내려다보면서 그 동안 지나왔던 강가의 부락들과 비교하게 되니 몇 가지의 공통점을 발견하게 된다. 부락의 위치조건은 서로 다르나 전체의 향向은 강 건너를 바라보고 있으면서 개개인의 주거는 주로 남향을 유지하고 있다는 점이다. 그러면서도 특히 유별난 것

은 건물간의 배치가 언뜻 무질서하게 보이면서도 나름대로의 질서를 지키고 있는데 도로가 그 틀을 엮어주고 있는 것이다. 즉 옆집과의 배치에서는 굴뚝끼리 모여 있고 반대편의 우사나 가축공간도 그 다음 집과 공유하여 반복되고 있으며 앞 뒷집관계에서도 이러한 분리방법은 동일하게 나타나고 있었다. 이러한 굴뚝줄기와 우사줄기의 분리는 사람과 가축의 생활공간을 구분하고 나름대로의 위생을 고려한 지혜였음을 판단케 한다. 이것은 하나의 원칙으로 지켜진 듯, 이주 연도도 각각 다른 상황에서 도로망 계획의 선행先行보다는 당연히 우선 정착한 기준 건물에 맞추어졌을 것이다. 이렇게 이어지다 보니 옆집과의 대문위치는 각기 다른 방향이고 앞 뒷줄과는 같은 도로를 사용하게 되는 것이다. 결과적으로 마당의 면적은 서로 유사하나 부락의 성장과정에 따른 도로의 선형은 주변과 자연스럽게 이어지고 전혀 계획적이지 않은 듯한 질서를 갖추게 되었을 것이다. 이러한 지혜가 함경도의 주거배치의 양식이었는지는 모르겠으나 그 동안 답사한 부락과 공통점이었고, 연도로 보아 중국에서의 사회변혁기에 영향을 받아 축조된 흔적들도 아니었다. 이렇게 해서 조성된 부락 중심의 도로 교차지점에서는 공동마당으로서의 공유시설이나 노거수老巨樹 등이 남아있어 의미도 모르는 습관으로 이어지고 있는 것이다.

개인 마당의 토지이용은 부락의 입지여건에 따라 다소 달리 나타나는데, 도심지 근처의 부락은 나름대로의 밀도가 높아 제법 기능에 따른 분리로 구획되어 계획성을 느끼게 되나 강변 부락에서는 전혀 그렇지가 못하다. 용정龍井근처의 장재촌長財村만 하더라도 진입, 생산, 사육, 작업, 수납 공간 등에 따라 싸리나무나 옥수수대로 구분하여 가축의 출입을 제한하고 과수를 재배하며 채전을 일구어 마당의 효율적 생산성을 높였으나 이곳 사람들은 전혀 울타리안의 공간활용에는 소극적인 듯 하다. 마당의 활용은 주로 생업으로서의 생산수단이 필연적일 수박에 없는데, 기후나 토양조건에 따라 담배농사를 위주로 하는 경우와 논농사 또는 밭농사냐에 따라 제한되고, 가구당 노동인구의 여건과 생산활동의 위치조건에 따른 거리와 규모에 영향을 받게 될 것이다.

그동안 답사했던 강변 사람들은 비교적 논농사 위주였으나 이곳과 같이 고지대의 산간일 경우 밭농사와 담배재배일 수박에 없어 담배건조장으로서의 넓은 공터를 필요로 하게 된다. 울타리의 설치도 주변의 부존자원賦存資源여건이나 이용공간의 기능에 따라 틀려지게 된다. 즉, 강변사람들은 판재나 가는細 통목을 엮어 세워 둘렀고, 내륙의 장재촌의 경우에는 마당내부의 토지이용시기에 따라 가변성이 쉬운 재료를 선택하고 있었다. 그러나 이곳 상류의 동강촌 사람들은 냇가의 돌이나 거치른 판재를 횡으로 둘러 더욱 투박한 맛을 보여주고 있다. 다만 이민초기와 안정기에 따라 돌담에서 목재로 변해가며 높이는 평균 1.2m에서 1.5m를 유지하면서 출입구에 이어지고 있다. 대문 역시 별도로 세웠다는 것은 생각할 수도 없어 지난날의 우리 농가와 같이 이용자의 표시수준 정도였다. 재미있는 것은 사람과 우마차의 출입이 별도일 경우도 있고 농사터의 작업방향에 따라 2~3개 더 있기도 하여 낯선 방문자에게는 순간 당혹스럽기도 하다. 또한 앞뒷집이나 옆집과의 친교親交정도에 따라 별도 표시되어 있기도 하고 멀리 돌아 다른 방향에서 바로 이웃집을 찾게도 된다. 생활의 근거가 되는 건축물일 경우 동북지방의 같은 기후대이기는 해도 위치조건에 따른 미묘한 차이를 보이고 있다.

함경도 서민주택 양식의 내부평면은 거의 통일되어 나타나 한반도 중부나 남쪽과 같은 다양한 형태의 구조는 찾을 수 없다. 가끔 한반도 남부에서 건너간 사람들일 경우 습관이 맞지 않아 한족漢族들의 외통집 형식인 사합원四合院내부 평면과 절충하였다 하나 답사 대상지에서는 이 또한 발견할 수 없었다.

규모 역시 가족구성이나 개인의 소유능력에 따라 차이는 있어도 기본적인 온돌구조에 방의 칸수 나누기는 마찬가지였다(북부 일자형 온돌 중심의 겹집). 주택의 높이관계에서는 오랑캐령을 넘기전 내륙일 경우, 한반도 조건보다는 낮으나 강변 마을과 비교해보면 높은 편이다. 이곳 동강촌의 경우에는 고지대의 추위에 적응하느라 온돌이 반지하이거나 마당 높이와 같아 외관에서의 지붕높이도 낮아지게 되는 반 움집도 있다.

추녀폭의 경우 기와집일 때에는 비례감이 고려되어 깊이가 있으나 전반적으로 한반도 남부보다는 좁아 일조량을 받아들이는데 적극적인 것 같다. 지붕형태는 초가일 경우 배집지붕으로, 기와일 경우에는 우진각이나 팔작으로 한다. 초가지붕에는 바람을 견디기 위해 새끼로 그물을 쳐 놓고 그 위에 굵은 나무로 처마와 용마루를 눌러 놓는다. 또한 외벽의 문과 창은 한반도의 조건과 더욱 구분되지 않아 충분한 채광 확보와 내부의 복잡한 동선을 피한 듯 어디서나 출입이 가능하다.

정지간은 다목적 공간으로 우리의 대청 기능과 유사하며 동자기둥이 보이고 공간의 높이도 각방보다 높다. 방안의 천장 높이는 2.2m 전후여서 실내에서의 활동보다는 아담한 공간감과 온기를 확보하는데 비중이 높다.

이상과 같이 정주定住공간에 대한 유산遺産은 민속적 습관으로서, 한반도 북부로부터 전승되어온 생활의식, 양식 등을 포함한 정신적 분야와 생활기구, 도구에 이르기까지 물질 분야를 망라한 것을 보여주고 있다. 이는 당연히 중국동북지역의 강한 추위조건과 풍토적 조건하에서 전면 온돌 습관으로 더욱 계승하게 되었고, 농업생산과 관련된 정착생활은 모험적 추구가 약할 수밖에 없는 원인의 결과일 것이다.

이러한 근본적 문화의 영향으로 발효음식과 자연식이나 채식(특히 산나물 종류)의 습관이 한족들과 구분되게 되었고, 비교적 규모가 작은 생활도구와 가변성 있는 공간이용이 그들과 구별되었을 것이다. 또한 민속놀이와 예술활동도 실내에서의 소극적인 어깨 놀림 정도로서 농사와 관련된 정적인 요소가 특별히 다른 차이로 비교되었을 것이다.

이렇게 차이점으로 부각되어 남아있었던 것은 변치 않는 자연환경이 요인要因이었던 점에 비해 역사적 격변기와 사회 환경적 조건은 매우 충격적인 변화요구였을 것이다. 그러나 쉽게 적응할 수 있는 경제적 활동여건도 열악하였겠지만 그보다도 이민족異民族과 혼거混居할 수 없는 유별난 민족의식으로 일정한 거리를 유지하였기에 오늘날까지 불변의 삶을 이어올 수 있었을 것이다. 그러나 언제라도 돌아갈 수 있다는 고향산천이 지척에서 의지해 주고, 끊어질 수 없는 뿌리근성이 있었기에 가능했던 이러한 상황들이 급변하고 있음에 이들은 당황하고 있는 것이다.

산천과 기후는 변함이 없어도 돌아가야 할 강 건너의 뿌리는 흔들리고 오랑캐령을 넘어오는 한족세漢族勢에 몇 대에 걸친 문전옥답도 휩쓸릴

_ 훈춘시 회룡촌. 어린 기억속에서만 남아있던 전형적인 농촌마을을 보는듯 하다

운명임을 그들은 알고 있으리라. 날이 풀리면 내 집 앞으로 넘어진 담장의 끝선이 한족소유의 마당이 되어가고, 날만 새면 새로 태어난 한족 어린애의 울음소리가 이어지고 있는데, 봄만 되면 조선족 학교는 문을 닫고, 해가 지나면 젊은 조선족들은 대도시로 흩어진다.

언제 누구에게 우리말을 익힐 것이며, 어느 곳을 어떻게 일구어 나갈 수 있겠는가?

한참 만에 자리를 털고 되돌아 나오는 마을 한구석에는 아직까지도 왜정 때의 주재소 건물이 신기하게도 남아있다. 애써 치우기보단 외지로 나가기에 급급했던지 하나둘 빠져나간 빈 터 구들에는 수수까래와 구름자리만 황량하니 나뒹굴고 있어 더욱 을씨년스럽기만 하다. 넘어가는 짧은 해에 그만 발길을 서두르는데 읍내 식당에서의 기름진 냄새는 골짜기를 메우고 아름답게 반사되는 석양의 두만강은 발길을 멈추게 한다.

짙은 어두움이 드리우기 시작한 산골을 배경으로 하얀 연기를 날리고 있는 몇 개의 마을을 지나자 제법 높은 호암虎岩고개 마루턱에 다다르게 되었다. 급한 낭떠러지 밑으로는 강이 흐르고 강 건너 넓은 벌판에는 놀랍게도 무산茂山의 광산도시가 펼쳐지고 있었다. 인구 20여만 정도의 철광 도시였으나 몇 년 전부터 빈 도시가 되었다 한다. 움직이는 것들은 아무것도 없고 어디에서건 연기 한점 오르지 않는데, 자연재해가 아니고서야 어떻게 이러한 현상이 나타날 수 있을까 경악을 금할 수 없다. 경제적 이유에서건 또는 식견食犬있는 판단이었건 이러한 놀라운 정경에 "사람이 살 수 없는 곳" 이라 이곳 강변사람들을 경악케 하였고, 보이는 곳이 이러할 진데 말로만 듣던 북녘 하늘 밑은 어떠하랴 싶었을 것이다.

결코 돌아갈 수 없는 산천일 바에야 이곳의 터전마저 버릴 수밖에 없는 이들의 말못할 깊은 상처가 가슴속까지 저미어 오는 듯하다. 그래서 삼합三合의 북흥촌 할머니들은 대를 이은 보금자리마저 팔려 하였고, 큰딸이라도 한국으로 보내주길 간곡히 부탁했으며, 학교갈 나이임에도 회룡촌 어린이들의 초점없는 눈길은 필자에게 슬픔을 전해주었고, 백룡촌 장씨 노인의 손주는 중국말이라도 열심히 준비했던 것이리라. 하물며 넋두리의 대상도 찾아오지 않는 동강촌 오지奧地 사람들이야 의지할 곳 없이 흩어졌을 것이고….

건널 수도 없는 강, 망망대해와 같은 한족漢族속으로 그들은 어떻게 떠나가고 살아가야만 할 것인가? 살기위해 이곳으로 건너왔고, 나라를 찾겠다고 이곳을 지켜왔는데….

건너올 당시의 보따리는 그대로인채 실오라기와 같은 두만강변에 붙어 40년도 몇 번 지나쳐온 우리들의 피붙이들은 어디로 가야만 하나!

4개월도 견디지 못하고 도망치듯 발길을 돌려야 하는 필자의 가슴속에는 지울 수 없는 자괴감自壞感만 더욱 더해간다. 하지만, 흐르는 강은 역류시킬 수 없어도 물길은 막아서 돌릴 수 있지 않은가! 물에 잠기는 것은 건어 올리고 흩어진 것은 다시 만들면 되지 않는가! 떠났던 사람들은 다시 부르고 만들었던 사람들은 구해야 하지 않는가!

_ 두만강변의 조선족 마을들. 언젠가 한족세에 잠길 수몰 예정지를 보는 듯한 느낌이었다

이러한 우리의 식견識見으로 오늘의 두만강을 메마르게 하고, 그리고 그들은 그들의 땅에서 우리의 유산을 다시 세우고, 그리고 언젠가 우리의 땅에서 우리의 유산을 다시 찾아서, 그리고 다시는 강 건널 일이 없도록 우리 함께 되어 살아보자. 원래부터 두만강은 더욱 북쪽에 있었다는데 그때는 우리 모두 다시 건너기로 하자.

슬픔으로 얼룩졌던 20세기, 너도나도 잊고 싶던 지난 세기였기에 앞만보고 달려왔던 시절, 지나쳤던 길을 잠시 되돌아 내일의 지름길로 자위自慰하면서 오늘은 그만 강변을 떠나기로 하였다.

····발해에 대한 해석

벌써 6년이나 흘렀을까?

1994년 그 해 여름 압록강변의 집안集安시를 찾은 일이 있었다. 통화通化에서 5시간 넘게 흔들리면서 통구하通溝河를 굽이치다 대우산大禹山, 의룡산依龍山, 칠성산七星山을 배경으로 강변에 흩어진 역사의 현장에 서게 된 것이다. 졸본卒本시대 이후 425년 동안 중국의 동북삼성東北三省과 한반도의 절반 이상을 석권했던 고구려인의 기상에 필자는 형언할 수 없는 전율과 진한 감동으로 오늘에 이르게 된다. 그러나 한편, 강변의 그 넓은 벌판을 메우고 있는 고분군(11,258개)에 대한 허술한 관리와 왜곡된 역사관도 지워지지 않는 충격으로 함께 남아있게 되었다.

귀국 후 필자의 기氣가 남아 있는 한 우리의 것을 확인할 수 있기를 기원祈願하는 것으로 결국 오늘을 다짐하게 된 것이다. 그 후 기회가 있을 때마다 지금의 연변延邊지방 여러 곳의 발해 유지와 문물들에 대한 자료들을 대강 더듬기만 하였는데, 유감스럽게도 필자는 이러한 곳들을 한번도 답사할 기회가 없었다. 이렇게 오늘날까지 미루어 왔던 것에 대한 자책감과 함께 금번 여행에 대한 사유를 한가지 더 보탠다면, 1997년 5월부터 1999년 7월까지 12회에 걸쳐 한국 중소도시의 공원을 답사했던 것이 계기가 될 수도 있을 것이다.

당초의 목적은 우리나라 중소 도시공원의 배경과 현황을 파악하기 위함이었으나, 주로 지역사회의 사적지를 교화장소로 정비한 곳으로서 처절한 역사의 기록들을 현장에서 확인하기에는 너무도 치욕으로 얼룩진 흔적들뿐이었다. 도시의 입지적 여건에 따라 내용의 차이는 있었지만 삼국시대

_ 발해의 영역(출처 : 王承禮 저 · 宋基豪 역,『발해의 역사』, 翰林大學 아시아 文化硏究所, 1987, 부록)

이래 근세에 이르기까지 애국과 충절을 기리겠다는 의도적 해석을 이해하면서도 언제나 정복의 대상이었던 역사에 강한 거부감을 갖게 되었다.

섬나라 사람들은 몇 세기에 걸친 필사적인 시비로 육지에 오르려 하고, 중원中原대륙의 변두리라는 조건 때문에 시달림만 받아야 했으니 그 언제 대륙을 호령하던 선조들의 기백과 기상을 되찾을 수 있을 것인가? 그들의 발자취나마 더듬어 지난 역사에 대한 재조명과 함께 근대사 이후 우리의 새로운 지표指標를 찾아보는 것으로서 금번의 여행길을 겸하게 된 것이다.

요遼, 금金, 원元, 청淸나라 등 언제부터 중국땅에 임자가 있었더냐 라는 호기로 2000년 5월 늦은 봄에 다시 연변지방을 찾았으나 역사학자로서의 해석이 아닌, 분야의 한계와 개인으로서의 현장 접근에는 현실적인 벽에 부닥치게 된다. 특히 옛 영토가 현재의 중국과 러시아, 북한에 걸쳐 있어 각국의 해석에 차이가 있으며, 발해의 멸망 당시 거란족契丹族인 요나라에 의해 철저히 파괴가 되었고, 오랜 시간이 흘러 청나라에 들어서야 늦게 발견되었는데 그나마 현장마저 철저하게 통제하는 여건임이 더욱 안타깝기만 하다.

이에 따라 그동안 발해에 대한 관심과 논란은 내용과 강도의 차이가 있기 마련이지만 각기 다른 색안경으로 역사를 해석하고자 함은 옛날이나 지금이나 크게 변함이 없는 것 같다. 현재의 중국 입장에서는 한반도에서의 평가와 대립되는 그들 민족 정책이 날카롭게 반영되어 있음을 부정할수 없게 된다. 즉 통일적 다목적 국가를 표방하면서 그에 대한 역사적 증명의 해명이라는 임무가 제기되는 위치에서 발해의 위상은 "책봉을 받고 조공朝貢을 바치는 지방정부"로 평가하고 있는 것이다.

러시아는 중국이나 주변국과는 상관없는 "말갈족의 국가"로서 발해를 해석함으로서 유적, 유물에 대한 자신들의 입장을 옹호하고 있다.

일본 역시 "당 · 고구려의 두 문화에 종속하는 문화적 식민지"에 불과하다는 관념으로서 소위 만주사관滿州史觀의 일환인 조공국朝貢國으로서의 입장을 강조하였다. 그러나 전후戰後에는 중국측의 연구결과와 그들 자체의 성과를 토대로한 "제 3의 민족문화"였음을 제기하고 있다. 우리나라의 입장은 "남쪽의 통일신라와 고구려의 후신인 북쪽의 발해가 병립하고 있었다는 남북국 시대론南北國 時代論"이 계승되었고 북한의 연구에서도 이 입장을 취하고 있다. 그러나 한국의 고고학자들은 관련국들 중 그다지 연구활동이 활발하지 못하였었고 발해 유민의 동향이나 추이를 더듬는 수준이 대다수로서 발해의 내적 역사탐구는 최근에야 이루어지고 있는 실정이다. 그러나 북한의 경우는 고구려를 계승한 하나의 민족으로서 "당나라와 대립되었던 강력한 독립국가"였음을 강조하면서 주변국의 견해와 평가를 달리하고 있다.

이러한 입장은 역시 정치성을 기준으로한 하나의 목소리로 통일정리 된 듯, 혁명적인 표현들이 사실규명을 떠나 정치적 구호와 전투적인 용어들로 냉철한 역사관을 흐리게 하고 있다. 하지만 중국측에서 애매하게 넘기려는 고구려 유민들에 의한 발해 건국초기의 저항사나 발해멸망 이후 국가 재건에 관한 거란족과의 투쟁사는 역사의 흐름을 이해하는데 객관적 도움을 주고 있다 하겠다. 결국은 역사의 평가를 현재와 미래의 자국 이익에 맞추려 하고 각국의 기록 중 편리한 해석만을 뽑아 논리화시키고 있음은 해당국 공히 마찬가지 현상이라 하겠다.

다만 중국의 사학자들 중 뿌리가 다른 연변의 조선족과 순수 한족들과의 시각에는 미묘한 차이점을 느끼게 되고, 일본은 바다 건너이지만 신라에 비해 교역이 빈번하였음을 빙자하여 고대 역사의 또 다른 빌미를 꾸며 보고자 머뭇거리고 있는 모양새 역시 대를 이어 그대로이다.

•••• 발해의 건국

기록에 의하면(삼국사기 전37 지리지4) 668년 고구려가 나 · 당 연합군에 의해 멸망한 후 국명은 역사에서 사라졌으나 국가를 구성하였던 백성들은 쉽게 흩어지지 않고 당나라의 지배에 저항하면서 일년도 못되어 '안동도호부'를 압록강 이북으로 몰아내게(669년 여름) 된다.

신라도 당초 당나라와의 밀약과는 달리 고구려의 항전세력과 연합하여 675~676년 사이 마침내 압록강 이남지역에서 당나라 세력을 몰아내게 되자 평안남북도의 동부지역과 백두산 주변 광활한 지역의 고구려 유민들은 동모산東牟山(현재 연변자치주의 돈화시 주변)을 중심으로 강력한 집단세력을 형성하여 그 영역과 세력범위를 확대하여 갔다.

이곳을 근거로한 고구려장수 걸걸중상은 진국振國을 세우고(685년) 거란, 말갈인들과 합세하여 동협석곡(하북성의 평주)과 유주(현재 북경 부근)까지 함락시켰으나 북쪽돌궐의 협력을 받은 당나라 역공에 우군이었던

_ 오동성자리로 인식되고 있는 돈화시 중심가의 옛 성벽터이다. 흔적만 뚝으로 남아 한족들의 채전으로 이용되고 있는데 내외 2개의 성으로 회(回)자 모양이었고 해자가 있었으며 성문밖에는 옹성과 치가 있으며 네모서리에 망루가 있었다 한다

말갈장수 걸사비우는 전사하게 된다. 고구려의 총지휘자였던 대조영大祚榮은 천문령(요녕성 창무현 서쪽)까지 추격하던 당나라군을 유인, 매복전투로서 격파시키게 되는데 이것이 역사상 유명한 698년초의 천문령 전투이고 이에 고무된 고구려 유민들은 진국수도(현재 돈화시 오동성에서 남쪽 약 2.5㎞ 떨어진 성산자산이 동모성일 가능성이 큰 것으로 1993년 8월 23일 조선일보와 대륙연구소가 현지답사후 추정하고 있음)에서 발해국을 세우게 된다(698년). 이상에서의 역사적 과정은 중국측 견해와 북한의 해석에 차이가 있는데, 즉 북한에서는 『제왕운기』등의 기록을 근거로 초기 진국의 건립부터 발해의 존속기간이라 강조하고 있다(229년이 아닌 242년). 발해의 수도 오동성敖東城에 대한 해석은 중국측에서도 의문을 제시하고 있는데 돈화시 동남쪽에 있는 육정산六頂山에서 1949년 발해 무덤군이 발견되었고, 사료의 기재, 지리적 위치 등으로 보아 돈화시 관할경내에 있었음을 추정하면서도 돈화시 도심에 위치하고 있는 오동성의 유지가 발해 초기의 수도였었음에는 확신하고 있지 않다.

···· 영역

발해 건국 초기에는 당나라의 압력과 토벌에 반항하면서 당나라와 연합세력이었던 돌궐과 교섭, 친교를 맺게 된다. 이에 당황한 당나라는 방침을 바꿔 고왕高王 대조영을 '좌효위 대장군, 발해군왕' 으로 인정하고(713년) 초무招撫하게 된다. 또한 발해는 신라의 북진을 억제하기 위해 신라의 번속藩屬으로서 제5품 '대아찬의 질第五品 大阿餐之秩' 을 받아 진골眞骨귀족으로 대우받으며 건국 초기의 위기를 넘기게 된다. 이렇게 하여 초기의 정권이 안정되자 동 · 서 · 남 · 북으로 영역을 확대하면서 200여년간의 기틀을 마련하게 되었다.

영역확대의 첫째 시기는 대조영이 즉위한 698년부터 713년까지의 시기로서 서쪽의 부여와 동쪽의 옥저, 북쪽의 흑수말갈과 서남쪽의 평안남북도 서부와 요동지방을 차지한 '고려후국' (고구려 후국으로 북한쪽의 주장)까지 영향력을 미쳤으므로 그 중간에 위치한 지역들이 모두 발해의 영역에 포함되었던 것은 의심의 여지가 없겠다.

둘째 시기의 영역확대는 713년에서 829년 10대왕 대인수大仁秀(818~830)집권시기 이전을 포괄하는데 특히 제 2대 무왕大武藝(719~737)과 3대 문왕文王 大欽茂(737~793)때 서부와 북부지역에 대한 대규모의 영토 확장이 있어 흑룡강으로 흘러들어가는 오호츠크해 연안까지의 흑수말갈 전역이 흡수되었고, 북변은 송화강 유역의 하얼빈, 의란을 연결시키는 선에 이르기도 하였다. 즉 발해건국 초기에 통합되지 못하였던 서 · 북 지역이 병합되므로서 발해국의 영역은 더욱 확대되게 된다.

셋째 시기의 영역확대는 대인수宣王 大仁秀때부터 발해 멸망까지 약 100년 간에 해당된다. 이때에는 726년 이후 발해에 종속되어 있던 흑수말갈의 북쪽 여러 부족들의 거주지역을 완전 종속과 통제를 하게 되어 발해의 영역 5경京 15부府 62주州와 100여 개의 현縣을 설치한 본토와 이밖에 '고려후국'과 이족이 사는 북방 관할 구역까지 이르게 된다.

그러나 중국측에서는 정착 주민이 사는 곳에서의 주현제州縣制만 인정하면서 국토의 확장을 좁게 평가하고 있으나 북방민족들은 농경에 종사하는 정착주민이 아니라 수렵

_ 돈화시 동남쪽에 있는 육정산 발해무덤군이 있는 곳이다. 한족 안내인 시공무원은 위치만 알려 주었지 구체적인 왕실묘는 접근이나 사진도 찍지 못하게 하였다. 넓은 잔디밭에 표지석만 남아있다

생활의 유동적 생활을 하므로 그들 지역에까지 주현제를 실시할 수 없었을 것이다. 이러한 지역인 경우 그곳의 우두머리를 통한 간접적인 통제로서 지배하였기 때문에 실질적 영역은 매우 넓었었음을 인정하여야 할 것이다.

이와 같이 방대한 지역을 다스리기 위하여 상경 용천부上京 龍泉府, 동경 용원부東京 龍原府, 서경 압록부西京 鴨綠府(현재 압록강변의 림강진), 남경 남해부南京 南海府(현재 함경남도 북청), 중경 현덕부中京 縣德府(현재 화룡시 서고성西古城)를 두었는데 그중 서경 압록부와 동경 용원부의 위치에 대하여는 북한측의 견해가 다르다. 즉, 서경 압록부는 길림성 집안시로, 동경 용원부는 함경북도 청진시 부거리로 표현하고 있다. 경이 없었던 나머지 10부는 장령부, 부여부, 막힐부, 정리부, 안변부, 솔빈부, 동평부, 철리부, 회원부, 안원부였다. 여하튼 발해 초기에는 사방 5천리(중국측은 2천리로)에 호수는 10여만이었고 주변일대의 병사가 40만에 이르렀고, 고왕, 무왕, 문왕 등 3세대의 노력을 거쳐 해동성국海東盛國이란 대 제국을 건설한 것이다.

이들은 이렇게 국토를 넓혀가면서 인접국가와의 교역도 활발하였는데 당시 중국의 당조唐朝와 동쪽으로는 일본, 남쪽으로는 신라와 관계를 맺었으며 서쪽으로는 거란과 내왕을 하며 정치적 목적 이외에 경제 무역으로서 정부간 또는 민간차원의 왕래도 빈번하였던 것 같다. 기원 871년 당시 일본을 방문한 사신들은 상인이지 손님이 아니라는 일본측의 기록과 같이 사사로운 교역도 적극적인 듯 하고 당과의 교역 중심은 등주登州와 청주靑州로 지금의 산동과 봉채, 익도益都로서 등주에는 발해관과 신라관을 세웠다.

····· 민족 구성

특히 발해를 세우고 구성한 민족에 대하여는 더욱 미묘한 입장차이를 보이고 있는데 중국측의 견해로는 그들의 기록을 내세워 "대조영의 부친은 걸걸중상으로 발해건국전

병사한 후 진국공이란 칭호를 이어받다가 후에 왕으로 개칭하였다", "발해는 본래 속말말갈로 고구려에 부속되었었으며 성은 대씨로서 해북제국海北諸國이 망라되자 비로소 말갈이라는 이름을 버리고 오로지 발해로만 불렸다", "발해정권은 말갈족을 주체로한 민족정권인 동시에 당나라 중앙집권의 책봉을 받아 당 왕조에 예속된 지방정권이다" 라고 고구려 민족의 계승을 희석시키거나 여러개의 잡다한 종족으로 구성된 듯 전도하고 있다.

그러나 북한측 『발해사 연구』(1997년, 사회과학 연구소, 평양)에서는 『삼국유사』, 『속일본기』, 『구당서』, 『신당서』 등의 기록을 근거로 "정치, 경제, 문화의 모든 영역에서 고구려의 것을 계승하였다", " 주민구성도 다른 모든 영역에서처럼 고구려의 것 그대로 이어받았다" 고 하면서 통치지배계층만이 아니라 일반 주민구성까지도 강조하고 있다. 그러면서 민족대이동의 경우가 아닌 한 같은 영토의 피지배 주민들도 그대로 일 수밖에 없고 영역 안의 말갈인들도 일정한 지역적 범위의 구성으로 고구려 시대 상황과 크게 유동적이지 않았음을 밝히고 있다. 다만 발해의 영역이 동쪽과 북쪽에서 고구려의 영역 밖으로 훨씬 확장되면서 새로 편입된 일부지역에 말갈인이 주로 살았고 확장된 영토의 일부지역에만 군현제가 실시되어 주민구성상 일정한 차이가 있었으나 총체적으로 보아 고구려의 계승국가임을 내세우고 있다.

또 다른 측면으로서의 계승의 근거로는 "후기신라 말기의 최치원은 당나라의 태사시중에게 보낸 서신에서 "고구려의 남은 무리들이 모여 태백산 북쪽에 나라를 세우고 이름을 발해라 하였다" 그는 또한 당나라의 다른 관리에게 보낸 서신에서 "옛날 당나라의 태종이 고구려를 쳐 없앴는데 그 고구려는 지금 발해가 되었다", 723년 발해 제 2대 무왕은 바다건너 일본에 사신을 파견하여 발해국의 성립을 알리면서 "발해국은 고구려의 옛 영토를 회복하고 부여(옛날의 부여국) 이래의 오랜전통을 이어받고 있다" 라고 하면서 발해와 고구려는 완전히 동의어로 통용되고 있었음을 밝히고 있다.

여하튼 발해는 이렇게 2백수십년간 찬란한 문화를 창조하다 15대 미왕 대인선(907~926) 때 거란의 침입을 받아 갑자기 역사속으로 사라지게 되었다. 그렇게 해서 오늘날까지 1000여년의 세월이 흘렀으나 그들이 남긴 특유의 문화유산은 많은 것을 우리에게 전달하고 있는데 특히 그들의 습관, 음식, 주거, 도시, 환경조성 등에서 오늘의 우리와 비교될 수 있는 가치있는 흔적들로 새로운 의미를 발견하게 된다.

그동안 건국, 영역, 주민구성에서는 많은 논란과 견해차이를 보이고 있으나 이러한 문화 환경에 관하여는 현재 중국이 점유하고 있는 지역에 대한 접근 연구가 가능하여서인지 중국측의 발표자료는 상대적으로 쉽게 확보 할 수 있었다.

이상과 같은 역사적 상황을 정확히 판단하고 있지 못하다 하더라도 한국사람이라 하면 한번쯤은 만주벌판을 가로질러 백두산을 오르려하거나, 하늘을 날으며 지난 역사에 대한 회고에 빠져보기도 한다. 이러한 유전적 인자는 본능적 행위로 전수되어 지

_ 발해 3대왕인 대흠무가 구도에서 이곳 서고성으로 기원742년 옮겨와 45년간 수도로 사용한 곳이다. 지금도 한족들이 주거를 정하면 멀쩡하게 살아 나오지 못한다고 한다. 성벽자리에 표지기둥만 남아있다

난날의 주인공이 되어보기도 하고 문득 역사의 잔재 앞에서는 말못할 회한의 감동을 전달받게도 된다.

_ 연길시 성자산성 입구

바로 어제와 같은 지난 영화榮華였었기에 더욱 그러할 것이고 미래의 공상영화를 보는 것 이상의 상상력을 더듬게 된다. 그러면서도 문득, 천년이 지난 오늘날까지 고구려에 이은 발해의 유민들이 풀뿌리 같은 삶을 이으며 떠돌고 있음에는 가슴 찔리는 아픔까지도 감수하게되고 그들이 밟았던 땅과 흔적을 찾아 서성거리게 된다. 그들이 있었기에 한족들의 고약한 향차이 냄새를 극복할 수 있었고, 그곳이 있기에 고달픈 여행길을 쉬어가게 되고, 그것이 있을 것이기에 우리의 나아갈 길을 다시 생각하게 되니 그 누가 이 아픔을 거부할 수 있겠는가?

박혔던 돌이 굴러온 돌에 치이다니…….

2000년 5월 연길에 다시 도착하니 봄색이 완연하였다. 지난 겨울 지내기가 불편하여 잠시 귀국하였었는데 다행히도 도시를 메웠던 매연가스도 사라져 버린 후였다.

그 길로 연길시 도시계획국에 들러 기다리고 있던 프로젝트와 함께 설계원 직원 5명과 인사를 나누게 되었다. 대학을 갓 졸업한 이들은 꿈 많은 한창나이로 급변하는 사회 환경에 적응하느라 도무지 작업이 순조로울 수 없었다. 어느 정도 자리가 잡히자 대화도 나누어 볼 겸 필자에게는 별로 의미가 없는 그들 국경일을 택해 모처럼의 여가를 함께 하기로 하였다. 그런데 문제는 가까운 성자산 산성城子山 山城의 위치를 정확히 파악하고 있는 사람이 없었고, 볼 것도 없는 야산을 왜 찾아야 하는지에 그들은 의아해 하는 것이다. 당초 이곳의 역사적 배경을 파악하고 있는 필자야 이러한 유적지에 대한 선택에 굳이 내색하고 싶지가 않아 결국은 이들 젊은이들을 안내하며 택시를 타고 찾는 수밖에 없었다.

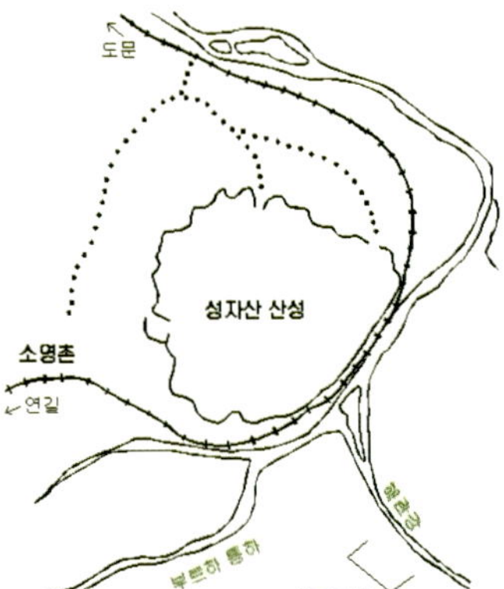

_ 연길시 근처의 성자산 산성(도문시 경내에 위치하고 있다)

산성은 고구려 때 세운 것이나 그후 발해, 요, 금시기까지 사용되다 포선만노浦鮮萬奴가 일으킨 동하국東夏國의 마지막 근거지였다.

현재 연길시를 가로지르는 부르하통하(만주어로 버드나무강)를 따라 동쪽 10㎞ 지점의 하류에서 해란강(느릅나무강)과 합수되는 이곳은 금나라 말년인 1215년에 요녕성 요양에서 대진국大眞國을 세웠다가 후에 연변지역으로 옮겨온 동하국의 남경성南京城인 것이다.

삼면의 절벽이 마치 말발굽 모양으로 안쪽의 분지를 에워싸고 있어 천혜의 요새를 이루고 있는데 산성뒷쪽의 소영자촌小營子村이란 곳에서 능선을 넘어 거의 산을 2/3 정도 돌아야 입구를 만나게 된다. 도문까지 이어지는 철도변의 조선족 마을로부터 진입하게 되었는데 네 개의 성문자리중 남동향의 좁은 골짜기가 중심문이었을 것으로 추정하게 된다. 성벽은 능선을 따라 4,454m에 이르고, 흙과 돌로 혼축된 산성안의 내부 구릉자리가 궁전터였던 듯 옥수수밭과 채전에는 각종 기와나 옹기조각, 동전 등이 널려있었다.

거의 성터 중심지인 소나무 숲에 이르자 함께 찾은 조선족 청년들과 더위를 식히며 옛사람들의 터를 잡는 지혜와 성의 내력을 설명하니 그들은 매우 놀라운 표정들이었다. 특히 강 건너 마을이 고향이라는 젊은이는 어린 시절을 보내면서도 이러한 역사적 사실은 들은 바도 없고 배울 기회도 없었는데 멀리 떨어진 한국에서 어떻게 지역의 역사까지 파악하고 있는가에 의구심의 시선을 떨구지 않는다.

"여러분들이야 이곳에서 태어나서 중국의 교육관으로 자랐기에 객관적인 역사를 판단하는데 혼란이 있을 수 있겠지만, 고구려, 발해국이 우리민족의 터전이었음을 이해한다면 여러분들은 이주민족이 아니라 당연한 정착민의 긍지로서 옛 터전에 대한 책임감이 무거워야 할 것이다"라는 강조와 함께 "한국사람들이 이곳 연변지역을 힘들게 찾는 이유중의 하나는 백두산 관광이라는 요란스러운 행세보다도 여러분들에 대한 기대와 터전에 대한 각별한 관심이니 올바른 역사관으로 가꾸어 주기를 부탁한다"라는 완곡한 격려의 말로 함께 찾은 이유를 설명하였다. 오늘날 중국에서 주시하고 있는 미묘한 민족갈등을 건드리기도 조심스럽고, 그렇다고 굴러 들어온 돌에 박혔던 돌이 눈치를 보아야만 하는 현실을 그대로 좌시할수만도 없으니 그저 터전에 대한 사명감을 일깨워 주는 수밖에 없지 않은가?

1233년 몽골군대가 밀려들어 자연의 철옹성을 격파할 수 없게되자 몽골군 비장裨將 석말사랄石抹查剌은 별장別將으로 하여금 남동쪽을 공격케하고 그는 북서 능선을 기어올라 성을 함락시켰다 한다. 성동격서聲東擊西로 당시의 함성소리를 연상하면서 성벽을 따라 내려오니 강 건너 마반산磨盤山 아래 마반촌 벌판에서는 벼가 한창 자라고 있었다. 옥수수 밭이 아니라면 필연코 조선족 부락일텐데 당시의 상황으로 내내 착각하면서 연길시로 돌아오게 되었다.

····전설속의 상경성上京城

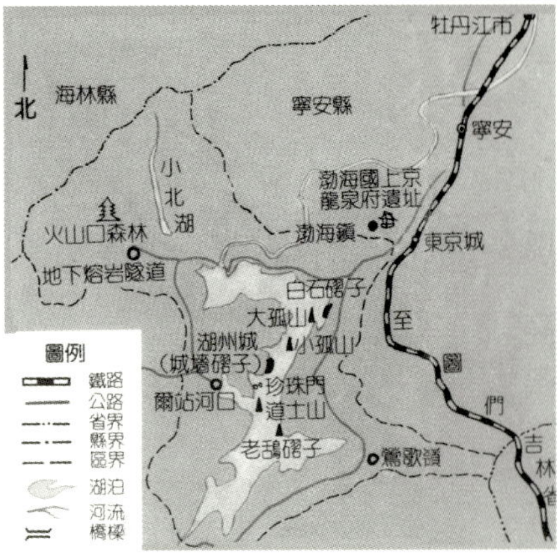

_경박호 주변의 약도

연길에서의 봄이라야 심한 황사 바람과 휘날리는 수양버들 가로수뿐이다. 그래도 교외 벌판에는 진달래가 붉어지는데, 도시계획국에서는 봄나들이를 가자 한다. 매년 이맘때는 전직원의 야유회가 있어 이번에는 흑룡강성의 경박호鏡泊湖를 찾는다고 한다. 이곳까지 와서 공포의 회식판에 그들과 어울려야 하는 것이 두렵기도 하였으나 그곳 발해진渤海鎭상경성이 떠올라 단서를 붙여보았다. "발해 유적을 볼 수 있도록 한다면 같이 가겠노라" 하였더니 더없이 즐거워들 한다.

6월 3일 토요일 새벽 5시, 북쪽 돈화시를 거치기로 하고 돌아오는 길에는 동쪽 도문길을 택하였다 하니 그 길이 바로 발해의 주요 교통로였기도 하다. 역시 같은 동포들이라 피는 속일 수 없는 듯 대절버스안에서부터 트럼프 놀이와 행락파로 갈리어 오랜만의 호기로움을 뽐내기 시작한다.

돈화시를 거쳐 동쪽으로 이어진 목단강 줄기를 따르기도 하고, 제법 높은 노송령고개를 넘으니 육지 속의 바다 같은 경박호에 도착하였다. 연길에서 5시간 30분, 비포장 길이라 하여도 여간 먼 거리가 아니었다.

이 호수는 상경성이 있는 동경성 분지의 남쪽 끝으로 폭발된 화산의 용암이 목단강 줄기를 막아 형성되었다 하는데, 남북길이는 45㎞이고 동서너비 중 넓은 곳이 6㎞로 전체 면적이 90㎢라 한다. 바다를 접하지 못한 중국 내지인들에게는 훌륭한 휴양소로서 호수가 곳곳에는 요란스럽게 꾸며지고 있었다. 바다처럼 넓어 홀한해忽汗海라 불렀고 그래서 대조영을 당나라 사람들은 홀한주 도독이라 하였을 것이다.

당연히 "경박8경"의 하나인 성장립자성이 호숫가 언덕에 솟아있기에 접근하였더니 바로 상경성 관할하의 호주湖州 소재지였을 것으로 이곳 사람들은 추정하고 있다. 이외에도 경박호에는 현지 조선족 사이에 발해 멸망에 관한 전설이 전해지고 있는데 경박호란 호수명과 관련되는 것이 있어 관심을 갖게 한다. 즉, 발해의 마지막 임금이 국정을 게을리하며 주지육림에 빠져 있는데 거란군이 도성을 함락할 때까지도 어화원御花園에서 즐겼다 한다. 혼비백산한 임금이 금으로 만든 보경寶鏡을 챙겨 도망치다가 이곳 호수가에 이르러 거란군에 길이 막히자 거울을 껴안고 호수 속으로 뛰어들었다 하여 경박호라 하니, 믿을 바는 못 되지만 우리 민족의 발해에 대한 인상이 남아 있다는 증거가 될 수 있을 것이다(조선족 민간고사선朝鮮族 民間故事選에서). 또 한가지를 보탠다면, 경박호 입구에는 조수루弔水樓라는 경관이 빼어난 넓은 폭포가 있는데 이 폭포 옆에 홍라각紅羅閣이라는 정자에 대한 유래이다. 발해 11대 왕의 대홀한大忽汗이라는 아들에게는 아름다운 용모에 문무文武에 능한 홍라녀紅羅女라는 며느리가 있었다 한다. 당시 서쪽에 있던 거란 왕이 발해를 빼앗을 궁리로 호시탐탐 하던 중 발해 궁중에서 사용할 물건들을 사가지고 떠나는 발해인들을 납치하게 된다. 이에 발해왕은 아들 대홀한에게 거란에 가서 시비를 가리도록 하였으나 그마저 억류되고 말자 홍라녀는 백룡마白龍馬를 홀로 타고 길을 떠나게 되었다. 그녀는 길에서 만난 승려에게서 보검을 구하여 적들을 물리치고 남편을 찾아 돌아오게 되었다 한다. 그

_ 돈화시 근처의 발해유적 약도

후 홍라녀가 다른 전투에서 전사하게 되자 늙은 국왕은 폭포 옆에 "홍라각"을 세우고 그녀를 기리도록 하였다. 그 때부터 추석 명절이면 그녀를 추도하는데 너무나 많은 백성들이 몰려들자 홍라각 옆에 비석을 세워 "한사람씩 들여다보고 두 사람이 보아서는 안 된다"라는 글자를 새겨 놓았다 한다. 『발해사 이야기(흑룡강성 인민출판사, 1987)』란 조그만 책자에 실려있는 이야기인데, 같이 간 일행들은 보신용 뱀을 사들고 즐기고 있어 이에 대한 기록과 장소에는 눈길도 돌리지 않는다. 폭포 주변의 바위가 험하니 안전에 주의를 돌리려는 뜻이겠으나 멀리 잊혀졌던 우리의 한 부분이 좀더 가깝게 살아 숨쉬는 이야기들인 것 같았다.

상경성 궁터자리에서도 이러한 전설은 남아 있었다. 경박호 서남쪽 발해진까지는 약 15㎞ 정도인데 목단강牧丹江 중류 동경성東京城분지내의 충적평원에 자리잡고 있다. 목단강이 성의 서쪽에서 북쪽으로 휘돌아 흐르고, 동쪽의 마련하馬連河와 함께 삼면을 둘러싸고 있는 강은 용암이 흘렀던 궤적인 듯 넓은 평야에 골을 이루어 마치 한국의 한탄강과 같은 단애를 이루고 있다.

광활한 토지는 비옥하고 수륙교통이 편하여 162년간 제국을 지배하던 중심지로서는 부족함이 없던 충분한 면적일 듯 하다. 이곳 성터 입구에는 오봉루五鳳樓란 오문터午門址를 지나면 제1궁전지의 석축이 자리잡고 있다. 이곳을 지나 북녘의 제2궁전터 옆에 당시의 우물터가 나오는데 현지에서는 팔보유리정八寶琉璃井이라 부른다. 돌로 쌓은 이 우물은 위가 팔각형에 밑에는 원형을 이루고 있어 경주 첨성대의 형상을 느끼게 된다. 이 우물 역시 발해 멸망에 관한 전설을 담고 있다 하여 지금은 정자를 세워 보호하고 있다.

이러한 전설들이야 국가가 망하였기에 유민들에 의한 애틋한 이야기들이기는 하지만, 발해 멸망 원인에 관한 새로운 전설을 만들어 내려는 움직임이 엉뚱하게도 일본에서 있었다 한다. 이상할 정도로 멸망에 대한 자세한 기록이 없으나 당시의 국제적 상황(거란이 당나라를 치기 위한 배후정리, 고려에 내투하는 발해유민들의 동향 등)과 지배층간의 심각한 정치 내분 및 지방에 대한 통제력 상실 등으로 민심이 이반되었을 때 거란에 의해 붕괴되었다는 것이 일반적인 인식이다.

즉, 이곳에 동단국東丹國을 세운 후 거란의 재상 야율우지耶律羽之는 "발해국의 민심이 이반한 틈을 타 싸우지 않고 이겼다" 고 말한 기록으로 일종의 어부지리漁父之利가 된 것이다. 그런데 10여년전(1988년) 일본 NHK에서 '환상의 왕국' 이란 발해 특집 때 화산 폭발로 멸망한 것처럼 그럴듯한 각본으로 법석을 떨었다 한다. 화산폭발이 원인이라면 거란 태조가 직접 군대를 이끌고 침범했을 리도 없고, 경박호 서쪽 약 15km거리의 화산구는 백두산과 같은 화산대이기는 하여도 그 분출 시기가 발해건국 훨씬 이전인 지질시대에 이루어진 것이다.

_ 성자산 산성입구의 마을로서 오늘날까지 조선족 동포들이 지키고 있다

현재의 이곳 5개의 화산구는 세계 유일의 화산구 삼림공원으로 개발되어 있다. 제일 큰 분화구는 직경이 385m에 이르고 공원의 전체 면적은 66,942ha이며 최고높이는 1,425m로서 정상에는 기천정奇天亭이란 정자가 세워져 주변의 장관을 조망할 수 있게 되었다. 지금도 당시의 화산재에 의한 두꺼운 표토층은 주변 일대의 농사개발에도 지장이

되고 있을 정도이고, 상경성 유적지의 주춧돌이나 축대 등은 당시의 현무암으로 이루어져 있음을 확인할 수도 있다.

그러나 일본 북부지역에서의 화산 분출시기가 발해의 멸망시기와 비슷하다 하여 "새로운 전설"을 만들려 하는 이러한 발상은 역사 소설가 시바료타로可馬遼太郎의 허구의 소설 감으로, 그나마 뒷이야기는 전해지지 않고 있다.

····비밀만 간직하고 있는 돈화시의 구도舊都 주변

돈화시에 남아있다는 구도의 흔적은 귀국 하기전 한창 무덥기 시작하는 6월 말경에 이루어졌다. 그 동안 함께 작업하던 설계원 젊은이들과 함께 돈화시의 도시계획국을 찾으니 마침 중년의 한족이 기다리고 있었다. 연길시 도시계획국의 국장 소개로 발해유적을 안내 받기에는 탐탁치 않았으나 이곳만 해도 조선족의 인구가 적으니 어찌할 도리가 없었다(연변자치주의 도시라하여도 돈화시의 시장은 한족임). 역사전문가가 아닌 조경가로서의 행세를 강조하면서 가벼운 신변 소개로 필자에 대한 의구심을 풀도록 하는 것부터가 신경 쓰이기 시작한다. 짧은 대화 몇 마디로 돈화시를 벗어나자 정혜공주貞惠公主의 묘부터 찾기로 하였다. 육정산六頂山은 돈화시 서남쪽 약 6㎞ 거리의 강변 벌판에 솟아있는 산으로서 강동향江東鄉 승리촌勝利村에 속한다. 6개의 봉우리 중 부락 뒷산의 주봉은 해발 603m 정도가 된다. 진입구에 도착하자 이곳부터는 사진도 찍지 못하고 묘의 위치도 가르쳐 줄 수 없다며 한족 안내인은 정색을 하며 긴장을 한다. 눈치 빠른 젊은 일행들이 그와 함께 앞서게 하고 뒤따르는 필자는 이곳저곳을 찍었지만 안타깝게도 머릿속에 기억되는 도면상의 위치는 아니었다.

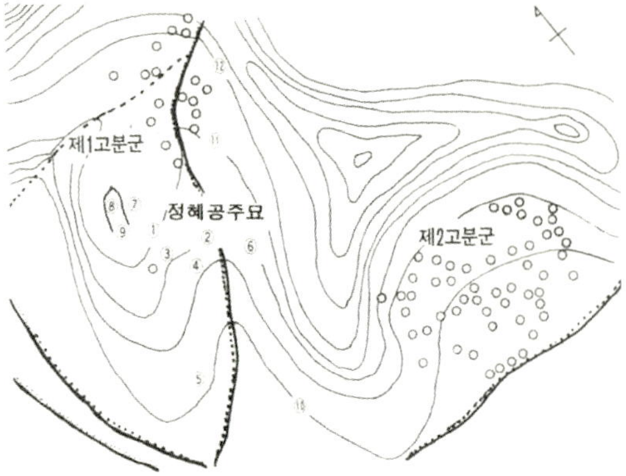

_ 육정산 정혜공주묘 위치

도면상의 고분군古墳群은 주봉

의 남쪽 기슭에 모여 있는데 두 개의 골짜기중 서쪽의 것을 "제1고분군", 동쪽의 것들을 "제2고분군"으로 나뉘어져 있다.

정혜공주의 무덤은 제1고분군에 속하고 제2고분군은 비교적 신분이 낮은 무덤들로서 모두 50여기의 무덤들로 이루어져 있다. 조상묘를 찾겠다고 밝힌 것도 아니고 이렇게 보물찾기 식으로나 더듬어야 하다니 안내가 아니라 감독을 데리고 온 꼴이 되고 말아 은연중 울화가 치밀기 시작한다.

_ 경박호 입구. 발해의 전설이 담긴 조수루 폭포이다

마침 제1고분군의 표지석은 쉽게 찾았고, 무심하게 헤메는척 하다가 근처의 정혜공주 묘도 발견하였다. 주변 30여기의 무덤중 규모가 큰 봉분이라 짐작으로 찾았지 사전 정보 없이는 지나칠 정도로 잡풀이 우거져 있었다. "2호", "정혜공주묘"라 쓰인 푯말이 눈에 들어오자 가슴이 뛰는 듯 했으나 필자의 행적을 주시하고 있는 안내인이 의식되자 쉽게 사진을 찍을 수도 없었다. 얼마전 일본인의 필름을 압수하고 상부로부터 엄한 단속이 하달되었다고 엄포를 놓고 있으니 뒤돌아서는 후손을 두고 무덤 속의 그녀는 무어라 원망했을까…….

기록에는 그녀의 묘가 진릉珍陵의 서쪽 언덕에 있었다 하니 진릉은 그럼 어느 왕의 것이며 이곳 중 어느 무덤일까? 당시 생존했던 아버지 문왕文王은 아닐 것이고, 할아버지武王나 고왕高王(대조영)중 무왕의 무덤일 것으로 학자들은 추정하고 있다. 그렇다면 공주묘 동쪽의 "6호 무덤" 일 것이나 이 무덤은 이미 완전히 도굴되어 형체를 알아보기 힘들 정도였다.

산 입구의 백양나무 진입로를 돌아 나오자 멀리 서남쪽 평야지대 위의 동모산이 바라다 보인다. 해발 600여미터의 낮은 산으로 대조영이 쌓았다는 성산자산城山子山의 산성도 찾고 싶었으나 안내인의 경직된 표정으로는 더 이상 힘들 것만 같았다.

돈화시 한가운데 있는 오동성敖東城의 흔적이나 재촉하며 한족들의 부락을 헤메이다 보니 넓은 공터의 채전이 나타난다. 1938년 조사 기록된 도면이 제일 상세하고 잘 보존되어 있어 당시의 상황에 근거한다면 성의 길이는 1,120m라 한다. 정방형의 내성 둘레의 길이는 320m로 흙으로 쌓았고, 외성은 장방형이며 동서길이가 270m에 남북 너비는 190m의 규모였었다 한다. 기록 대로라면 성벽의 네 모서리에 망루가 있고 성 밖에는 해자가 있어야 하는데 당조唐朝 때의 장안성長安城(지금의 서안)이나 낙양洛陽의 모양과도 같지 않고 고구려 초기의 국내성國內城이나 후기의 평양성과도 틀리다 한다. 또한 발해 당시 여러 도시의 성들과도 같지 않다 하는데, 지난해에 둘러본 북송시대의 동경東京(지금의 개봉시)이나 1994년 여름에 찾았던 가욕관성嘉浴關城(만리장성의 서쪽 끝)을 연상케 한다.

이렇게 오동성은 발해 초기의 특징도 구비하지 않았고 출토된 유물도 당시를 증명할 조건이 못 되었으나 기재된 사료나 지리적 위치, 육정산의 왕실무덤군과 인접되어 있다는 상황만으로 오늘에 이르고 있다 한다. 1960년대 이래 이러한 구국舊國의 수도론이 1974년 이곳에서 남쪽 약 10㎞ 떨어진 영승永勝유적이 발견되면서부터 새로운 견해가 제기되고 있다 한다.

여하튼 이곳은 도시개발제한구역으로 보호되고 있는데 옛 성벽터로서 솟아있는 흔적만이 내성의 규모를 가늠하게 할 뿐 한족들의 채전과 불결한 농가로 에워싸여져 있었다.

어느 시대의 성이였을까를 추측하면서 돈화시를 빠져나오자 마침 근교의 "24개석個

石유지" 에 도착하였다. 주춧돌이 1열에 8개씩 3열로 열지어 있는 것인데 이에 대한 유지遺址의 해석이 분분하다. 지금까지 발굴된 동일한 규모의 이러한 유지들은 돈화시 경내와 두만강 연안, 그리고 북한의 동해안 지역 4곳을 포함한 11곳으로 발표되고 있다. 일정한 규격으로 보아 건물터의 기초이기는 한데, 국가에서 관리하던 신성한 곳이었던가 아니면 주요 교통로 주변에 위치한 것으로 보아 역참이나 창고 터로 해석하기도 한다. 줄과 줄 사이의 거리는 약 3m 에 초석礎石은 현무암이고 부근에서는 제법 높은 곳에 기단을 조성하였다는 점들은 기본적으로 일치하고 있다.

이에 대해 연변대학의 방학봉 교수는, 돌의 평균 직경은 70㎝이고 평균 높이는 50㎝로 그 위에 세워진 건물의 규모는 정면 7칸에 측면 2칸으로서 발해국의 주요 교통로상의 역참으로 견해를 밝히고 있다(발해의 주요 교통로 연구, 1999).

_ 돈화시 근교 "강동24개석" 유지이다. 어느 때 어느 민족에 의해 어떻게 복원될려는지 관심을 갖게 한다

돈화시에서 연길이나 영안현으로 나가는 대로변에 위치하고, 서쪽으로는 장춘과 도문시를 잇고 있는 장도선長圖線 철도가 지나고 있다. 전에는 이 유적을 "성교城郊24개석", "진교鎭郊24개석"으로 불렀으나 현재는 "강동江東24개석"으로 불리우고 있다.

귀국후 신영훈 선생과의 개인적 자리에서는 고구려 시대 이래의 부경(창고)시설이 아니겠냐는 의견으로 보아 국가급 창고로 추정되기도 하는데 이 또한 앞으로 풀어야 할 과제 중의 하나로 남게 되었다.

그 후 발해는 요나라(거란) 야율아보기耶律阿保机에 의해 멸망한 다음 동단국東丹國이 들어서게 되고 상경上京은 천복성天福城이라 고치게 된다. 그리고 태자 야율배耶律倍가 동단국 왕으로 봉하여 발해의 옛 지역을 다스리게 된다. 그 후 오래지 않아 태조 아보기가 죽고 차자次子 야율덕광耶律德光이 계위하게 되는데 이가 바로 요나라 태종太宗이 된다. 덕광과 장자 야율배 사이에 왕위 계승 문제로 싸움이 벌어져 야율배가 패하자 덕광은

_ 발해진 상경성 궁터자리에 있는 팔보유리정이라는 우물터이다. 발해의 멸망원인이 우물속에 담겨있는 듯하다

형을 엄히 통제하면서 발해인들의 반항을 막기 위해 기원 928년 동단국의 수도를 동평 東平(오늘의 료양)으로 옮기게 된다. 그 때 거란 통치자들은 천복성(상경용천부 자리)을 철저히 파괴하고 주민들도 료양일대로 강제 이주시켜 버렸다. 이때부터 발해는 역사 속에 묻히게 되었다가 청나라 초기에 다시 발견되고 청조 말년에 사학가들의 확인을 거쳐 오늘에 다시 태어나게 된 것이다. 그러나 이러한 세월 속에 우리 민족은 만주족화 되었거나 또다시 한족들에 융합되어 큰 줄기를 잃게 되었는데 동서고금 상살相殺정치의 결과라는 한편의 드라마를 보는 듯 하다.

그렇다 하더라도 현실을 뒤집으면 역사요, 넘기면 미래라 할진데 지난 옛 터전에 새로운 역사가 시작된다면 우리민족의 미래도 가능성이 있지 않을까? 땅가름의 역사라야 하늘이 정해 주는 것도 아닐 바에야 언제나 변할 수 있듯이 말이다.

····도시와 생활상

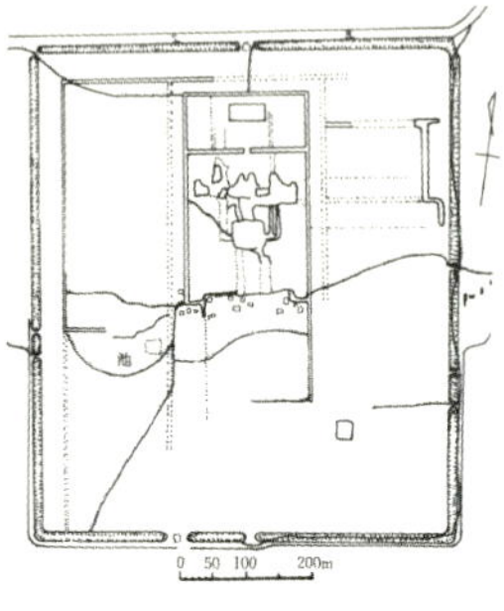

_서고성

2000년 6월말 연길시延吉市 도시계획국의 용역업무도 정리되어 가자 마지막으로 화룡和龍 근처의 발해유적을 찾기로 하였다. 이곳을 찾다보면 모아산帽兒山고개를 넘게되는데 언제나 처음 찾았던 1990년도 여름이 생각나게 된다. 정상에 오르기까지 선구자의 노래를 부르며 해란강을 바라보았을 때의 그 감격 그 울먹임이 이제는 추억이 되어가고 있다. 그래도 용정龍井시와 화룡和龍시 경계언덕에서 서쪽으로 펼쳐진 두도頭道평야의 드넓은 논과 조선족의 초가 마을을 지나칠 때면 아직도 남다른 눈길은 남아 있었다. 해란강 줄기를 따라 동서길이 30km, 폭이 10km에 이르는 이곳의 광활함은 발해초기 고구려의 옛 고장을 확보하기 위한 양식과 사료 공급의 후방기지로서 연길시의 부르하통하 유역과 목단강 상류지역을 꼽을 정도였다니 더욱 그러하다.

이곳은 특히, 로주의 벼盧州之稻라 할 정도로 벼가 많이 산출되었고 질 좋은 쌀로 유명했던 곳이니 당시부터 쌀 농사를 짓던 그 민족이 아직도 끊을 수 없는 땅과의 인연을 생각하노라면 새삼 감회에 젖게 된다. 이러기를 매번 유의 깊게 살피지 않으면 서성향西城鄉 북고성촌北古城村을 지나치게 되는데, 이렇게 두도 평야를 거쳐 백두산으로 가는 공로상을 달리다 보면 요나라 이후

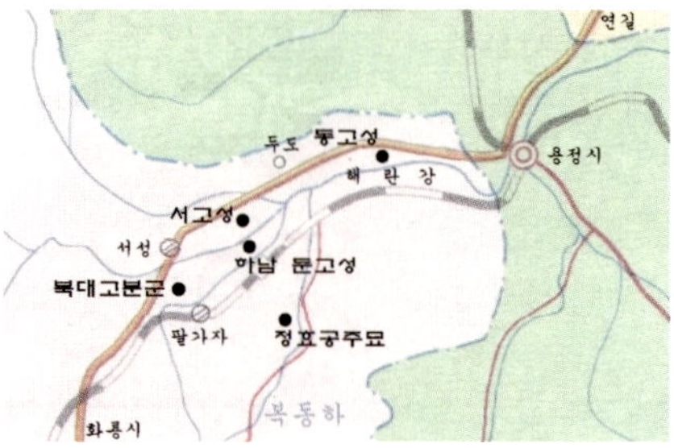

_서고성 주변

의 성인 동고성東固城과 공로 바로 옆의 낮은 언덕을 지나쳐 자주 와룡촌臥龍村 임도林道에 이르게 된다. 서성향의 이 낮은 언덕이 발해 중경中京 서고성西古城의 북쪽 외성으로서 논두렁이나 사람이 다니는 뚝으로 변해버렸다. 직사각형으로 이루어진 외성은 흙으로 쌓았고 전체 길이는 약 2.7㎞로 북쪽 도로변 성벽에는 가로수가 심겨져 있으며 북문터였던 입구에는 한글과 중문으로 안내된 돌 표지석이 2개 세워져 있다. 성안은 모두 논으로 변해 버렸는데 내성이 있던 자리에만 20여 채의 조선족 마을이 자리잡고 있다.

발해의 중경터가 어디인가에 그 동안 논란이 분분하다. 1980년 이곳에서 가까운 룡수향龍水鄕 룡해천龍海川에서 발해 3대 문왕 대흠무文王大欽武의 넷째 딸 정효공주貞孝公主의 묘가 발견되어 이곳이 중경 현덕부中京顯德府였을 것으로 의견이 모아지게 된 것이다. 기원 742년 구국의 수도에서 천도해와 755년 상경上京으로 이주하기까지의 도읍지였다가 그 후에는 당나라 장안長安으로 가는 길목의 교통요지이기도 한 곳이었다.

규모는 상경용천부上京龍泉府(흑룡강성 영안시 발해진)보다는 훨씬 작지만 '태백산의 동북을 확보하다保太白山之東北' 라는 기재를 근거로 이곳 현주顯州 지역은 "발해초기의 첫 수도가 아니었겠냐" 라고 할 정도로 매우 중요한 전략요충지였던 것이다.

그러나 성 복원도의 조감도를 보노라면 한달 전에 답사했던 상경성과는 비교할 수 없는, 우리 나라의 옛 읍성 정도의 크기였다. 상경성의 규모는 외성, 내성, 궁성 등 3중성으로 지어졌고 궁전을 중심으로 하여 동궁과 서궁이 배치되었으며 궁성과 내성의 동쪽 사이에는 어화원御花園도 있었다. 내성에는 관서 등이 있었고 외성 내에는 주작대로朱雀大路를 중심축으로 하여 동·서반구로 나누어져 리방제里方制가 엄밀하게 구분되기도 하였다.

외성의 둘레는 16,296.5m이고 내성의 총길이는 4,416m이며 궁성의 둘레는 2,680m로서 성안에는 11갈래의 큰길이 있고, 성문도 10개나 되었다. 중앙의 큰 거리는 너비가 무려 110m에 이르렀으니 당시의 장안(현재의 西安)거리만 하여 번화함의 정

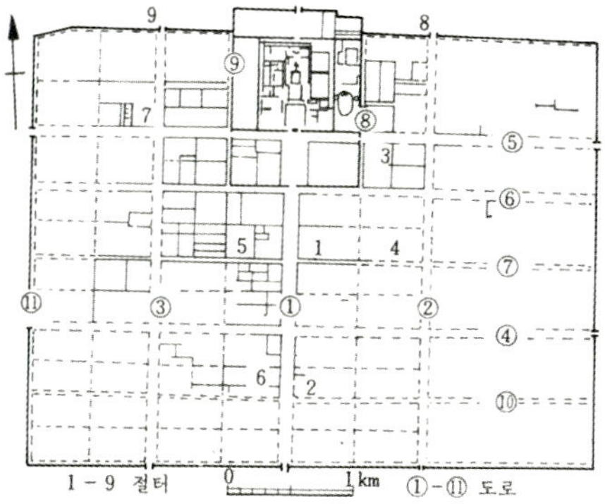

_ 상경성

도는 상상하기 어렵지 않게 된다. 특히 궁성구역에는 하나의 축선에 규모가 웅장한 궁전 터가 다섯이나 되었고 건축물은 주로 현무암으로 쌓아 지금까지도 2~3m의 높이로 남아 있었다. 북쪽과 동쪽 그리고 3곳은 금원禁苑으로서 안에는 정자, 못, 그리고 인공산이 조성되기도 하였다.

총 면적은 장안보다 작았으나 당시 일본의 나라奈良와 헤이안平安시대의 수도였던 헤이즈교平城京, 헤이안교平安京와 비교하면 동아시아에서는 두 번째로 큰 도시로서 당시 해동성국의 면모를 실감하게 된다. 이에 비한다면 발해 초기의 도읍지이긴 하여도 이곳 서고성인 중경의 규모는 매우 허술하게 비쳐질 수밖에 없었다. 조감도상의 배치를 보면, 궁성 내부 중심축의 궁전을 중심으로 동궁과 서궁이 분리되었고 내성 좌, 우변에는 관서 등이 있었던 듯하고 남서쪽 모퉁이에 못과 정자, 그리고 남동쪽에는 인공산과 숲으로 이루어져 있다.

현재 남아있는 조선족 마을에는 한족이 한 가구도 없다는데, 부락민의 설명으로는 한족들이 들어와 살다보면 멀쩡하게 살아나가지 못한다 한다. 듣기 좋은 이야기로 흘리면서 이번에는 정효공주貞孝公主묘를 찾아 해란강 남쪽 팔가자八家子로 향하였다. 기차역이 있는 곳으로 역전에서 동쪽인 좌측 길로 접어들자 용수龍水마을을 지나 복동하福東河를 건너게 된다. 같이 간 조선족 청년의 안내로 물어물어 찾았는데 마침 냇가에서 빨래를 하던 한족 처녀의 무심한 손길 방향을 바라보니 소나무 몇 주가 보이는 용두산龍頭山 줄기의 낮은 구릉이 정효공주의 묘터라 한다. 산자락 밑에는 한족들의 어수선한 농가가 있었고 한창 벽돌을 굽기 위한 작업에 여념들이 없었다.

『발해사 연구2渤海史 硏究2(연변대학 출판사)』의 비문에 관한 논문 중 '염곡의 서쪽언덕染谷之西原' 이라 하였고, '하수지반, 단산지변河水之畔, 斷山之邊' 이라 하였듯이 언덕위 산을 깎아 2000㎡ 정도 되는 평지에 공주의 묘는 자리잡고 있었다. 근처에는 10여기 정도 도굴된 발해고분들이 있었고 공주 묘자리 바로 위에는 무덤을 보호하기 위한 가건물이 세워져 있어 내부는 살펴볼 수가 없었다.

몇 년 전까지만 하여도 아랫마을에서 열쇠를 관리하였다 하는데 너무도 중요한 유물자료라 화룡시에서 함부로 공개하지 않는다 한다. 벌써 몇 년째라하니 관련국간의 복잡한 논란을 피하려는 뜻이겠고, 당초 무덤 위에는 벽돌로 쌓은 탑이 있었다 한다.

주변의 넓은 대지에는 담배를 재배하고 있었으며 아래의 복동하 건너 동북쪽으로는 완만한 산들이 겹겹이 이어지고 있었다. 문화 혁명 당시 하방下放되었던 학생이 소꼴을 먹이러 왔다가 우연히 탑을 발견하고 후에 연변박물관에서 무덤터로 확인하게 되었다 한다. 이로 보아 당시 크게 부흥하던 불교식 장례를 치룬, 돈화 육정산 밑 정혜공주의 동생이고 3대 문왕文王의 넷째 딸이기도 하다. 무덤입구에서 발견되었다는 묘비문에 의하면 이들 자매는 모두 출가하여 정혜공주는 아들을, 정효공주는 딸 하나씩을 두었으나 모두 일찍 죽었고, 남편들 마저 먼저 사망하였다하니 참으로 비운의 여인들이기도 하다. 정혜공주는 40세인 777년에, 정효공주는 36세인 792년에 사망하였는데 한창 젊은 나이에다 부왕이 살아있을 때였으니 이 또한 얼마나 박복한 임금이었던가! 아마도 선왕 때 국토를 넓히는 과정에 있었던 무수한 전쟁의 업보인 듯 "정사를 보지 못하였고, 잠을 이루지 못하였다"라는 애통함이 비문에도 잘 나타나 있었다.

여하튼 정혜공주의 묘비와 함께 발해사람들이 남긴 유일한 기록으로 발해연구의 더없는 귀중한 이 자료는 현재 연길시 연변박물관에 진열되어 있다. 무덤 내부에는 고구려에서 빌린 수법과 당나라적인 양식을 따르고 있다하는데, 벽화로 나타난 12명의 발해인들은 무사武士, 시위侍衛, 내시內侍, 악사 등으로 공주의 생활단면들을 보여주게 된다.

"소루에서 퉁소를 불때면 그 곡조는 마치 한 쌍의 봉황새가 노래하는 듯 하고 경대와 마주서서 춤을 출 때면 거울속에 비친 그림자가 마치 한 쌍의 란조새와도 같았다."

"몸에단 패옥은 잘랑잘랑 소리를 내었고 의복단장을 더욱 소중히 여겼다."

몸종에 둘러싸이고 악사들이 노래를 연주하며 시종들이 지팡이를 들고 일산日傘을 받쳐들어 햇빛을 가려주고 있는 벽화속의 그림들과 함께 비문의 내용을 상상한다면 당시의 생활상을 가히 짐작할 수 있을 것이다.

····· 불교와 무덤

두만강변의 팔련성八連城은 1999년 가을 두만강 7백리 길의 조선족 마을들을 답사할 때 잠시 들렀었다. 당시 훈춘琿春시 경신향敬信鄉의 회룡촌回龍村과 벌둥촌을 들러 어둠이 깔릴 무렵에서야 서둘러 보았던 곳이다. 성은 훈춘시가에서 서쪽으로 6km 떨어진 훈춘

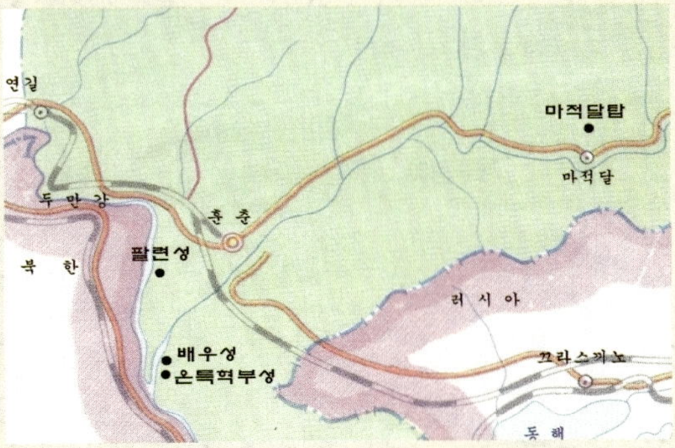

_ 훈춘 주변

하琿春河가 만든 충적평야의 한가운데 있었다. 주변은 모두 경작지였고 서쪽 2.5km에는 남쪽으로 흐르는 두만강이 석양에 반사되고 있어 매우 감상적인 풍경이기도 하였다. 이 성 역시 토성으로서 정사각형에 가까우며 외성과 내성으로 이루어져 있는데 둘레의 길이는 2,894m, 성 밖에는 해자의 흔적이 있고 성의 형태는 상경성의 내성과 화룡의 서고성과 비슷하였다.

이는 실측되었던 도면에서의 설명이고, 현장에는 한 모퉁이에 안내석이 서 있을 뿐 어디가 성터인지 구분하기 힘들게 변해있었다. 성벽터였을 둔덕 따라 미루나무가 열식되어 있어 그나마 성벽으로 어림잡을 수 있었고, 약간 높은 곳 부근에 주춧돌이 뒹굴고 있어 건물자리로나 추측할 따름이었다. 그러나 이곳이 문왕의 통치 말년인 785년 상경성으로부터 옮겨와 794년 다시 용천부龍泉府로 천도하기까지 10년 동안 발해의 중심지였던 동경용원부東京龍原府인 것이다.

『신당서新唐書』 발해전에 따르면, '발해 동경은 예맥족의 옛 땅에 두어졌고 일명 책성부柵城府'라 하였다. 『삼국사기』에는 고구려 태조왕 46년(기원 98년) 3월에 '왕이 책성을 순시하며 연회를 베풀었다' 하였고, 『위서魏書』 고구려전에는 '고구려 땅이 동쪽으로 책성에 이른다' 하였다.

당시에는 단지 목책木柵을 설치하였기에 이렇게 불렸겠지만, 발해영토가 된 뒤에도 책성부란 이름으로 이어졌던 것이다. 이와같은 고구려적 요소가 강하게 남아 불교 유적에서도 발해불교와 구분되기도 한다. 도읍지로 이용되기 전후에는 대외 교통로의 요지로서 한반도 동해안을 따라 개설된 신라도新羅道의 교류 시점이었고, 현재 러시아령인 연해주의 끄라스끼노로 나가 염주성鹽州城에서 배를 타고 일본으로 향하기도 했었다.

이러한 팔련성 주변 남쪽으로 5km 떨어진 삼가자향三家子鄕에는 고성촌古城村이 두만강변에 남아있고, 고성 북쪽으로는 요, 금대의 배우성裵優城과 온특혁부성이 자매성姉妹城으로 붙어있다.

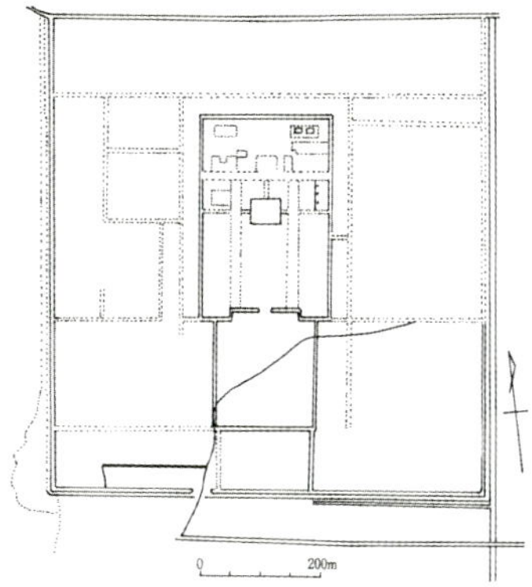

_팔련성

다시 훈춘시로 나와 동쪽의 훈춘강을 거슬러 올라 마적달향馬適達鄕에 이르면 산 중턱에 탑자리가 하나 나온다. 훈춘현지琿春縣誌에 의하면 탑은 원래 7층이었는데 1921년에 무너졌고, 1973년 6월, 이 유적을 발굴한 결과 탑밑 지하에서 화룡 용두산의 정효공주무덤 양식과 동일한 묘가 나왔다 한다.

즉, 부처나 승려의 사리를 봉안하기 위한 탑이 아니라 당시 어느 고위급 왕실의 무덤으로 추정하고 있는 것이다. 이렇게 중경과 동경의 주변에서 불교의 흔적이 발견되고 특히 상경성 내에서까지 사원이 많이 섰다는 것은 당시 상경성이 불교문화의 중심지로서 발해국 내에서 불교의 중요성을 설명하는 것이다.

발해에서 불교가 광범위하게 성행한 것은 문왕 대흠무 때부터이고 대흠무는 재위 57년간 당조唐朝와의 관계를 밀접하게 하며 무측천武則天과 같이 자기를 최고의 권위가 있는 불법佛法의 수호자로 자칭한 듯하다. 이는 불교를 이용하여 자기들의 통치를 공고히 하고자 함이었고 국민들 역시 국토확장 과정의 각종 전쟁피해와 황실 역사力事에 시달림을 잊고자 내세來世에 대한 희망으로 종교에 의존하려 했던 것이다.

한편 백제 무령왕능에서도 3년장을 치뤘고, 정혜공주묘도 죽은지 3년만에 고구려의 장제를 따른 것으로 보아 무덤의 구조양식과 함께 우리민족의 문화습관을 이어받았음을 엿보이게 된다. 즉 고구려식 돌방무덤石室封土墓양식은 정혜, 정효공주묘와 같이 무덤안에는 사면으로 돌을 쌓아 방을 만들었는데 천정은 고구려 무덤의 특징인 각을 줄여 쌓는 고임천정抹角天井등으로 발해 왕실의 건국 초기에는 고구려 전통을 강하게 보여주고 있는 것이다. 그뿐 아니라 최근에 새로 발견되었다는 상경성의 삼릉三陵 1호 묘도 역시 이들과 같은 구조라 하니 1994년도에 들렀던 압록강변 고구려 고분군의 석실 분위기가 떠오르게 된다.

앞서 성의 규모를 밝힌 바와 같이 그에 따른 도시경관 역시 번성했던 대제국의 면모를 갖춘 듯하다. 중국학자들의 연구를 빌린다면, 임금이 살던 궁성과 관청이 있던 황성皇城 밖에는 일반인들이 살던 지역으로 정사각형 또는 직사각형의 방坊으로 구획되었는데 최근 경주에서도 그러한 구획이 확인된 바 있다. 그 중 상경 용천부 안에는 금원을 만들어 놓고 정자, 대각台閣을 세웠을 뿐 아니라 궁성 밖에도 화초를 많이 심어 매우 화려했었던 것 같다.

장분張賁이란 사람이 쓴 『동경기東京記』에 '성서남쪽 10여리 되는 곳에 긴 시냇물이 있는데 마름, 연꽃, 납가새가 자란다. 여름과 가을이 서로 바뀔 때면 연꽃이 몇 십리에 붉게 덮이는데 마치 아름다운 비단과 같이 찬란하고 물총새와 물오리들이 날아든다' 하였다.

또한 『읍종동순일록邑從東巡日錄』에는 '큰 성을 나와 서쪽으로 가노라면 더욱 생신 감을 주는 연꽃들이 구불구불 아득히 뻗었는데 그 끝을 볼 수 없고 작은 섬에는 정자의 유적이 있다' 라고 당시의 성밖 분위기를 기록하고 있다.

_ 연변지방은 조선족에 의한 논농사가 전통적으로 이어져왔다

이러한 것들은 확실히 발해사람들의 아름다운 정취가 응집된 표현이라 할 수 있는데 이와 같은 습관은 일반 평민들에게도 영향을 주었을 것이다. 『거란국지』에는 '발해는 천조天朝와 한이 있고 금인(金나라 사람)이 성을 쳐부수게 되어 피난가게 되자 그곳 사람들은 아주 원통스러워 하였다. 부유한 집들은 2백년 남짓 편안히 살았는데 도처에 화원과 못을 만들고 모란꽃을 심어놓았다' 라고 하였으니 이 또한 그들의 화려하고 평화스러웠던 도시의 모습을 연상케 한다.

그러나 성 밖 일반인들의 거주 환경은 매우 열악했던 것 같다. 『발해국지渤海國誌』의 기재에 의하면 '흑수말갈은 집이 없이 산과 물에 의거하여 땅을 파고 굴을 만든 후 위에 나무를 엎어 놓고 흙을 덮었는데 그 모양이 마치 무덤 같았다' , 『위서魏書』에는 '그들은 담을 쌓고 굴속에서 살았는데 집모양이 무덤과 같았으며 위에 구멍을 뚫고 사다리로 출입하였다.'

이로 미루어 이 시기의 거주 습관은 여전히 선사시대 이래의 전통적인 움집형태로서 오늘날 연변지역에서의 조선족 김치굴이나 산간지대의 반지하 움집과 같았을 것이다. 이는 북방 기후에 대비한 것으로서 출입문의 방향도 모두 산쪽 방향이었다는 기록으로 보아 방풍을 함께 고려한 듯 한다. 그러나 지상에 설치된 가옥에는 온돌을 놓았다 하는데 상경용천부의 옛터에서 발굴을 통하여 증명되고 있다. 초기에는 그들도 화덕으로 난방을 하다 후기 들어 온돌장치로 발전하였으나 전면적인 온돌난방은 아니었던 것 같다. 중국에서는 이를 흔히 캉亢이라 하고 신영훈 선생은 '쪽구들' 이라 부르는데 오늘날 동북삼성의 한족들 주거나 연변 조선족 도시 아파트에서도 쉽게 보게 된다. 이로 보아 당시에는 온돌 생활에 의한 좌식 습관보다는 입식생활이 일반적이었을 것이고, 주거의 위치도 말갈족과는 달리 산 위에서 산기슭을 찾게된 것 같다. 가옥의 면적은 지상가옥의 경우 12~28㎡이었다가 후기에는 50㎡에 이르고 반지하식 가옥은 이보다 작았다 한다(송기호, 『발해를 다시 본다』, 주류성, 1999).

발해의 음식문화에 대한 기록에 의하면 그들은 인삼과 잣을 채집하였으며 소나 개, 사슴을 가두어 길렀고 벼를 재배하였음을 보여준다. 또한 농산물로서 조와 밀 그리고 기장과 아욱葵을 재배하였다 한다. 과실을 먹는 습관으로 보아 인공재배로 들어섰고 집안현

鞳安縣 오얏을 재배하였다는 기록도 있다. 해산물로는 동해바다와 접해 있었기 때문에 남해부南海府의 다시마를 비롯하여 게, 문어, 고래눈알 등이 유명하였다 한다. 특히 발해의 게는 붉은색으로 크기가 큰그릇만 하였고, 집게발이 크고 두터웠다 한다.

그러고 보면 그 동안 연길시에서 먹어보았던 게요리가 전부 붉은 털게였음이 새삼 떠오르고 문어와 낙지, 오징어, 쭈꾸미를 구분 못하고 일괄해서 "낙지"라 부르는 것도 이해할 만하다. 그 중 발해 사람들의 습관중에서 특히 눈 여겨 볼만한 것은 '책성의 장柵城之醬' 이란 기록이 있다.

_ 앞 복동하 건너 용산 줄기 자락 중턱에 정효공주 무덤 위치가 보인다

『본초강목本草綱目』에는 장을 담그는 방법이 자세히 설명되는데 밀기울 된장, 오이 장아찌, 콩으로 만든 장 등, 여러 가지가 있었는데 싱거운 것과 짠장 두 가지로 나뉘었다. 이로 미루어 발해에는 풍부한 자연산림 산물이 있었고 고기잡이와 사냥 또는 가축에 의한 육식, 여러 가지 과일과 곡류, 채소 및 발효식으로서의 장이란 조미료를 사용했음을 알 수 있다.

또한 음력 5월 5일에는 임금과 신하들이 주연을 차리고 쑥떡을 먹었으며 쌀로 빚은 술을 마시기도 하였다 한다. 아울러 발해인들이 입었던 복식 습관을 본다면, 우선 정효공주 무덤 안 벽화를 들게 된다. 그림 속의 12명중 어떤 사람은 머리에 두건을 썼고 띠를 동였으며, 몸에는 둥근 깃에 여러 가지 색바탕의 꽃잎무늬가 있는 두루마기를 입었고 허리에 혁대를 띠었으며 발에는 검은 가죽장화와 미투리麻鞋를 신고 있었다. 관료들은 지위에 따라 가지색의 상아홀과 금어대를, 비색緋色에 상아홀과 은어대를, 연한 비색과 녹색에 나무홀笏을 사용케 하여 구분하였다. 재미있는 것은 대부분의 허리띠 꾸미개銙板에는 많은 구멍이 뚫어져 있는데 이는 한족들과 구분되는 발해인 특유의 것이다. 그러나 이것은 당시 중앙아시아 유목민들의 생활습관으로서 다양한 기능을 갖는 현대식 전투복 허리띠의 원조가 아니었겠나 생각된다.

여성들은 비녀나 뒤꽂이를 꽂고 심지어 빗까지도 장식으로 삼았다. 팔지, 반지나 귀걸이, 구슬 등으로 치장하였고 거울을 사용하였다 하는데, 이들은 상층계급에 속하였고 일반인들은 토스레 옷을 입고 가죽 모자를 썼으며 부녀자들은 머리에 두건을 썼다. 그 중 말갈 사람들이 입던 복식은 돼지가죽뿐 아니라 수렵에 의한 짐승 가죽들도 옷감으로 사용되었는데 특히 담비가죽이 애용되었다. 담비가죽은 당나라나 일본에 자주 보낼 정도였고, 지금도 만주의 3대 특산물의 하나로 꼽히고 있다.

생산력의 발전에 따라 이들도 식물 섬유로 천을 짜게 되었고 생산된 옷감으로는 마포麻胞, 면포綿布, 명주明紬가 유명하였다 한다. 여하튼 이러한 모습은 여진족의 모습을 연상케 되는데 60~70년 전 까지만 하여도 이들은 백두산에서 수렵생활을 하였다 한다.

이 글을 쓰면서 새삼 주저되는 것은 발해가 과연 오늘날 우리에게 무슨 의미가 있을까였다. 하루가 다르게 변모되는 정보사회에서 이렇게 진부한 이야기들이 과연 무엇을 얻을 수 있는가에 회의를 느끼게도 된다. 하물며 현재 우리의 국토도 아닌 지난날을 더듬기 위하여 그렇게 기氣를 쓰고 다녀야만 했던가에 평소 가까운 분들의 염려를 심각하게 공감하기도 했었고, 이상한 시각으로 오해를 하던 정부기관도 없지 않았었다. 그때마다 헤아릴 수 없이 오르던 백두산의 자연경관에 매료되었노라 해명할 수도

_ 중국 어디에서건 조선족의 마을은 감동적이었지만 이곳 흑룡강성 경박호 주변의 조선족 마을은 우리민족의 이상향이었다

없었고, 끝도 없이 펼쳐지는 만주벌판이 굳이 우리의 옛 땅이었다는 감회感懷만을 강조하고 싶지도 않았었다.

그런데 1990년대 초 어느 해인가 여름, 연길에서 장춘까지의 공로를 차가운 새벽달을 바라보며 밤새 달렸을 때 우리의 미래에 대한 빌미를 찾아야겠다는 생각이 문득 떠오른 일이 있었다. 그 후 지난 해(2000년 6월) 흑룡강성 경박호 주변 폭포촌의 조선족 마을에서까지도 이러한 생각은 내내 이어지고 있었다. 동네 주변 이발소의 그림과 같은 강가 석양 무렵의 풍경에서 우리 민족의 이상향理想鄕을 확인하는 즐거움도 있었고, 그 속에 살고있는 "조치원 할머니", "속초 할아버지"들에 연민의 정을 떨칠 수가 없었어도 필자의 머릿속에서는 그들의 이동경로를 따른 우리민족의 새로운 꿈은 더욱 지울 수가 없었다.

비록 필자가 역사에 대한 얕은 지식과 민족 장래에 대한 지표에 지척거림이 된다 하더라도 우리 민족이 꿈꾸어 왔던 곳이 그곳이었고 이루지 못한 꿈을 다시 세울 수 있는 곳이 그곳 뿐이라 확신되었기에 그저 잊혀진 역사의 땅으로만 흘릴 수는 없었던 것이다. 그렇다고 자라나는 우리 다음세대에게만 꿈을 주는 곳이 아니라, 오늘날 부지런히 왕래하는 기업인, 희망 없는 정치꾼들에게도 현실적인 내일을 기대할 수 있는 곳이라 확인하고 싶었기 때문이었다. 더더구나 그 곳 발해는 우리 민족만으로 이루어진 국가가 아니었다는데 특별한 빌미가 될 수 있고, 역사란 현재 영토권의 연고와도 관련되어 진다면 우리도 한때는 다른 민족과 함께 국가를 이루었음이 중요한 단서가 될 수 있을 것이다.

결론적으로 중국이 현재의 자국영토 안에서 벌어졌던 지난 역사가 모두 중국의 역사였다는 논리를 세우듯, 우리도 우리의 역사가 될 때까지 준비를 하여야 할 것이다. 그러한 의미에서 발해의 역사와 발해의 땅에 관심을 가져야 한다는 염원이었고 그것이 바로 오늘의 연변이고 우리의 조선족이었기 때문이다.

그래서 그들이 비록 우리와 잠시 헤어졌었다 하더라도,
그리고 그곳이 비록 이민족에 잠시 오염되었다 하더라도,
우리와 결코 함께 할 운명이라면 우리인들 역시 천년은 못 기다릴 것인가.

····연변延邊지역의 발해 유적들

현재의 연변지역은 발해국渤海國이 건립되기 이전에는 고구려에 부속된 백산말갈인白山靺鞨人이 살던 곳으로 발해渤海초 한족漢族에 대항하기 위한 후방기지로서의 역할이 컸던 곳이다. 이 지역을 중심으로 국토를 확장하였으며 외국과 교류의 시발점이기도 하였던 것이다. 즉 구국이나 상경성上京城 또는 동경성東京城에서 외국으로 출입할 때에는 거란로契丹道만 제외하고는 모두 연변지방을 거쳐야 하는 중심적 위치에 있었던 것이다.

특히 광대한 지역을 통치하기 위하여 5경京, 15부府, 62주州, 100여 개의 현縣을 설치하였던 바, 그중 벼의 생산으로 유명한 로주盧州는 중경현덕부中京顯德府 즉, 화룡현 서고성西古城 동북방향 100여리 되는 곳이라 하였으니 현재 연길시 홍안향 북대고성北大古城으로 인정하고 있다.

연길시를 남북으로 흐르는 부르하통하에서 구도심을 동서로 나누고 있는 연집하烟集河 동안東岸의 강골평야에 자리잡고 있는데 유약기와의 출토로 보아 건축물이 많았음을 증명하고 있다. 모아산 봉화대와 같은 당시의 군사연락체계를 이루고 있었으며 하천변의 대지에서는 지금도 질 좋은 쌀이 생산되고 있다. 로주의 속현에는 백암白岩현이 있었던 바 현재 연집하 경내에 있는 대암고성大岩古城이 로주 백암현의 현 소재지일 것이라는 근거로 북대고성을 당시의 주일급이었던 로주로 추정하고 있는 것이다.

발해의 불교 역시 관할지역내에 많이 집중되어 있는데 정치, 경제, 문화와 함께 불교활동이 매우 성행하였음을 설명하고 북부지역에서는 그러하지 못하였음을 증명한다. 불탑도 적지 않았는데 소개하였던 정효공주묘탑, 마적달 무덤탑, 그리고 지금의 길림성 장백현長白縣(백두산 서쪽 밑 압록강 상류)에 있는 영광탑이다.

지금까지 원형이 남아 있는 것은 영광탑인데 아직 근처에 있을 사찰터를 발견하지 못하였다. 사원내에 세워진 탑, 탑터로 인정되는 곳은 훈춘시 팔련성 동남탑터 등 8곳이 있다.

_ 조선족 전통주거의 내부공간으로, 들어서면 "바당" 이고 위에는 정지간이다. 가마솥이 걸려있고 푸른색의 마루밑이 아궁이다. 오른쪽 벽 너머에는 우사간과 창고였으나 지금은 많이 변조되었다

발해 멸망후 재웅栽雄이란 스님을 필두로 60여명이 집단으로 고려에 귀화하였다는 사실로 보아 승려 역시 많았음을 짐작할 수 있으며, 통치계급의 중요한 계층이 되었을 뿐 아니라 외국사절단의 일원으로 정치에도 참여하는 중요한 역할을 하였을 것이다. 특히 발해 왕실귀족들은 명산名山의 '상길지지上吉之地' 에 무덤을 선택하였고 주로 탑을 중심으로 한 재래의 '1탑 3금당' 의 불교건축 규제에서 벗어남을 볼 수 있게된다.

이상과 같이 오늘의 연변지역은 발해 당시의 도읍지를 중심으로 정치, 경제, 교통, 종교 등 모든 국가문화의 보고였음을 파악할 수 있었고 지난 영화榮華의 중심지였음을 재삼 인식하게 된다. 그러나 그러한 발해는 없어졌다. 역사란 언제나 승자의 것이기에 패자에게는 역사마저 없다. 그러나 놀랍게도 천여 년이 지난 그 자리에 당시의 그 민족이 다시 자리를 잡아가고 있다. 과연 이것이 우연이라 할 수 있을까…….

현재의 한반도로 우리민족이 들어오기 전까지는 중국의 동북지역에 고조선, 고구려, 발해 등 고대국가를 세웠거나, 중원지방의 동쪽인 연해지방에도 신라방과 발해관이 세워졌었음은 주지의 사실이다. 수많은 역사문헌 중에도 료遼, 금金, 명明, 원元 등 어느 시기에나 적지 않은 우리민족은 지금의 동북삼성에 살고 있었음을 기록하고 있다. 특히 명나라 때 요동지구에는 그곳 전체인구의 3/10까지 차지하였다 하는데 서徐, 문文, 박朴, 백白, 김金, 최崔씨 성을 가진 사람들이었다 한다.

그러나 오늘의 중국 조선족들은 그들의 후손들이 아니다. 고구려 사람들은 기원4세기 평양으로 수도를 옮길 때 대부분이 남으로 이동했으며 발해 유민들도 세자世子이하 10여만 명이 투항하여 왔으나 대부분의 사람들은 요동으로 강제 이주 후 현지인에 동화되어 버렸다. 오늘날 그 흔적을 찾아볼 수 없게된 가장 큰 이유는, 역사적 환경으로 자기의 언어와 문자를 후세들에게 물려주지 못한데 있었다.

_ 연변 안도현의 전형적인 조선족 마을이다. 안동 김씨, 전주 이씨만 기억하고 고향을 잊어가는 사람들이 살아가고 있다

중국의 55개 소수민족중 장족藏族, 몽골족, 위글족維吾爾族, 카자흐족哈薩剋族의 언어 문자와 함께 우리 한글은 5대관용 소수민족 문자로 인정받고 있다. 그러나 청나라의 근본을 이루었던 만주족은 한족에게 주도권을 넘긴지 100년이 못 되었으나 말과 글을 잊고 한족으로 동화되어 가는 것만 보아도 민족의 정체성으로 말과 글의 중요성을 인식할 수 있게된다. 물론 중국의 민족정책에는 고유의 민족성을 보존할 기회가 법적으로 보장되어 있다하더라도 일정한 면적의 집중된 집거구와 스스로의 자발적 민족교육의 유지가 필요한 것이다. 그러나 이민족과 생활하는 환경여건에서 민족교육을 견지한다는 것은 그리 쉬운 일은 아닐 것이다. 특히 시장경제가 발전하고 산아제한 정책이 강조되면서 일부 농촌지역에서는 조선족 부락이 없어지고 학생수가 급격히 감소되면서 부득이 민족학교들은 폐교되거나 합병되어야만 했다.

_ 세월이 흐르면서 생활가구들이 박물관에 수집되어 있다. 연변과학기술대학(총장 김진경 박사, 재미교포)의 복도에는 이렇게 흐트러질 유물들로 그득하다

당연히 국가나 사회단체의 후원 없이는 학교를 유지할 수 없게 되었고 교재 역시 부족하여 학생들의 과외 독서범위가 좁을 수밖에 없게 된다. 그뿐만 아니라 한족 학교에 다니는 학생보다 1000여 시간 중국어 학습의 부담을 안고 있는 이러한 현상은 대학교육에서도 그대로 나타나고 있다. 민족대학이라 자부하던 연변대학의 경우도 중국어로 강의를 하여야만 하고 총장 역시 대외 공식언어를 중국어로 하는 모습을 볼 때 과연 우리 민족의 미래가 어떻게 되어갈 지에 염려를 금할 수 없게 된다.

이처럼 민족어 사용을 포기해 버린 학생의 비율은 동북삼성 대도시의 청소년 총수의 60%를 초과하고 있다는 통계를 보게 된다. 다만 최근에 대학입학과 직책승급시험에 소수민족어로 응시할 수 있게 하였고, 특히 한국과의 경제, 문화교류가 빈번해지면서 한글의 사용범위가 넓어지고는 있다. 그리고 우리말 신문, 잡지, 방송국 등에서 '백일

장', '신춘문예' 같은 장려활동이 잦아지면서 다시금 민족기상이 나타나고 있음은 매우 다행스러운 현상이 아닐 수 없다. 이러한 그들에게 현실적으로 해결할 수 없는 또 다른 고통이 있다면 한반도에서의 정치적 상황들이다. 그들은 어찌되었건 중국의 소수민족이며 중국을 구성하고 있는 국민들이다. 그러나 한반도의 역사적, 혈연적 관계들로 영향을 받고 있으며 남 · 북한 못지 않게 고통과 슬픔을 안고 있는 사람들이다.

오랜 냉전기간동안 그들은 한국을 객관적으로 이해할 수 있는 기회가 없었고 태극기가 한국의 국기라는 사실조차 모르는 사람이 있을 정도로 정치적 제한을 받고 살아왔다. 그러나 선조의 뼈가 묻힌 곳은 고국이고 고향이기에 부득이 북한과 한국의 눈치도 보아야 하고 중국의 눈치 역시 살펴야 하는 그런 난감한 처지의 입장일 때를 종종 보게 된다. 그래서 그들대로의 한반도 통일문제에 생각이 없는 것이 아니라 가능한 간섭하거나 참여하려 하지 않으려는 신중함을 보이고 있을 뿐이다. 다만 남북 모두와 접촉할 수 있는 조건을 이용하여 될수록 민족의 화해와 상호신임을 촉진하는데 관심을 갖고 있으나 그 역시 쉽지만은 않은 것이다.

이러한 여건에서의 우리들은 그들의 입장을 이해하고 무리한 기대는 가급적 피하는 것이 그들을 돕는 일이고 우리의 정력과 시간의 낭비를 막는 일이 될 것이다. 그러면서도 그들이 중국의 조선족으로 남아 민족의 정체성만이 아니라 차지하고 있는 터전만이라도 유지할 수 있도록 지원하는 것이 한반도의 통일뿐만 아니라 미래의 우리 문화 영역 확대에도 밑거름이 될 수 있음에 기대하여야 할 것이다.

····어느 조선족 청년의 절규

연구파견교수로 중국에서의 생활도 끝나가게 되자 연길 공항을 이륙하게 되었다. 그 동안의 생활이 결코 편안하지만은 않았고 언제 다시 찾을지도 언약할 수 없는 피곤한 상태였지만 그 동안 여러 사람들의 따뜻한 정은 떨쳐버릴 수 없었다.

북경에 도착하자 북경식물원에서 마중을 나와 주었다. 중국여행 때마다 신세지는 기분이라 부담스럽기는 하였어도 청나라 황제의 사냥터였던 사합원四合院형식의 식물원 호텔은 언제나 찾아도 실증나지 않는 곳이었다. 단층 주거공간에 정원과 곁들인 전통

분위기는 특히 달빛에 둘러싸인 숲의 정취가 감상적이었는데 마침 도착하자 조선족 청년인 통역을 소개받게 되었다.

30대 초년의 흑룡강성 출신으로 경상도 어디에선가 할아버지 대에 건너와 중국의 동쪽 끝인 가목사佳木斯시 근처에서 성장하였다 한다. 다행히 서울의 K대학 대학원으로 유학이 결정되어 준비기간동안 필자와 만나게 되었다며 자기소개를 이어나갔다. 대학에서는 중국의 무역법을 전공하였기에 그 동안 상해시에서 한국기업인들에게 중국의 국내법을 컨설팅 하였다 한다. 한국에 대한 인상과 기대를 풀어놓기 시작하는데 매우 침착하고 논리적인 언변도 갖추고 있었다. 왜정 말기에 이주하여서인지 부모님들을 통한 민족정신과 정체성에 관심이 컸었고 특히 한국인을 상대하면서 한국의 장래에 민족의 미래를 기대하게 되었다 한다. 올림픽을 통하여 '남조선' 을 인식하게 되었고, 중국으로 진출한 도전적인 '한국인' 에 매료되어 동족으로서의 자긍심도 갖게 되었다 한다.

어렸을 적 할아버지로부터 들었던 왜놈들에 의한 나라 잃은 설움과 중국해방 이후 부모님으로부터 들었던 공산혁명과정의 소용돌이 속에서의 수난, 문화혁명때 소수민족으로서의 조선족이 겪었던 모진 박해를 견디면서도 그들은 오직 '조국' 에 대한 막연한 기대만으로 살아왔다고 한다. 그나마 연해주의 동포들을 중앙아시아 사막으로 강제이주 시켰던 구 소련과 같지 않음에 중국공산당에 감사하면서 동토凍土의 땅을 지켜왔었고, 그러면서도 언젠가 돌아갈 수 있다는 희망 하나만으로 북한을 바라보았으나 자국인 마저 코를 꿰어 끌고 가는 비참한 현실에서 이제 우리들은 돌아갈 곳마저 잃은 절망상태였었다고 한다.

이러한 때에 한국인의 중국상륙은 해방군과 같았고 그들도 '한국인' 이 되어 당당하게 고국 땅을 밟을 수 있으리라 기대하게 되었다 한다. 그러나 몇년동안 한국인을 상대하면서 이제는 그것이 허상이었고 '한국' 은 '희망의 땅' 이 아니라 '기회의 땅' 도 될 수 없음을 절실하게 깨닫게 되었다 한다. 독백처럼 지난 과정을 차분하게 이어가던 청년은 이때부터 다소 흥분이 되는 듯 목소리가 높아지기 시작한다. 밤이슬이 내리는 적막한 숲 속의 호텔마당에서 조선족 청년의 절망은 울려 퍼지고 있었다. 자기는 그래도 무역법을 공부하였기에 자본주의의 경제논리를 이해할 수도 있고 부富를 앞세운 '건방진 자세' 와 '상대적 빈곤감' 도 견딜 수 있다고 한다. 그리고 연변의 어느 젊은 작가(김재국 저, 『한국은 없다』)가 쓴 과격한 표현도 역사의 단절에서 온 지나친 자격지심으로 넘기고 싶다 한다.

하지만, 오늘의 이익에만 눈이 어두워 전체를 보지 못하는 좁은 시야와 기나긴 세월동안의 민족의 흐름을 더듬어 볼 수 없는 무지한 역사관에 실망을 금할 수 없었다 한다. 몇 년동안 지켜보아도 하루도 거르지 않는 정쟁政爭, 개혁과 발전을 위한 개방적인 정쟁이라 하지만 한반도의 통일을 위한 진지한 논의가 하루라도 있었는가? 하물며 통일 후 민족의 통합을 위한 거시적 역사관이나 방향설정은 정립되었는가? 그렇지 않다면 지방 호족豪族들의 싸움인 드라마의 '왕건' 과 무엇이 다른가?(그들도 우리의 T.V드라마 시청이 가능함) 그렇다면 장선생은 견훤의 백성입니까 아니면 궁예의 사람입니까? 라는 분노에 찬 질문공세에 필자는 궁색한 답변마저 멈추고 말았다.

한마디로 그 기나긴 기다림의 시간과 앞으로 살아가야 할 그들의 망향가望鄕歌는 언제까지 만주벌판에서 헤매어야 하는 원망이었고 마지막 절규의 화살이기도 하였다. 오죽했으면 "만약 이제 전쟁이 다시 난다면 나는 총을 들고 선 참으로 한국 놈들을 쏴 죽이겠다(『한국은 없다』에서)." 라고 했을까? 이러한 표현은 물론 '한국병' 에 걸려있는 '노다지' 에 대한 그들의 좌절감이기도 하지만 조선족 사회의 밑바닥에 깔려있는 일반적인 감정이기도 하다. 다만 그 원통함과 한국에 대한 서운함을 안으로만 쌓아두고 오랜 세월 한족과 살면서 배웠거나 역사의 회오리를 겪으며 몸에 배어있던 습관적 인내의 한계일 것이리라.

어느 정도 털어놓았는지 그 젊은 청년은 잠잠해지고 할말을 잃은 필자 역시 오랜 시간, 참으로 묘한 인연의 시간만이 흘러가고 있었다. 이렇게 의사가 소통되는 같은 민족에게 누가 누구에게 어떠한 말이 위로가 될까….

지방호족도 못되어 패거리로 일삼는 이들이여!
외국 빚으로 허세를 부렸던 눈먼 상인들이여!
그들에게 시혜施惠를 베풀었다는 가난한 졸부들이여!
태극기를 앞세우고 만주벌판을 누볐다는 우매한 애국자들이여!
이제는 어떠한 짓거리로 그들을 또 난도질 할 것인가?

귀국하자마자 이 글을 이어가면서도 북경에서의 조선족 청년의 성난 독침은 몇 날을 두고서도 아물 줄을 몰랐다. 오히려 중국에서 받았던 우리 역사의 잔해에 대한 충격보다도 더 고통스러웠었다. 그러나 2년전 중국으로 떠날 때의 필자의 다짐도 소중했었고, 아직까지도 남아있는 우리 피붙이들의 몸부림도 역사의 상처라면 이들의 아픔도 함께 하여야 할 필연성에 필자의 마음은 더욱 무거워 지는것 같다.

_ 자치주의 수도 연길시의 시대광장이다. 10년 사이에 많이 변모되어 오늘의 생활상을 반영하고 있다

당초 이민족에 의한 처절했던 역사의 자괴감을 광활한 대지에서 자웅을 겨루었던 조상들의 호쾌함으로 메우려 떠났었지만, 발해 역시 망한 역사이기에 결과적으로 아픔의 현장만 전하게 되었다. 하지만 잊었던 상처를 일깨우는데 매우 보람있는 시간이었을 뿐만 아니라 오히려 중국인들의 전형적인 이이제이以夷制夷로 못 이룬 발해의 꿈을 다시 한번 이룰 수 있지 않을까 다짐하게도 된다. 즉, 발해가 망한 결정적인 요인은 거란의 침공이었지만 당나라로 망명한 왕자를 앞세워 국가 재건에 치명타를 주었다든지, 임진왜란 때 명나라의 지원장으로 우리 민족이었던 이여송을 앞장 세웠던 경우나, 한국전쟁때 중공군의 선두에는 동북삼성의 우리 민족이었다는 것은 그들의 전통적인 전술이었던 것이다.

오늘날 중국에 남아있는 55개 소수민족의 자치지구도 결국은 중원지방의 한족들을 보호하기 위한 하나의 방어책으로 다민족 국가를 표방하고 있는 그들 정책의 배면을 읽어볼 수 있게 된다. 다시 말하여 현재는 모자이크 또는 조각보와 같은 조화로 설명되지만 궁극적으로는 통일된 중화민국을 형성하는 도가니同和로서 역사학도 이러한 중국의 정책을 뒷받침하고 이론적 토대를 제공하고자 하는 것이다.

중국의 속담에 "원수에 대한 보복은 3대를 지나도 늦지 않는다"라는 말뜻속에는 청나라의 근본이었던 만주족은 종족 자체가 말살되어 가고 원나라를 세웠던 몽고족은 만리장성 너머 내몽고자치구로 외몽골의 통제로서 이해할 수 있을 것이다. 역사의 한때 실크로드新疆地區와 중국의 서쪽을 장악했던 티베트西藏地區는 자치권도 허용치 않고 있어 인접국가의 강,약에 따라 해당 소수민족의 존폐가 적절하게 조절되고 있음도 보게 된다. 하나의 한족이 전체 인구의 94%를 차지하고 있으면서 55개 소수민족이 전체 영토의 60%를 차지하고 있는 이러한 단순한 숫자는 무엇을 의미하는가. 티베트에서 일어나는 소수민족 분리운동을 용납하려 하지 않고, 신강지구의 이민족 감정이 예민하여지자 "한족들은 기차로 아이를 낳는다"라 할 정도 한족들을 대량 이주시켜 인구비례를 희석시키고 있는 것이다.

이를 본다면 중국의 조선족 역시 한반도의 정세와 한국인의 자세에 따라 운명을 달리할 수 있는 것이지 연변자치주의 의지나 동북삼성 조선족의 뜻대로 삶의 터전이 결정지울 수 없다는 것은 분명히 예측할 수 있을 것이다. 그렇다면 우리가 동북삼성에 남아있는 동족들에 대한 이해와 자세는 자명하여질 것이고 그 곳에 남아있는 우리의 역사유물에 대한 기본적인 접근자세도 분명해질 수 있을 것이다. 발해의 역사는 분명 우리의 것이라 하더라도 민족의 터전이 흔들린다면 우리의 유물은 의미가 약해질 것이고 흔적도 없는 곳에서의 발해의 꿈은 무산될 것이기 때문이다. 그렇다면 학문적으로도 감정을 내세우지 말고 조용하고 차분하게 자료를 확보할 수 있는 분위기를 조성하여야 할 것이고, 정부의 정책도 이러한 문화적 측면도 고려하여 지원해야 할 것이다. 유적유물이 훼손될 수 있는 사업대상지에서는 경제성만 따지지 말고 개발의 판단을 하여야 할 것이며 해외발굴과 조사 유물에 대한 보전체계를 착실하게 세워야 할 필요가 있다. 당장의 효과보다는 먼 미래를 내다보고 발해의 역사를 재발견하고 이를 실증하는 것만이 먼 훗날 우리의 후손들에게 발해의 역사를 우리의 것이라 할 수 있고 다시 뿌리를 내리고 있는 동북삼성의 동족들을 보호할 수 있는 지혜가 될 것이기 때문이다. 다시 강조하거니와 역사의 귀속문제로 영토적 연고권에 연계시킬 우憂를 범하느니 통일 이후의 상황을 염두에 두고 우리의 시간을 기다리자는 것이다.

최근의 그들은 평양으로 천도한 고구려의 멸망까지 모두 중국사에 속한다고 주장할 뿐 아니라 고조선, 부여에 대한 연구에서도 그러하며 북경의 역사박물관에 걸린 옛 지도에는 신라지역만 제외하고는 모두 중국의 영역으로 표시되어 있음을 보게 된다.

얼마전 중국에서 벌어졌던 한 · 중 축구경기에서 그들이 연패를 하자 함께 중계를 보던 북경의 한국 유학생들이 곤혹을 치룬 일이 벌어졌다. "대만을 접수하고 나면 다음은 한국 차례다." 젊은이들의 흥분된 화풀이지만 그들의 과민한 반응에 주시하여야 할 것이다. 준비하고 기다리는 것만이 조선족을 돕는 것이고, 그 길만이 발해를 다시 한번 태어나게 할 수 있는 것이며, 그 길만이 우리 민족이 새로운 해동성국으로 역사에 기록될 것이기 때문이다.

그후 북경에서의 흑룡강성 청년은 기대하던 서울의 K대학 대학원에 유학와 있고 연길에서의 조선족 3명도 필자와 생활하며 우리의 역사를 새롭게 배워나가고 있다. 그리고 그들은 금년 여름에 우리의 젊은이들을 안내하며 두만강변의 조선족 마을들을 함께 답사할 것이다. 오늘의 중국 국민으로 어제의 중국을 안내한다? 이것이 내일을 위한 한국식 이이제이以夷制夷가 아닐까 생각하며 '발해의 꿈' 을 접고자 한다.

_중국의 도시 광장(1) - 대련시의 인민광장, 성해광장

_중국의 도시 광장(2) - 북경시의 서단광장과 왕부정 거리

_중국의 도시 광장(3) - 상하이의 인민광장과 외탄광장

_중국의 도시 광장(4) - 장춘시의 문화광장, 연길시의 시대광장

_중국 산수화의 경전 - 계림의 리강, 곤명의 석림, 장가계의 무릉원

3부_쥬라기 공원의 공룡

중국의 도시광장 (1)

대련시의 인민광장, 성해광장

몇 년 전인가 지방 중소도시의 여러 공원들을 둘러본 일이 있었다. 많은 것들을 다시 생각하게 되는 계기도 되었지만 그중 새삼스러웠던 것은, 도시의 입지적 여건이나 역사적 배경 그리고 변화의 적응에 따라 다양한 공원의 표정들을 읽어볼 수 있었던 점이었다. 특히 놀라웠던 것은 하나의 민족, 동일한 문화 공유의 그 좁은 터전에서도 나름대로 여러 가지 모습들을 보여주고 있었음이 신기하기만 했던 것이다.

왜냐하면 그때에도 인접국인 중국의 여러 곳을 나다니고 있었던 때인지라, 그렇다면 그 넓은 중국의 여러 곳은 어떠할까 구체적으로 확인하고 싶은 충동이 일고 있었다. 당연한 이야기겠지만 중국여행 초기에는 너무도 바탕에 대한 이해가 부족했었고 하도 넓은 땅덩이에 놀라 동 · 서 · 남 · 북 주마간산走馬看山식으로 지역별 인상만 더듬어 소개한 바 있었다. 그러나 이제는 들여다보면 무엇인가 보일 것 같고 지역마다 주제가 다른 전통극劇이나마 구분할 수 있을 정도이니 조심스럽게 용기를 내 보기로 하였다.

그래도 그 넓고 깊은 곳 어디서부터 시작할까 궁리하다 결국은 각 도시의 광장을 대상으로 하기로 하였다.

원래부터 높은 울타리에 가리는 것도 많고 어두운 곳 투성이지만 허술한 대문을 나서면서부터는 자기과시가 심한 민족이라 의사표현도 다양하게 나타나고 있었다. 특히 요즈음의 중국은 10여 년 전 같지 않게 어느 정도 살림살이도 펴진 듯하고 의식도 많이 변모되어 그 동안 잠재되었던 능력들을 일시에 터뜨리고 있는 듯 하다. 가히 "호떡집에 불난 듯" 표현이 과대하고, 다양하며, 화려할 뿐아니라 잔인할 정도로 섬세한 백성들에게 정책적으로 "오늘의 세勢"를 과시하고 있는 곳이 바로 도시의 광장이기 때문이다.

하기는 "세계의 지붕"이라 일컫는 만년설의 극한지역에서부터 남방의 열대기후대까지, 광활한 불모의 사막과 비옥한 농경지에서, 지난날에야 각기 다른 국가를 유지하던 56개의 민족이 일구어낸 그 표현의 다양함이란 우리와 비교할 수 없는 여건이기도 하다. 하지만 그들에게도 우리네와 같이 전통적인 '서구적 광장문화'를 갖고있지 않았기에 진정한 의미의 시민광장이라기 보다는 보여주기 위한 '정치선전의 장'으로 그 목적이 감추어 질 수는 없었다. 그렇다 하더라도 미꾸라지 그릇 속에 소금을 뿌린 듯 무궁무진하게 토해 내는 그들의 문화배경을 파헤치면서 새롭게 일구어 가는 오늘의 광장문화를 더듬어 보는 것도 그들의 나아가는 길을 가늠하는데 도움이 되리라 생각되었기 때문이었다.

•••• 대련大連시의 배경

대련 시는 중국의 동북삼성東北三省중 요녕성 서남쪽 요동반도의 남쪽에 위치하고 있다. 1998년 전후하여 중국의 대도시에 도시광장이 열병처럼 번지고 있을 때, 평소 필자의 관심사를 이해하고 있는 북경이나 연길시의 인사들은 하나같이 대련의 도시광장을 소개하곤 했었다. 다른 것은 몰라도 광장하면 대련시라 할 정도로 자신 있게 권유하는 것으로 보아 그저 허풍만은 아니려니 관심을 갖게 되었다. 그러다 1999년 초겨울, 마침 기회가 되어 대련시와 여순旅順을 들러보게 되었는데 과연 잘 찾아왔구나 할 정도로 매우 매력적인 도시 면모를 갖추고 있는 곳이었다. 우선 대륙의 다른 도시와 같지 않게 산으로 감싸여 있는 모습이 한국의 지형과 유사하여 친근감이 들었고, 바다를 접하고 있어 건조한 대륙기후로부터 해방감을 맛볼 수 있었으며, 서구적 근대건축으로 둘러싸인 도시경관에 흔히 볼 수 없는 시대별 전시장과 같은 홍취를 느끼게 되었다.

대련의 역사란 한漢나라 때부터라 하지만 오랫동안 작은 어촌에 지나지 않았다 한다. 19세기에 들어 겨울에도 얼지 않는 부동항을 찾던 러시아가 눈독을 들이다가 19세기말 제정러시아가 조차租借하여 항만건설을 시작하게 된다. 그러나 일본 역시 만주를 침범하기 위한 교두보로서 이곳을 러 · 일전쟁의 보상으로 계승받게 되자 항구도시로서의 역할을 계속하게된다. 이때부터 일본인에 의한 도시계획으로 중국의 전통도시 같지 않은 서구적 도

_ 호탄광장. 대련시 남쪽 바닷가에 이어진 조각광장 중의 일부

_ 해지광장. 바닷가의 조형물 군

_ 해지 광장. 광장 건너편에 조성된 조각공원의 일부

_ 올림픽 광장. 대련시 실내체육관 앞 광장의 조형물 일부

시 면모를 갖추게 되었고, 항구도시로서의 세련된 시민의식도 갖추게 되었다 한다.

그러한 탓인지 곳곳에 근대 러시아 풍의 건물들이 남아있었으며 개방적인 현대화의 과정도 발빠르게 선도하고 있는 듯 하였다. 특히 남쪽 바닷가 절경을 따라 각종 공원과 관광유원지, 국가급 별장지대에 이어진 조각공원 등의 조성은, 그 동안 강한 전통 문화에만 인식되어졌던 중국의 인상을 불식시키고도 남음이 있었다. 또한 해학적이고 유머감각이 풍부한 각종 조각, 환경조형물에서는 사회주의 혁명에 짓눌렸던 어두운 그림자보다는 그들 본래의 낙천적이고 은유적인 친근감마저 느끼게 된다.

이렇게 빠르게 일신되어 가는 도시의 변화는 중국의 태자당太子黨(공산당 원로의 자녀들)의 일원인 보시타이薄熙來시장에 의한 것이라는 것은 대련시민 이외에도 다 아는 비밀로 인정하고 있는 사실이다.

•••• 인민광장人民廣場

대련시 도심에 자리잡고 있는 인민광장의 주위에는 시 인민정부(시청사), 시 인민대의원 상무위원회(시의회 청사), 공안국(경찰청사), 시민민법원(법원청사) 및 검찰원 등 핵심 건물들이 에워싸고 있다. 시청사 남쪽 중심축 끝에는 소련군 역사 기념비가 자리잡고, 정방형인 전체의 광장

가운데로 중산로中山路가 지나고 있어 모두 4개의 잔디광장으로 구성되어 있다. 동서의 길이는 280m에 남북 285m로 광장 외곽에 윤곽과 휴식을 위한 교목식재와 편의 · 수경시설이 설치되어 있어, 대련시 정치 활동 중심에 걸맞는 상징적 광장으로서 엄숙, 정중, 대칭, 권위가 강조되어 있다. 1999년 대련시 의회 대표들의 제의에 의해 소련군 열사기념비는 인접한 여순 소련군 열사묘역에 옮기기로 하고, 국기 게양대와 대형음악분수를 설치하여 애국주의 교양기지로 계획되었다 하니 전형적인 정치 군중 집회용 광장인 것이다.

기본계획에서는 원래의 평면형태를 크게 변형시키지 않고 광장의 중심축선을 강화하였다 한다. 남단 정방형 국기게양대 배경으로는 70.8m에 이르는 대형음악분수대를 건설하고 좌우 양측에 각기 84m에 이르는 대형帶形분수를, 동 · 서 · 남 · 북 광장 외측에는 72조의 은형隱形(감추어진)분수를 설치하였으며 24,500㎡에 이르는 보행로를 화강석으로 확장하였다. 국기게양대의 설계구상은 "장중, 엄숙, 간결, 대방大方" 등 여덟 글자로 진행하였다. 9.9m×9.9m의 평면은 구구귀일九九歸一을 의미하고, 게양대 높이 75cm는 5개 계단으로 되었는데 건국 50주년을 의미하며, 그 중 다섯 번째 계단은 직경이 3.3m인 원형계단으로서 천원지방天圓地方을 의미하고 있는데, 게양대는 전부 백옥석으로 포장하였으며 깃대봉은 유백색으로 하였다. 게양대 남쪽 대형 분수대는 설계공모결과 호형弧形평면과 유럽식 주랑柱廊조형을 채택하여 배경으로서 위요감을 주고자 하였다 하는데 유럽식 주랑은 대련시 건축 역사의 흐름으로서 화룡점정의 작용을 하고 있는 듯하다.

_ 인민광장의 국기게양대

_ 인민광장 주변의 보행로

_ 인민광장의 조명등

이러한 광장의 이용은 주로 야간에 이

_ 대련시 인민광장. 은은하게 비추는 조명 효과와 붉은 구의 조형성이 일품이었다

루어지는데 남쪽끝단에 설치된 대형의 붉은 등은 역시 중국의 면모를 강조하고, 광장 동 · 서쪽에 설치된 광장 등의 현란함은 중국인들의 과시문화를 그대로 표현하고 있었다.

현대적 감각으로 나타난 당초의 설계구상은 광장의 규모와도, 전통과 현대와도 조화되는, 역시 자랑스럽게 권유하던 이유를 이해할만한 수작으로 평가하고 싶었다. 특히 자랑스러움에 못겨워 밤늦은 야경을 다시 보자며 보채던 중국인 안내의 표정은 더더욱 지울 수가 없는 오늘의 중국인들 모습이었다.

•••• 성해광장星海廣場

한국과 심양시와의 항공로는 요동반도를 거치게 되는데 이때에 대련시 남쪽끝 서해(황해)에 접한 바닷가에 광장이 내려다보일 정도로, 그 만큼 크다는 것이다. 반도 서남쪽 여순시에 이르는 '황해로' 의 시작점이고, 광장 북쪽에는 성해회의전람중심(국제무역센타)에서 바닷가까지 이어져있다. 본 광장의 계획은 건국 50주년과 대련시 건립 100주년을 맞이하여 1998년 말부터 대련시 도시계획 설계연구원에서 맡았다 한다. 광장의 개조는 분수를 주제 내용으로 하는데 오성五星과 원圓을 결합하여 5곳의 분수구역과 매 구역마다 10조의 꽃무늬 분수로서 국경 50주년을 기념하였다 한다.

분수지池의 깊이는 20cm 정도이고 관도管道는 보이지 않게 화강석으로 포장되었다. 분수노즐 및 수중조명들도 꽃무늬 모양으로 된 석재덮개를 덮어 물이 담겨있을 경우에는 물위의 연꽃을 방불케 한다. "해바라기 꽃 광장" 이라 불리는 이 광장의 면적은 3,117㎡이고 직경은 63m에 이른다. 광장의 중앙은 직경이 20m인 금색 해바라기 꽃 조형으로,

분수가 기동起動된 후에 물은 꽃 중심, 꽃 잎, 순으로 제일 바깥쪽의 원형계단에서 뿜어 오른다. 전체 광장의 시작점이 이렇게 동적動的이라 한다면, 바다까지 이어진 대련시 건립 100주년 기념로는 전체광장의 중심 축을 이루고 그 외곽은 3개의 환상녹지로 뻗어 나간다. 가운데 원의 중심광장에는 전통적인 패주牌柱가 세워져있고 이에 의한 그림자에 따라 12지상이 바닥 돌에 음각되어 있다. 전면 중심축 녹지의 좌우열주列柱와 외곽의 조명시설은 현대식 감각의 조명등으로 전통과 현대적 감각을 적절히 배치하였다. 군중집회용의 광장이라기보다는 거대한 기념녹지공간으로 이해되고, 휴먼스케일을 느낄 수 있는 작은 부분들도 매우 섬세하게 처리되어 있기도 하다.

마지막 바다에 이르기까지는 시 건립까지의 발자국 조형과 다음 세대들의 염원을 담은 어린이 상으로 마감되어있다. 열린 바다로 향한 미래의 도약을 기원하는 듯 중국인 특유의 거대한 공간감을 표현하는 기념비적인 장소였다.

_ 대련시 성해광장. 국제무역센타앞 바닷가를 메워 그들의 진취적 의지를 과시한 장소이다

한마디로 서구적 개념의 에워싸여진 광장이라기보다는 무한대로 뻗어 나아가려는 의지의 "길" 이라 할 수 있겠는데, 미래지향적이라기 보다는 무모한 국력의 낭비로만 비춰지는 바닷가의 "만리장성" 같았다.

····여순旅順의 우의友宜광장

우리에게는 안중근 의사가 처형된 감옥이 있는 곳으로 잘 알려진 도시이다. 현재는 대련시 행정구역의 일부이지만 역사는 대련시 보다도 유구하다. 진조晋朝때 "마석진馬石津", 당조唐朝때는 "도리진都里鎭", 원대元代에서는 "사자구獅子口"로 불리었다 한다.

1371년 명나라의 주원장朱元璋이 마운과 엽왕이라는 자를 산동으로부터 바다를 건너 요동을 수복하는데 여도旅途가 순조롭다하여 여순구라 불리웠다 한다. 그렇다면 고구려에 이은 발해 때까지 우리민족의 터전으로서 당나라와 교역을 위한 해상통로의 요지이기도 하였을 것이다. 1880년 청정부는 이곳에 북양北洋 해군사령부를 세워 군사요지로 개발하였는데, 지금도 해군의 중요 잠수함 기지로 일반관광에는 민감한 구역으로 되어 있다. 1894년 중 · 일 갑오전쟁, 1904년 일 · 러 전쟁이 근대사의 한 페이지로 남아 당시의 건축물들과 전쟁의 흔적들이 아직도 눈길을 끌고 있다.

_ 바닷가 끝의 조형물. 열린 바다로 향한 염원의 장이다

_ 대련시의 미래상. 발자국 조형이 끝나는 장소의 어린이 상이 바다를 향하고 있다

_ 바닷가까지의 발자국 조형. 시건립과 오늘이 있기까지의 과정을 조형화 한 것이다

시 중심가에 있는 우의광장은 이러한 지난 모습들과는 대조적으로 조성되어 있는데 100년 전의 도시에서 오늘을 보는 듯 매우 흥미로운 장소였다. 구 소련과의 우의를 다짐하듯 러시아 풍의 열주들을 배경으로 한 휴식공간에 파도모양의 긴 조형물을 따라 중심수로水路로서 광장의 축을 이루고 있었다.

_ 여순시의 우의광장

시대를 초월한 현대적 감각으로서 아마도 21세기의 새로운 변신의 장소로 재촉하고 있는 듯 싶었다. 구세대의 옷을 벗기도 전에 머리를 염색한 젊은이들과 같이, 이러한 도시의 낯설은 모습은 "만만디"의 나라 중국 어느 도시에서도 쉽게 볼 수 있는 곳이 오늘의 중국이기도 하다.

중국의 도시광장 (2)

북경시의 서단광장과 왕부정거리

도시의 광장하면 유럽의 도시를 연상할 정도로 유럽의 도시에는 크고 작은 광장들이 많다. 특히 이태리나 스페인의 경우, 도시의 구성이 광장으로 이어지듯 오늘날까지도 도시생활의 필수적 요소로 남아있다. 이러한 광장 속에는 그 도시의 역사와 문화적 배경을 담고 있으면서 그 국가의 자존심과 도시의 대표적 얼굴이 되기도 한다. 규모는 비록 작지만 로마의 '라보나' 광장과 시에나의 '캄포' 광장에서는 진입하기까지의 골목길에 매력이 넘치고, 그들의 생활모습 등에 시선을 멈추게 된다.

또한 바로셀로나의 '독립궁 앞 광장' 과 '스페인 광장' , 파리의 '라 · 데팡스' 등에서는 압도적인 규모와 조형성에 감탄하게도 된다.

이러한 광장에 비하여 시대와 국가에 따라 목적에는 차이가 있으나 모스크바의 '붉은 광장' 과 북경의 '천안문 광장' 은 나름대로 그 국가, 도시의 위상을 담고 있다. 그 중 중국의 경우, 동양의 전통적 도시에서는 광장이란 개념이 없었으나 사회주의 혁명 이후 정치적 필요에 따라 조성되었기에 시민광장으로서의 본래 기능은 발휘하고 있지 못하다. 천안문 광장은 그러한 군중 집회의 장소였었고, 건국 50주년 기념행사에서와 같이 장안대로長安大路의 대대적인 퍼레이드는 그들 특유의 "길" 의 문화였을 뿐이다. 이러한 "반反시민적 장소" 에 대한 견해를 관련 있는 인사들에게 제기하면 정치성과 상반되는 개인의 의견은 소극적일 수 밖에 없게 된다.

그러나 최근 들어 이러한 중국의 도시에 시민 배려에 대한 현대적 시설공간들이 들어서고 있는데, 그 대표적인 공간이 북경의 서단문화광장西單文化廣場과 쇼핑으로 유명했던 왕부정王府井거리이다.

옛부터 북경성에는 서단西單과 동단東單거리라는 시장市場이 있었다. 서단은 자금성을 중심으로 서쪽으로 2블럭 지나 서장안가西長安街와 서사대가西四大街의 교차지점에 위치해 있다. 이곳은 10여 년 전부터 서단상장西單商場(쇼핑센터)을 빼고는 모두 규모가 작은 가게들이였으며 특히 식료와 의류, 일용품점이 많아 북경서구西區지역 서민들의 거리였었다.

_ 서단광장의 측면

_ 서단광장 상단층의 편의시설물

_ 서단광장의 조형물

_ 북경시 백화점 앞의 음악분수

1980년대 중반기부터 이러한 상업지구는 현대적인 금융거리로 바뀌기 시작하였고, 광장 대상지 만큼은 집중적인 녹지시설로 환경조건을 개선하려했으나 경제적 부담으로 완성을 이루지 못하고 있었다. 그러다 1997년 9월 북경시정부에서는 이곳을 건국 50주년기념 사업대상지의 하나로 지정하고(역사박물관, 북경식물원, 왕부정거리 등) 본격적인 광장조성을 건설하기 시작한 것이다.

이때의 계획 설계과정의 취지를 정리하여 본다면 그들의 목적과 오늘의 모습을 이해하는데 도움이 될 것이다.

개념과 구상

이곳은 도시의 결절점구간이고 전형적인 도시광장이기에 시정부에서는 이를 도시계획과 경관, 그리고 해결할 수 있는 설계과정을 고려하여 접근하게 된다. 즉, 서단 상업지구의 입구로서 기 위요하고 있는 상업건축들과의 조화문제, 공공 교통시설로서의 지하철과 지상교통과의 원만한 흐름, 문화, 휴식, 오락 등 제 광장기능을 해결할 수 있는 녹지위주의 공간배분 등 계획조건을 수용하기 위한 몇 가지의 설계원칙을 다음과 같이 확정하였다.

- 도시의 "호흡" 기능을 위한 녹지 면적의 확보
- 주변 환경과의 조화와 거시적 경관효과의 고려
- 인접한 건축물들과의 유기적 연계로서 지구성격의 부각과 전이적 공간감의 형성
- 사용상의 편의와 심미적 조형성, 대중성, 창조성 등 제 기능을 갖춘 외부환경의 제공
- 기능전환의 공간으로서 도시교통과의 연결과 흐름의 원활

그러나 이러한 원칙을 수행하기 위하여는 몇가지의 제약조건이 있었던 바, 그 첫 번째는, 광장 주변은 이미 대형건축군으로 위요되어 있어 한정된 공간이었으며, 두 번째로는 대상지 동북부분의 상업건축에 갖추어야 할 지하주차장의 설치, 세 번째로는 지하철과의 연결통로 및 통풍구의 해결이었다. 이상의 조건은 설계를 제약하는 동시에 설계구상의 시발점으로서 북쪽의 화남華南호텔의 중심선을 남북방향의 주축主軸으로 하고 서단로 모퉁이에서 45°선의 교점을 광장의 중심으로 하였다. 이러한 강력한 축선 관계와 동심원同心圓의 구도構圖는 중심성을 강조하여 원형 선큰Sunken공간의 채광원추采光圓錐에 대한 조형성을 극대화시킬 수 있을 것이다.

두 번째 구상으로서는 지하주차장과 광장중심으로부터의 45°방향에 사면 녹지로 지상층을 연결한다면 앙시仰視와 부감경俯瞰景이라는 입체적 시각경관도 풍부하여져 평탄한 북경의 도시경관에 변화를 제공할 것이다.

세 번째의 구상으로는 보행과 차량과의 모순을 해결하기 위하여 이중구조의 보행계통이 광장 가운데서 적당히 결속된다면 광장과 서단 상업구, 화남호텔, 오른쪽에 인접된 도서圖書호텔과도 유기적으로 융합될 것이다.

광장설계

본 광장의 기능 특성이란 휴식과 남북방향으로의 흐름이다. 이에 광장을 동·정動·靜 두 부분으로 나누어 서남부분은 녹지와 포장면의 조합으로 이용자들의 통과에 기여토록 하였다. 선큰을 중심으로 한 주위의 포장바닥, 계단 및 평탄한 통과면은 휴식과 교류를 제공하는 문화광장이 된다.

_ 북경시 서단광장

많은 면적의 녹지를 확보하기 위해 지하층과의 복토覆土를 충분히(3m)하여 각종식물의 식재를 가능토록 하였다. 광장녹화의 주요 조성은 내한耐寒 잔디로서 10개월 이상 상록이 가능하다. 광장 주변은 교목활엽으로서 경관효과와 녹음을 제공하고 동북쪽 잔디 비탈면에는 조형성 상록관목과 관상가치가 있는 낙엽교목을 식재하였다.

광장 내의 필요시설물들은 지상광장의 경관효과에 최소한의 영향을 주기 위하여 가능한 낮은 지형에 배치하였다. 그리고 투명한 재료들을 사용하여 그 자체의 조형적 감각과 시각경관에도 영향을 주지 않도록 하였다. 건조한 북경 기후의 특징을 고려하여 두 곳에 수경水景시설을 배치하였는데 여름과 겨울용으로, 특히 어린이들로 하여금 물과 접촉할 수 있도록 하였다.

동선은 3개 층 즉, 선큰광장층, 지상층과 2층평면 지역간에 자연스러운 연계가 가능하고 이용자들의 휴식과 이동을 위해 몇 곳에 벤치구역과 선큰광장의 동북쪽 경사면에 150석의 관중석을 두어 공연관람에 이용될 수 있도록 하였다. 점點적인 시각 대상으로는 평면적, 입체적 기법으로 환경조형물과 조각을 배치하여 시민 및 관광객들로부터 친근감을 유도토록 하였다.

지하상가의 개발과 이용

대상지에는 당초 10,000㎡ 정도의 소규모 상가들과 음식점들이 있던 곳으로 이러한 시장 기능을 지하상가로 수용하였다. 지하 1층은 음식점 및 쇼핑 위주이고 지하 2층에는 보건, 오락 등의 기능으로 수영장, 헬스클럽, 영화관 등을 배치하였다. 이용계층은 주로 청소년을 대상으로 한 종합상가이며 지하철과의 연결통로를 접하고 있다. 본 대상지의 총면적은 22,000㎡, 녹지율은 52%에 건축 면적은 39,000㎡, 주차대수는 100대를 수용하고 있다.

이상은 서단광장의 설계 개요로서 변화된 그들의 광장개념과 현대적 감각의 디자인 능력 및 결과로서 나타나는 시공효과에 고무적인 평가를 하게 된다. 다만 부분적으로 미흡함을 지적한다면, 국가적인 관심사에 시급함이 엿보였고, 지나친 부분적 분할요소와 재료질감의 가벼움으로 기 조성된 전체상업지구 주변 공간과의 조화 등에는 그들도 인정하고 있는 경험미숙과 제한된 예산일 것이다. 그러나 자금성 동쪽의 왕부정거리의 변모와 함께 21세기를 열고 있는 북경 도시경관의 이정표로서는 부족함이 없는 공간이었다.

왕부정王府井의 보행자 전용도로Shopping mall

1999년 8월경 몽골 여행을 마치고 북경에 도착하였을 때 그곳 북경시 원림고건 설계원園林古健設計院을 방문한 일이 있었다. 마침 한국을 방문했던 지면知面있는 인사와의 대화 중 서단광장과 왕부정거리의 개조 내용을 듣게 되었다. 그 길로 안내를 받아 서단광장을 보고 확인하면서도 보행자 전용도로의 출현에 대해서는 도저히 상상할 수도 없는 일이었다.

언뜻 우리나라의 도시문제와 개발과정을 비교하여 본다 하더라도 그동안 자동차문화에 대한 문제의식을 얼마나 절감하였기에 도시정책에 반영되었을까 하는, 예측 할 수 없는 변화를 쉽게 수긍할 수 없었던 것이다. 그저 기존의 쇼핑공간에 포장만 새롭게 한 것이 아니었겠나 하였으나 막상 도착하여 보니 지난날의 왕부정거리가 아니었다. 한창 뒷마무리 작업이 진행되고 있었지만 필요성에 대한 효과로 북쪽의 미술관일대 가로까지 연장하려 한다는 설명을 들었을 때 필자는 두 가지 면에서 놀라움을 금할 수 없게된다.

_ 왕부정거리의 서구적인 편의시설물

우선 이곳이 서구화된 동남아 어느 도시이거나 일본의 신쥬구 거리가 아닌가 착각할 정도로 내부 상점가와 판매원들의 서비스 자세까지, 지난날의 안 · 밖의 모습이 함께 일신되었다는 외형적인 변화였다. 그리고 보행 환경에 대한 개념 전환과 이용 행태의 적응

및 공간확보에 대한 제도적 집행 능력이었다. 아무리 사회주의 국가로서 강한 실천력이 있다 하더라도 지난날의 어둡고 혼란스러웠던 중국의 인상이 이렇게 빠르게 변할 수 있을까 하는 의문들인 것이다.

그동안 이곳은 백화점, 의류점, 외국산 시계점, 서점, 공예, 미술품 등과 중국 각지의 특산품으로 비교적 지방인들과 외국 관광객들로 메워져 우측의 동단東單거리와 함께 북경의 대표적 시장이었던 곳이다. 그런데 북경시 백화점北京市 百貨大樓 앞 음악분수 광장과 건너편에 신축된 연립상가들 전면에는 화려한 포장패턴과 세련된 가로 편익시설들로 젊은이들의 천국을 이루고 있었다. 그러면서도 서민적이고 전통적인 환경조각들이 중국 특유의 가로 모습을 보여주고 있어 이곳이 북경거리였음을 확인할 수 있게 된다. 아울러 쇼핑센타 내부에는 민속 공예품점과 양고기 요리로 유명했던 똥라이순東來順도 옛날 그 자리 위에 남아 멋과 맛을 자랑하고 있었다.

특히 재미있는 장소로는 옛날 시장가에 남아있던 북경 경극京劇이 동호인들끼리의 모임으로 지하층 모퉁이에서 이어지고 있었다. 전통공예품과 약전 골목에 이어진 이러한 옛 모습들은 후미진 곳에서나마 북경시민들老百性의 향수를 달래주거나 호기심에 찬 관광객들을 유혹하고 있는 것이다.

금년 여름 중국 방문길에도 이 두 곳을 다시 찾았었다. 마침 2008년 올림픽 개최를 발표하는 날이라 군중이 모인 곳에 접근하지 말라는 사전 안내가 있었다는데도 광장과 넓은 가로 곳곳에는 축제 준비가 한창이었다. 발표시간 전 공항에 도착하니 역시 그 날도 비행기는 연착이었고 한국인 여행객들의 불평과 불신에 찬 투덜댐은 다른 해와 변함이 없었다.

어제의 중국다운 이러한 혼란과 내일에 대한 회의적 기대 속에 T.V중계에서의 올림픽 발표순간이 되자 전국적인 광란과 함께 폭발하고 있는 함성 속에 파묻히게 되었다. 머쓱하여진 외국인들과 비교되는 이러한 모습에서 그들은 그들의 목표를 향하여 흐르는 속도를 재촉하고 있을 뿐이란 점을 새삼 발견하게 된다. 비록 서구지향적 도시광장에서 기대했던 만큼의 중국다운 모습이 사라지고 있는 상황 역시 그 동안의 문화적

_북경시 왕부정거리. 환경조각으로서의 악사, 골목길의 이발사, 거리의 인력거꾼들이 중국의 모습을 이어가고 있다

공백을 메워보려는 몸부림과 아우성이었던 것이다. 즉 사회주의나 자본주의의 형식과 가치의 문제가 아니라 준비된 시간표 상의 제 2의 "문화혁명"중임을 확인하는 순간인 것이었다.

4시간이 지났을까 그들 뜻대로 비행기는 도착하였고, 떨떠름한 한국 여행객들은 "떠들석한 중국집"을 서둘러 나오게 되었다.

중국의 도시광장 (3)

상하이의 인민광장과 외탄광장

지난 여름 중국을 다녀오면서 하루가 다르게 변화 · 발전하고 있는 그들의 도시 모습에 무엇인가 초조함을 저버릴 수 없었다. 몇년전부터 중국의 변모상은 여러 경로를 통해 인식들은 하고 있었지만 그동안 게으르지 않게 관심을 갖고있던 필자 입장에서는 좀더 생산적인 기회 마련에 시간을 놓치고 있는 듯한 안타까움이었다. 그래서 궁리해낸 것이 지난해 11월초에 있었던 한 · 중 조경설계 작품전시회였다. 그들의 생각과 표현을 현장에서 확인하면서 필자가 받은 충격을 우리측 인사들과 함께 나누고 싶었던 것이다. 한편으론 우리와의 접촉에 자신감을 찾았고, 절치부심하던 올림픽 유치도 성취한 그들이지만 그래도 이제부터는 도시환경문제 개선에 아쉬워할 입장임에 착안한 것이기도 하였다.

그렇게 해서 4개월만에 다시 북경을 찾았더니 주로 문혁세대 이후 젊은 작가들로, 작품내용도 놀라울 정도였지만 종합토론에서의 숨길 수 없는 그들의 욕구 표시는 역시 올림픽 개최에 따른 한국에서의 경험적 정보들이었다. 그러면서도 "1998년 이후 중국 전체의 도시에서 6,000여개의 도시광장이 출현하였다"라는 은연중의 과시와 행사 마지막날 북경의 가로조경 사례지 답사에서는 충격적인 현장을 보여주고 있었다.

왕부정王府井거리 서북쪽 명 · 청明 · 淸 초기의 황궁 성벽자리를 발굴하여 가로 공원화 하였는데 2.8km 거리에 폭이 약 40여m 되는 구간이었다. 현 지반고에서 2m 정도 낮은 곳에 옛 벽의 원형을 찾아 선큰광장화 하였고 높낮이의 변화에 따른 각종 수경시설과 시대상을 보여주는 환경 조형물, 섬세한 바닥 포장 등의 다양한 설계내용들이었다. 60세가 넘은 듯한 여사장의 정력적인 안내 설명에 따르면 계획수립에서 설계 기간까지 한달 보름이었고, 시공 6개월만에 마치었다하니 진위 여부에 대한 재확인을 하여야할 정도였다.

오래된 주택가의 철거 과정과 보상비는 그들 체제상 이해할 수 있다 하더라도 우리가 그동안 인식되었던 중국, 중국인들이었던가를 다시 한번 생각하여야할 시간이었다. 마치 비온 후의 숲 속에 버섯이 솟아나듯 새로운 장소의 양적인 출현도 상상을 초월하지만 질적인 내용에서도 그들의 잠재력은 멈출 기미가 보이지 않을 것 같았다.

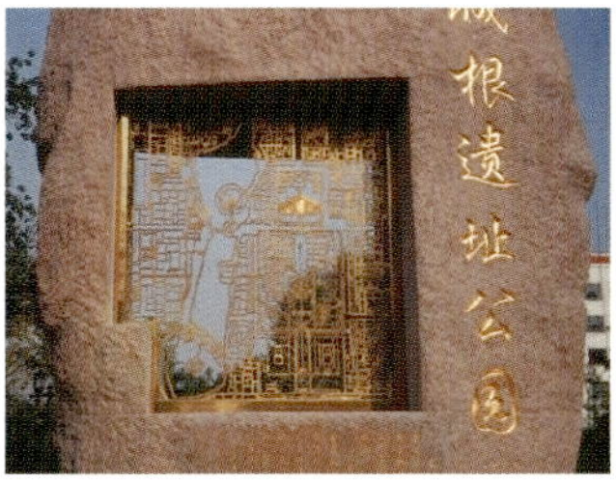

_ 성터공원 기념비. 옛 북경성의 배치도를 투시형으로 표현

_ 북경 왕부정 성터공원 입구

_ 공원 안의 조각. 전통적 분위기를 가로에서 보여주고 있다

_ 공원 안의 수경시설. 높낮이의 단차를 이용 전통화를 릴리프화 하여 물을 흘러내리게 하고 있다

10여년 전 필름 속의 중국 모습과 비교하면서, 편의상 신해혁명申亥革命을 근대, 문화혁명 이후를 현대사의 시작점이라 가정한다면 과연 오늘의 목표는 무엇이고, 내일의 지향점은 어디까지인가를 가늠할 수 없을 정도로 그들은 숨가쁘게 지나가고 있는 것이다.

중국이 이렇게 변모하는 배경 요인 중 변화의 근원이 될 수 있는 곳은 흔히들 광동성 심수라 하지만 이는 경제개발의 전략지점이었고, 정신적 중심도시는 역시 상해시가 아닐까 생각된다. 그래서 이번 기회에는 상하이의 도시광장을 더듬어 보기로 하였다.

상해는 4 · 5년 전까지만 하여도 인구 1,400만으로 북경, 천진과 함께 중국 3대 도시 중 인구 최대의 도시였다. 그러나 최근 중경重慶시가 3,090만의 직할시로 분리되면서 최고의 자리를 넘겨주었지만 그래도 1,674만의 중앙 직할시로 중국 근대화의 간판이자 현대화의 선두이기도 하다.

근대화의 상징인 손중산孫中山과 사상적 지도자인 노신魯迅의 옛집故居을 기리고 있고 1921년 7월 중국 공산당 제 1차 개최지로서 선진국의 근대 문명과 부닥친 역사성과 함께 개방과 변화의 전통이 이어지고 있는 곳이다.

1824년 남경조약南京條約에 의해 개항하고 나서야 도시조성이 이루어진 곳으로 그동안 협소한 가로망에 교통체증으로 인상 지워졌던 곳이었지만 그래도 우리들에게는 마당로馬堂路에 위치한 망명 정부터와 노신공원 안의 윤봉길 의사 현장 등으로 망명자들이 찾아들 듯한 푸근하고 어스름한 분위기의 도시였었다. 뒷골목 그늘 밑에는 웃통벗는 노인들의 장기 두는 모습이 한가로웠고 아파트마다 내 걸린 장대 끝의 빨래들과 주택가 입구마다 내놓은 마통馬桶들이 신기롭기만 했던 곳이었다. 그러나 이러한 모습들도 1990년대 초였고, 그 이후에는 예원豫園 입구의 붉은색 상가 앞을 가득 메운 관광객들과 강변 외탄外灘으로 밀려드는 인파에 상해의 변화는 예측되고 있었다.

아니나 다를까 1990년대 말이 되자 허허벌판이던 포동浦東 지구에 등소평鄧小平의 명에 의해 중국 희망의 지표로 삼았던 동방명주東方明珠 탑이 들어서자 이를 신호로한 고층 빌딩들이 우후죽순처럼 솟기 시작한 것이다. 이와 같은 도시의 면모를 바꾸어 놓은 곳이 바로 상해시의 행정중심인 인민정부인데 동쪽으로는 서장중로西藏中路와 북쪽

_ 상해 인민광장의 주변 모형

의 남경동로南京東路와의 교차점에 위치하고 있다.

정부청사 주변에는 인대人民代表會議, 정협政治協商 건물들과 함께 근대의 우수한 역사적 건축물들이 집중된 지역으로서 공공활동이 가장 활발한 지역이기도 하다. 그중 인민광장은 정부청사 전면에 자리잡고 있는데 면적은 1,626,000㎡에 이르고 시중심에서 가장 큰 오픈 스페이스open space이기도 하다.

•••• 광장의 토지이용과 공간구조

광장 계획은 토지 이용상의 여러 가지 문제에 비추어 집중적 이용도를 유도하고 개발 강도를 강화하여 광장지구地區의 식별성과 장소성을 강화하는 것으로 수립되었다 한다. 4개의 주도적 기능으로 구분된 토지이용개발은 업무 / 상업과 업무 / 문화오락과 상업 / 주거 및 상업 등으로 나뉘어져 있다. 광장과 공원을 중심으로 북, 서, 남 삼면에 각각 3개의 특징을 갖고 있는 건축단위를 형성하고 매 단위마다 초고층빌딩과 광장으로 된 지표志標를 두고 있다. 이러한 3개의 건축단위로 구성된 스카이라인과 포동지구와 연결되는 고가高架가 서로 호응하며 강한 중심감을 갖도록 하였다.

_ 인민광장 주변의 편의시설들

_ 인민광장 전면과 시정부청사

건축물 배치에서는 광장과 공원에서 가까운 곳에 낮은 건축물을, 비교적 먼 거리에는 높은 건물을 배치하는 수법으로 많은 건축물들이 오픈된 공간을 공유하게 되었고 시각상에서도 더욱 넓은 공간감과 건축물들간의 층차감을 높일 수 있게 되었다.

도시설계 요소로서의 오픈공간은 인민광장과 공원을 중심으로 건축물을 배치하였고 먼 거리의 자연 지리적 요소인 소주하蘇州河등까지 시계視界를 넓혔으며, 수평적인 고가高架등과 연계된 점, 선, 면의 결합 등을 통하여 다층적인 오픈 스페이스의 계층을 고려한 듯 하였다. 보행계로는 공중과 지면, 지하 3층까지의 보행을 통하여 주요한 오픈공간 및 공공교통과의 연결, 또는 공공건축물들과의 연계를 일체화하였다. 수목에 의한 녹화는 보행로와 오픈공간과의 결합을 유도하고 수평적이거나 수직적 혹은 실내 녹화 등으로 강조하였다. 광장을 에워싼 건축의 표면은 주요한 움직임과 속도 및 위치하고 있는 장소의 성격에 따라 리듬이 있거나, 연속적인 또는 비워진 형식으로 이루어져 있고 진입구와 경계는 시계視界의 확대, 녹화의 강화, 특수한 건축물의 조합을 통하여 북쪽 소주하와 고가도로 등 구역 경계와 진입구가 강조되어 있기도 하다.

_ 광장 안 녹지 건너편의 빌딩숲

이상은 광장 계획에 대한 구상과 기법의도를 해석하여 본 것인데 일반적인 방문객이거나 전문적인 진단에 의해서라도 공간 속 지면의 눈 높이에서는 이들의 의도를 쉽게 이해할 수는 없을 것이다. 이러한 구상의도를 사전에 파악하고 있었다하더라도 특정한 장소에서의 공간감이란 각자가 갖고 있는 선입감이나 경험적인 감각에 의존함이 크기

_ 상해시 인민광장. 배경의 건축물들이 화려하게 반사되고 있다

때문에 이들의 의도에 공감하기는 쉽지 않았었다.

한편 이들도 계획의 접근과정과 개념정립은 당연히 갖추고 있었지만 특히 서구적 프로세스를 지향하면서도 결과적으로 나타난 실상보다는 개념설정이 화려한 것으로 보아 관념적 특성이 강한 전통성은 유지되고 있음을 보게 된다.

···· 황포강가의 외탄 광장

상해를 방문하게 되면 누구나 들리는 곳이 외탄外灘일 것이다. 비좁고 무더운 도심속에서 시원하고 넓은 강가이기도 하지만 중산동일로中山東一路를 따라 이어진 건축물들은 옛 상하이의 지난 추억들을 볼 수 있기 때문일 것이다.

지난날에는 열강들의 조계租界로서 완전 타의他意에 의한 경관들이지만 오늘날에는 자의自意에 의해 가꾸어지고 있는 것이 신기하기도 하고, 특히 요즈음은 강 건너의 신기루와 같은 장관에도 눈을 돌리게 될 것이다.

그 동안 꼬리를 물고 동력선으로 오르내리던 화물선대들과 돛을 단 범선들의 움직임들은 실증나지 않게 머리를 식혀 주었었다. 그러나 최근들어 유람선을 타고 장강長江 끝 오송구吳淞口까지 오르내리며 펼쳐지는 푸동浦東 지구의 건축물들을 감상하노라면 전경全景 자체에 큰 충격을 받게 된다.

이렇게 외탄거리와 푸동 신시가지에는 세계적 금융사들이 밀집되어 있는 미래형 경제도시로 탈바꿈되어가고 30층 이상 고층이 2700개에 달하는 데에는 마치 세계의 건축 전시장 속을 드나드는듯 하다.

강변을 따라 소주하蘇州河까지 이어진 외탄광장은 지난 중국인들에게는 수모의 역사를 회상시키는 곳이기도 하였지만 오늘날에는 그것을 기억하는 상해인들은 없을 것이다. "중국인과 개는 출입하지 마시오" 란 팻말은 당시 설계 · 시공을 한 프랑스 사람들이나 기억하고 있을런지 모르겠으나 1992년도 도로 확장공사와 1999년 개수 공사로 1990년도 초의 모습은 많이 개조되어 있었다. 도로면에는 가로 공원 녹지로 확장되었고 강변 1층에는 식당 등 상업 시설로, 좁혀진 2층 포장된 광장은 완전 서구형 편익 시설로 조성되어 졌다.

_ 외탄광장 안의 서구적 환경조형물들

_ 외탄광장 건너편의 푸동지구. 벌판의 신기루를 바라보는 듯 하다

도시의 역사라야 160여년이라 하더라도 인근의 소주蘇州나 항주杭州의 전통 원림문화園林文化를 염두에 둔다면 전혀 중국다운 면모를 찾을 수 없게 된다. 그래도 북경에서의 광장이 그나마의 전통과 첨단이 어울린 장소로 도약하고 있다면 이곳 상해 외탄에서는 서구의 화교거리보다도 더 서구화된 인상을 받게 된다. 그러면서도 외탄광장이 상해 시민들로부터 사랑을 받고 있는 것은 자연과 접할 수 있는 친수공간이기도 하겠지만 적정거리에 상업시설이 배치되어 있고 다양한 여가를 즐길 수 있는 선택의 기회가 가능하기 때문이 아닌가 생각된다. 상대적으로 중심가에 위치한 시민광장은 의도

적인 공간배분은 구분되어 있으나 쉽게 판매시설과 접촉할 수 없는 상징적 공간으로서 이용도와 행위의 다양성은 제한되어 나타나고 있었다. 이는 이곳 항구도시로서의 자유로운 개방의식과 구속된 질서에 대한 거부감의 표시이기도 할 것이다.

_ 상해시 외탄광장. 아직도 황포 강변은 외부로 향한 상해시민들의 창이다

요즈음 한창 북쪽의 황하黃河를 휩쓰는 "한류韓流"가 급속한 산업화에 따른 문화적 충격의 완충역할을 하고 있다면 이곳 양자강변에서는 당초부터 그럴 필요도 없었던 듯 하다.

우연하게 소개받은 중소기업인이 대형의 Sea food 식당으로 초청한 후 대뜸 "여기는 지난날의 중국이 아닙니다. 우리들을 공산주의자로 보지 마시고 마음놓고 말씀하십시요 한국선생!" 하면서 개인 비용으로 초청한 것임을 은연중 과시하기도 한다. 가뜩이나 말이 많은 상해 사람들이기는 하지만 근래에 들어 이들의 목소리가 더욱 커지기 시작했음을 느끼게되는 일면이기도 하다.

"우리에게는 사회주의나 자본주의가 중요한 것이 아니라 잘먹고 잘사는 주의가 중요하다"란 상해시 고위관리의 말이 기억난다.

"5년, 10년 뒤의 중국을 모르겠다"던 그들이 이제는 5년, 10년 뒤의 비전에 대해 자신감을 갖고 있을 뿐 아니라 "이제 한국으로부터는 배울 것이 없는 실패의 사례일뿐"이라는 인식을 갖고 있는 듯 하다. 어찌됐던 그들이 만들어 낸 곳이 전통을 벗어난 외부공간이든 기능적 또는 예술적 공간감을 차치하고라도 발전 의욕과 기세는 완전히 한국을 압도하고 있는 것이다. 그곳이 바로 중국의 상하이이고 또 그렇게 변화되어 갈 것이다.

중국의 도시광장 (4)

연길시의 시대광장
장춘시의 문화광장,

미지未知의 중국여행에서 첫 목적지는 1990년도 8월 장춘시 방문으로 기억되고 있다. 40여 년 동안 단절되었던 곳에 대한 긴장된 호기심은 예측이상의 놀라움으로부터 시작되었다.

낯선 장소에 대한 불안한 설레임이야 유사한 습관과 환경수준이라도 적응시차는 있기 마련이다. 또한 유럽이나 동남아의 도시에서건, 모스크바나 울란바트이건 방문자의 여건에 따라 받아들이는 충격 정도의 차이도 있을 수 있다. 하지만 짧지 않은 기간동안 사회적 배경이 틀린 국가였다 하더라도 그보다 더 긴 세월을 유사 문화권으로 인식되었던 도시에서 생각지 못한 환경의 차이에 부닥쳤을 때, 당혹스러움의 폭은 더 커질 수밖에 없을 것이다.

자연재료에 의한 지난 도시도 아닌 오늘의 가로 경관에서, 구분되는 색채가 온통 회색빛이었다면, 우산으로 가리며 용변을 보아야 하는 천국과 지옥의 장소였다면, 공원용 휀스가 우악스러운 철조망이었다면, 그 도시에 대한 첫인상은 상상할 수 있을 것이다. 이러한 점을 인식의 차이, 문화적 충격이라 하겠지만, 여기에 더하여 지난 시간의 아픈 상처를 재확인하고 그것을 현실로 받아들여야 하는 고통을 연이어 강요받게 된다면 그 인연에 대한 어두운 이미지는 오래 남을 수밖에 없게 된다.

그러나 오늘에 이르러 이러한 양 도시의 현상과 지난 인상은 무너져 가고 있었다. 개혁개방의 기치 아래 중국 남쪽에서부터 연해안을 따라 북상하고 있는 현대화의 바람은 이곳 길림성 오지에까지 번지고 있었던 것이다.

지난날 굴뚝과 시멘트로 이루어진 회색의 도시, 50년 사회주의 성과의 표본이 되는 도시, 정치이념에 얽매여 바깥세상의 흐름이 차단되었던 도시가 부富의 가치에 눈떠가는 도시로,

활력과 의욕이 넘치는 도시로, 현대화의 기차를 놓치지 않으려는 듯 몸부림치고 있는 양 도시의 광장에서는 이러한 그들의 움직임을 그대로 담아 표현하고 있었다.

••••장춘의 문화광장文化廣場

장춘시는 인구 250여만의 삼림휴양도시로 길림성의 경제, 문화, 교통의 중심, 200여년의 역사, 일제시 야심찬 도시계획에 의해 현대도시로의 면모를 정비한 곳이다. 공공녹지면적은 5.5㎡/인, 녹지율은 중국에서 두 번째로 높은 생태적인 도시건설을 목표로 하고 있다. 그러나 만주국의 수도였다는 역사적 흔적과 영화촬영소 등 이외에도 중공업도시로서의 무수한 굴뚝과 회색빛의 잔해는 아직도 곳곳에 남아있기는 하다.

10여 년 전에 비하여 도시의 편의성, 안전성, 보건성, 쾌적성 등을 평가할 수 있을 정도로 개선되었다 하나 그래도 도시의 전반적인 환경은 미흡한 상태이다. 이러한 여건에서의 문화광장은 장춘시 도시문화의 창구이기도 하고 공공시설로서의 대표적 얼굴로 나타나고 있다.

중심위치는 옛 위만주국 황궁의 전정으로서 도심에 자리 잡고 있는데, 지난 역사지구의 한 부분으로서 국가급 풍경명승 보호구의 문물보호 건축물들에 에워싸여 있다. 그중 중의대학(위 만주국 국무원 자리)과 의과대학(위 만주국 군사부 자리)은 문화광장 남측에 있고 북측의 지질국(위 만주국 황궁 자리)과 함께 광장의 공간과 시각상에서 주도적 위치와

_ 1990년대초 장춘시의 도시 조감. 처음 도착한 다음날 아침 호텔에서 내려다본 그 도시의 인상은 오랫동안 지워지지 않는다

_ 1990년대초 장춘시 중심가로에서 본 '도락꾸' 들도 낯설기만 했었다

_ 문화광장의 전면. 현재는 중의대학(만주국 당시 국무원 자리)과 의과대학이 자리잡고 있다

중심축을 이루고 있다. 면적은 21.25만㎡에, 동서길이는 약 496m, 남북길이 453m로 1996년에 준공되었다 한다.

완성과정의 문제점들

1) 위요하고 있는 30여 채의 건축물들은 지난 역사의 문화배경 차이로 품격과 표현언어들이 동일공간으로서의 틀과 정체성 및 연속성이 파괴되었다.

2) 통일된 계획과 설계내용이 미흡하여 공간의 체적과 양體量의 균형감이 결여되어 있다.

3) 일부 거주 건물들의 측면山墻이 광장을 향하고 있어 일정한 경관에 부작용을 일으키고 있다.

4) 전면가로新民大街에서 바라보는 지질궁과 배경이 되는 고층건물들의 중첩疊加효과는 광장경관형성에 이상적이지 못하다.

이러한 문제의 해결을 위하여 시정부에서는 1999년도 광장주변의 건축물 및 환경에 대한 개조를 진행하였다라는 것을 보면 이들의 공공공간의 구조와 도시경관 효과에 대한 강한 의지를 이해할 수 있을 것 같았다.

···· 구상 및 설계특성

도시설계에 대한 다음의 고려사항을 보면 더욱 그들의 실천능력을 파악할 수 있게 되는데 즉, 역사건축물과 새롭게 건설되는 건축물들과의 협조공존을 강조하고 광장 주변의 시각통로視廊의 공제控制를 중요시하는 설계원칙을 제시하고 있다.

설계원칙

광장을 에워싸고 있는 건축물들을 4개 부류로 나눈다 : 허물어야할 건축물들은 철거한다. 개발이 가능한 건축물들은 허물었다가 다시 건설한다. 역사문물에 해당되는 건축물에 대해서는 보호를 가한다.

설계구상

① 건축물들의 품격에 따라 주도적 건축물의 위상을 정립하고 종속적 건축물의 개성과 표현능력을 약화시킨다.

② 주변 건축물들의 통일성, 연속성 등을 고려하여 질서있는 경관현성이 유지되도록 한다.

③ 배경이 되는 북측지구의 건축물들에 대한 가능한 공제선을 제시하고 황궁의 어화원에 대한 복구건설을 진행한다.

④ 시각통로를 확보할 수 있는 합리적 방안설정과 실현할 수 있는 보상방안을 마련한다.

⑤ 중심건축물에 인접한 건물들은 녹화형식으로 가리워 '녹색'의 받침이 되게 하고 허실대비의 효과로서 지위를 강조한다.

⑥ 진행되고 있는 지하철 계획과 연계하여 광장의 지하공간을 개발토록 한다. 주 이용기능은 식당가, 오락, 쇼핑, 지하주차장 등을 배치하는 것으로 한다.

연길시 시대광장時代廣場

연길延吉하면 이제는 낯선 도시가 아닌 우리 생활공간의 일부로서 자리 잡고 있다. 그동안 왕래도 잦았고 여러 경로로도 관심을 갖게 하는 도시가 되었다. 해방 이후 민족집단인 '간도間島땅'으로만 인식되었다가 근래에 들어 '공동체적 미덕이 훼손되지 않은 곳' 정도로만 이해되던 곳이었다. 그러나 최근 들어 우리와 운명을 같이 할 사회 문제로까지 밀착되어 동일한 생활문화권으로 더욱 가까워지고 있는 곳이다.

'延吉'이라는 지명은 만족어滿族語로서 '후에이찌랑湖葉吉'이라는 발음에서 온 것이고 산양山羊이라는 뜻이다. 또 다른 측면에서는 연집煙集이라는 지명에서 온 것이라고도 하는데 여하튼 지정학적, 역사적 여건으로 보아 현재는 한족, 만족, 회족, 몽고족, 장족 등 여러 민족들과 혼거하여야 할 곳으로 되었다.

_ 1990년대초 방공상가였으나 현재는 시대광장으로 개조되어 있다

_ 1990년대초 연길시의 도시경관. 앞의 건물 자치주당청사는 지금도 남아있고 뒷부분의 광명로 주변은 몰라보게 변하였다

_ 1990년대초 연길시의 대표적 공원으로 지금도 크게 변하지 않았다

도시광장에서도 어쩔 수 없이 이러한 도시배경이 그대로 투영되어 나타날 수밖에 없는데 '민족고유의 특성반영' 과 '형제민족들과의 조화' 라는 이중적 권장기준의 선택보다는 개방 · 개혁이라는 정책구호의 실천이라는 빌미를 앞세워 '서구도시의 지향' 이라는 슬기로움으로 미묘한 민족감정을 피해나가고 있는듯하다.

다양한 색채와 자본주의식 상품선전으로 '경쟁과 선택' 이라는 자유와 자율을 익혀나가고 있고, 그러는 과정에 한국적인 정서를 뿌리내리고 있음을 볼 때 필자만의 희망적 해석만은 아닌듯하다.

'까끌래 뽀끌래' (이용원), '바로 이집이야' (식당) 등의 상호 표현과 여타 광고 디자인은 물론이고 퇴폐적인 상업행위는 이미 우리를 앞서고 있는 듯 하다.

도심속의 시대광장은 원래 방공호 자리로 5년 전까지도 지하상가로만 활용되다 1997년부터인가 오늘과 같은 시민광장으로 개조되었고 아직도 지하는 서울의 동대문시장을 방불케하는 도매시장으로 법석을 이루고 있다.

전력사정에 비해 버거울 듯한 전자광고탑이 어두운 거리를 밝히고 일년중 상품경매로 떠들썩한 날이 많을 정도로 시장을 방불케 한다.

도시 재정이 여유롭지 못하다 보니 중국의 여타 대도시 같은 계획성은 갖추지 못하였으나 도심의 오아시스로서 이용상의 활성화는 그나마 기대 이상인 듯 하다. 전체면적은 3,300㎡로 주변은 주로 호텔, 백화점, 시장 등 상업지구로 이루어졌고 광명로와 애단로의 교차지점에 위치하고 있다. 이상과 같이 소개된 장춘과 연길시의 도시광장은 선진도시의 광장내용과는 질적質的인 차이를 보여주고 있다.

흑룡강성이나 서쪽 내륙의 도시들도 이와 크게 다를 바가 없겠는데 이는 지리적인 위치로 개방 · 개혁 정책의 여파가 아직 미치지 못하였고 그에 따른 재정적, 기술적 수혜를 받지 못하고 있는 것으로 해석된다. 그러나 크고 작은 지역적 도시마다 도시 기반 시설로서의 도시광장은 열풍처럼 번지고 있어 이러한 열기는 정책적 필요에 의해서도 지속적이라 판단된다.

_ 연길시 시대광장 입구 광명로. 화려한 의사 표현이 봇물 터지듯 분주하기만하다

····중국 도시광장의 이론적 배경과 추가적 사례들

그렇다면 현대에 들어 중국인들의 도시광장에 대한 인식과 학문적 배경을 우리와 비교, 더듬어 보게 된다. 양국 공히 역사적인 '광장적 개념'은 동일하였고, 현대적인 서구적 광장에 대한 인식은 20여년 정도 앞뒤로 출발하였기에 정치체제와 경제수준, 사회적 이용에 차이가 있었을 뿐이라 가정하게 된다.

구분	한국	중국	비고
형태별 분류	기하학적 구성에 의한 연결가로에 의한 광장의 원형에 의한 · 위요형 · 유축형 · 유핵형 · 연쇄형 · 기타	규정형광장(規整刑廣場) · 정방형 · 장방형 · 제형 · 원형과 타원형 불규정형광장(不規整刑廣場)	Paul Zucker의 분류를 미우라권사꾸가 인용 *중국측의 분류 성시규획원리(城市規劃原理) 중국건축공업출판사
성격별 분류	· 교통광장 · 미관광장 · 지하광장 · 건축물에 축조되는 광장(건설 · 교통부) · 장식 · 기념 · 휴양 · 교통 · 시장 · 제전 · 근린 (산업도서) · 교통 · 역전 · 지하 · 시민 · 미관 · 건축 · 기타 (한국종합조경공사)	· 시민광장 · 기념광장과 건축광장 · 상업구광장 및 시장 · 교통집산광장	*필자는 역전, 시민, 미관, 지하, 건축에 축조된 광장으로 분류(학위논문)

이상에서 비교되는 것과 같이 개념에서의 차이는 서구적 개념의 도입이라 클 수가 없겠고, 설계에서 고려하여야 할 공간크기의 비례척도, 공간조직, 건축물과 시설의 배치, 동선의 흐름, 포장과 녹화에 대한 내용도 우리와 다를 바 없었다. 오히려 시민광장에 대한 배려가 우리보다 선행된 인식인 듯 하고 기능의 효율성으로 상업과 시장에 대한 분류는 바람직한 선례라 생각된다. 다만 지하교통과의 연계 및 제공해요소로부터 보호받을 수 있는 지하광장에 대한 개념은 아직 제도화 되지 않은 듯 하다.

이러한 인식으로 출발된 도시광장에 대한 소개는 그동안 기념적으로 평가되는 몇 개의 도시와 상대적으로 미흡한 광장을 비교 안내하였다. 이외에도 각 도시마다의 경쟁적인 표현들이 나타나고 있으나 양적인 한계가 넘치고 더 이상의 의미가 없을 것 같아 몇 개 도시의 분위기로서 흐름과 경향을 보여주고자 한다.

····마감을 하면서

당초 중국의 도시광장을 소개하면서 기대했던 것은 드넓은 땅덩이에 그 많은 광장안에서 다양한 지역적 특성을 구분하고자 했던 것이다.

말하자면 우리네의 남도창唱이나 타령같이 지역적인 문화표현이 세분화 되었으리라 기대했고, 당연히 서안西安의 당극唐劇, 중부 중원권의 예극豫劇, 강남의 소주나 항주에서의 월극越劇, 동북삼성에서의 용극龍劇, 북경에서의 경극京劇 등과 같이 현대적 도시표현에서도 구분이 가능하리라 생각했었다. 다시 말해 양주楊州나 소주蘇州와 같은 정원문화, 또는 항주杭州와 같은 수水자원의 독특한 경관연출이라든가 서안이나 개봉開封, 낙양洛陽과 같이 고대 도시의 역사적 상황을 이해할 수 있는 문화적 특징을 찾아보고자 했던 것이다.

그렇지 않으면 남쪽 광주廣州나 운남성云南省의 곤명昆明과 같이 열대기후나 여러 소수민족들에 의한 낯선 재료와 이질적 즐거움을 만끽해보고도 싶었다. 또는 돈황敦皇의 사막이나 하얼빈哈爾濱의 극한 추위에도 견딜 수 있는 암시적 조형 표현 등에도 기회가 있으려니 했었다. 그러나 결론적으로 이러한 기대는 일정기간 동안 찾을 수 없을 것이고 광장이라는 그릇속에 담길 어느 정도의 숙성된 결과는 시간을 필요로 함을 느끼게 되었다. 그렇다고, 광장 자체가 오랜 역사문화를 보여주고 있는 이태리나 스페인과 비교할 수는 없다. 그래도 라데팡스나 콩고드 광장과 같이 현대 또는 근대에서의 프랑스적인 배경을 구분할 수 있거나, 일본 요코하마의 랜드마크빌딩 앞 광장에서 오늘날까지 이어지고 있는 일본적인 특성을 발견할 수 있듯이 중국 특유의 소화기법에서도 찾아보고자 했던 것이다.

결국 지난 시대나 특별한 지역에서 문화로서의 표현은 장구한 세월동안 자연스럽게 다듬어진 결과로서 광장이라는 특정한 장소적 시설은 서구적 도시배경과는 그 출발이 달랐음을 간과할 수 없을 것이다. 특히 국토의 통일만이 아닌 하나의 민족으로 추구되어 가는 과정에서 지역적, 민족적 특성에 대한 기대는 너무 성급했었음을 깨닫게 된 것이다. 하기는 우리나라에서도 정체성에 대한 논란은 30년 전 정도이고 조경분야에서의 거론은 20여 년 정도 지났으니 이러한 기대를 오늘의 중국에서 찾고자 했던 것은 무리일 수밖에 없었던 것이다. 방콕에서 관람한 한국의 전통북과 부채춤은 관광객을 위한 쇼일 수밖에 없고 베를린의 네우스궁에서 본 중국의 정원은 전시장의 진열일 수밖에 없는 것과 같이 광장에서의 행위 역시 그러하다.

어느 도시에서건 아침 새벽이면 노인네들의 집단군무이고 해질 무렵이면 카세트에 의한 젊은이들의 요란한 춤 연습이나 롤러브레이드 정도였다면 이를 보러 중국의 도시광장을 더 이상 헤매이고 싶지 않게 된다.

우리 몸에 맞는 청바지도 얼마 전에야 정착되었고 우리 것으로의 영화도 최근에야 인정받고 있는데 그나마 조금밖에 남지 않은 시간, 우리것에 대한 또다른 사냥이나 궁리해보련다. 중국을 통한 오늘의 위치를 터득한듯하니 행여 10여년이 무모한 시간의 낭비가 아니었기를 자위하면서….

중국 산수화의 경전

장가계의 무릉원
계림의 리강, 곤명의 석림,

중국인들은 역사적으로 자기중심적 사고, 또는 과시적 기대표현을 즐겨 사용하여 왔다. 흔히 이야기되는 중화사상中華思想으로 "세계적", "중국의 몇 대大…"라는 비유로 설명하거나 희망적 목적지향을 추구한다. 그래서 역사문화나 인물 혹은 자연경관까지도 과대한 수사력修辭力에 놀랄 때가 많다.

각 지역의 유명 산들을 방위에 따른 오악五岳등으로 구분, 예찬하고 있는데 즉 명산의 위치에 따라 산동성의 태산泰山을 동악, 섬서성의 화산華山을 서악, 호남성의 형산衡山을 남악, 산서성의 항산恒山을 북악, 하남성의 숭산崇山을 중악으로 불리워 왔다. 그중 동쪽의 태산은 계절상 봄이라 하여 가장 친근하게 생각하여 왔고, "오악지장五岳之長", "오악독五岳獨尊"이라며 천하제일의 명산으로 믿어왔다. 그러면서도 한편으로는 9대 명산 중의 하나인 황산黃山의 아름다움을 으뜸으로 강조하기도 한다. 명나라때 저명한 지리학자이며 여행가였던 쉬샤커徐霞客는 30년에 걸쳐 중국의 산하를 둘러본 후 "오악에서 돌아온 사람은 보통산은 성에 차지 않는다. 그러나 황산에서 돌아온 사람은 그 오악조차도 눈에 차지 않는다"라고 하였으니 아마도 각기 다른 평가가 나올 수밖에 없는 특성들의 강조로 이해할 수밖에 없을 것이다.

그러나 필자는 중국을 나다닌 지 10여년이 지나도록 오악은 고사하고 황산도 둘러보지 못하여 중국의 산하를 무어라 평가할 수 없게 되었다. 다만 하남성을 들렀을 때 제일 처음 불교가 들어왔다는 백마사白馬寺, 소림권법으로 유명한 소림사의 소실산小室山과 인접한 태실산太室山이 중악 숭산이라 하여 지나쳐보았을 뿐이다.

하도 역사적으로 소문난 사찰들이라 그 이름에 눌린 탓인지 그저 중국의 황제가 즉위할 때 "하늘에 제를 지낸 산" 정도로서

나머지 산들이야 백두산만큼 하랴 싶어 별로 찾고자 하지도 않았었다. 오히려 9산5악에는 포함되지 않았어도 중국 전통산수화의 근원지, 그렇다면 중국 원림의 원본이 되는 아름다운 산이나 계곡이 기준이 되어 그곳에 대한 풍광風光에 관심을 가질 수밖에 없었다.

그렇다면 최근에 찾았던 호남성의 짱쨔찌에張家界와 한동안 소문났던 꾸이린桂林, 운남성 쿤밍昆明의 스린石林 등이 중국 전통산수화의 경전經典이 아닐까 하여 비경秘景에 대한 즐거운 회고로 소개하고자 한다.

_ 계림 리강 주변의 석양 비경

"계림의 산수山水는 천하제일이다"라는 말 그대로 1991년도 여름 처음 찾았을 때의 감동은 지금까지도 잊혀지지 않는다. 비행기 착륙 때부터 드넓은 지평면에 솟아난 기이한 봉우리들, 마치 크고 작은 용수들을 세워놓았거나 나열된 옥수수 형태들의 병풍과 같은 경관은 도저히 상상 할 수 없었던 진기한 모습들이었다. 우리나라의 마이산이나 주왕산 정도의 바위산이려니 했으나 그 넓은 벌판에 특유의 카르스트 지형에 의한 봉우리가 10

만개나 솟아 그 사이로 강이 흐르고 도시桂林市가 있으니 그야말로 그림 속에서나 볼 수 있는 가상의 산수화로서 도저히 믿기지 않는 현실이었다. 계림에서 남쪽으로 83km 떨어진 양쑤어陽朔까지 리강 따라 8시간 동안 펼쳐지는 산수화의 전시장과 "양삭의 산수는 계림에서 으뜸" 이라는 아름다움 앞에서 "내 더 이상 아름다운 경관은 욕심내지 않으리라" 다짐하였었다. 그러나 "겨울의 흐린 날씨에 눈이 내리는 리강은 더욱 아름답다" 하기에 그만 금년도 2월 모처럼 여행길에 다시 찾게 되었다.

계수나무 가로수 향기와 아름다웠던 지난날의 산천은 유구한데 그 안에 담겨졌던 그림소재들은 역시 과욕이었던 듯 하다. 오염된 물빛에 인위적인 호안시설로 강변의 물소떼와 한적했던 이색풍경은 변색되었고, 순박했던 어린동심들은 사냥감각을 잊은 듯 성가신 가마우찌 존재가 되어 있었다.

현대적인 도시건물들 역시 그들을 에워싸던 신비로운 배경을 끊어 놓았고 도심 강변에 비춰지던 첩채산, 복파산, 상비산의 그림구도들은 이미 "천하제일의 산수" 라는 명성을 지워가고 있었다.

인접도시인 유주柳州시에서 계림까지 135km를 2시간 30분에 달릴 수 있는 계유 고속도로의 개통, 새로운 공항청사의 준공, 리강 강변 관암동굴의 관광시설 등 10여 년 동안 천하제일을 자랑하고자 개발노력 하였건만 이미 제일의 명성이 사라지고 있는 이유를 그들은 모르고 있는 듯 하다. 결국 이러한 분별없는 편의성이 오랜 시간동안 지켜온 그들의 역사적 터전과 고색창연했던 세월마저 무너지지 않겠나 하는 생각으로 그나마 스며있는 지난날의 향기로운 풍광이나 간직하기로 다시 한번 다짐하게 되었다.

그에 비한다면 1998년 여름 이후 다시 찾은 일이 없던 석림에 대한 인상은 지워지지 않고 그대로임을 다행으로 생각하게 된다. 중국 서남쪽 운남성의 성도省都인 곤명시 동남방 86km 떨어진 곳에 기후가 좋고 중원中原과는 또 다른 맛의 문화를 볼 수 있어 당시 아쉽게도 찾지 못했던 따리大理, 씨쐉반나西雙版納, 리찌앙麗江 등과 함께 항상 염두에 두고 있는 아름다운 경승지이다.

중국 국무원에서 발행한 국가급 중점풍경 명승구로 지정된 곳으로 두개의 삼림二林, 두개의 동굴二洞, 두개의 호수二湖, 하나의 폭포一瀑인 7개의 경관구로 소개되고 있다.

바다 밑의 석회암 침전구가 융기되어 오랜 시간 풍화작용에 의해 천백만개의 석봉, 석주, 석아石芽가 형성되어 오늘의 석림이 이루어졌다 한다. 총 면적중 개방된 곳만 1200무(1무는 666.6㎡)이고 그중 주요 관광구역은 약 120만㎢인바 실제 대상은 약 80만㎢에 이르니 그 넓은 장관에 놀라움을 금할 수 없다.

이곳 역시 유幽하고 기奇한 것으로 세계자연 경관 중 절경으로 꼽혀 "천하제일 기관" 이라 불리고 있다.

_ 곤명 석림 입구의 석주 기경

하늘을 찌를 듯한 바위 봉우리들이 검은색 숲과 같다하여 석림이라 하는데 사실 이곳에 가보지 못한 사람들에게 경관설명이란 여간 어렵지 않다.

웅雄, 기奇, 험險, 유幽란 표현으로 그 모습을 묘사하는데 부족하고, 좀더 구체적으로 공작새가 꼬리를 펴고, 봉황이 앉아있고, 소가 달을 바라보고, 또는 산장의 법사석, 손오공석, 관음석, 장군석 등 무수히 살아있는 모습들로서 미묘한 조화를 묘사하고 있다. 그러나 필자가 보기에는 흔히 실내에서 감상하는 석분石盆을 확대하여 놓은 듯, 석기石器와 같이 날카로움에 긴장하게 되고 다양한 형태에 의한 경관경험을 소화하기에 급급할 뿐이었다.

그야말로 천자백태千姿百態의 석주, 석벽, 석봉들이 서로 뽐내고 있는데 20~50m 높이로 치솟아 "멀리서 보면 돌인데 가까이서 보니 돌이 너무 크네, 돌이 진짜 크네, 확실히 큰 돌이네" 라고 하였다 한다. 제일 크고 아름다운 곳이 집중된 곳은 석림호, 대석림, 소석림과 리쯔위앤李子園으로 관광코스는 5km이나 이곳을 바쁘게 돌다 나오면 요지경속을 헤매다 홀린 듯 호흡을 가다듬어야 할 판이다. 그러나 이곳에 대한 호감을 간직하게 된 것은 이러한 빼어난 경관만이 아니라 눈이 부실 정도의 색채가 인상적이기 때문이기도 하다. 과연 루난스린路南石林에 가보지 않으면 운남云南에 간 것이 아니라는 말에 공감하게 되는데, 이 지역에 사는 샤니족, 태족, 이주, 미오우주苗族들 소수민족들의 의상은 참으로 신선하다. 중원지방의 한족들은 어딘가 빛이 바랜듯한 탁한 분위기로 황사현상이나 황하黃河를 연상케 하는데 화려하게 배색된 의상은 석림의 어두운 색조와 대조되어 밝고 깨끗한 인상을 갖게 된다.

감색을 기초로 적, 황, 녹, 흑으로 배합된 전통의상의 민속적인 색채는 이곳의 맑은 공기와 원주민 처녀들의 순박한 모습과 함께 중국에서 가장 살기 좋은 곳으로 오래전부터 정평이 난 듯 하다.

이곳에 비하여 최근에 소개되고 있는 짱쨔찌에張家界는 금년 2월로 처음 찾게 되었다. 그동안의 중국여행에 지칠 때도 되었고 계림, 석림만 하랴 싶은 생각에 시큰둥했었으나 집사람 동창계에 얹혀가는 호기회라 마지못해 따라 나서게 되었다.

옛날에는 따룽구어大容國에서 얼마 전까지 따룽쓰大容市로 불리우다 1992년 관광개발이 시작되어 새로 지어진 도시명이라 한다. 초나라 때 짱량張良이 리우빵劉邦을 도와 한나라를 세운 직후 이곳 무릉도원으로 피신, 장씨성의 집성촌을 이루었다 하여 이를 근거로 장가계란 지명을 갖게 되었다는 안내인의 설명이다.

전설같은 이야기겠지만 아직도 계곡 오지안에는 초나라 때의 정서적 분위기가 남아있다하니 때묻지않은 곳임을 강조하려함이겠으나 지도상에는 분명 장량의 묘가 계곡 입구에 표시되어 있었다. 하지만 이곳 무릉원구武陵源區가 무릉도원으로서 최근에 밝혀졌다 하는데 그만 놀라움을 금할 수 없게 된다. 그렇다면 북송시대北宋時代 타우위앤밍陶淵明이 쓴 타우화위앤찌桃花源記의 타우위앤찡桃源境이 이곳인가에 깜짝 귀를 의심할 수밖에 없었다.

진晋나라의 어떤 어부가 우연히 이곳을 발견하여 진晋나라 때 난리를 피해 바깥세상과 두절된 사람들을 만났으나 집에 돌아온 후 다시는 그곳 도원을 찾을 수 없었다는 몽유도원夢游桃源으로서 시인묵객詩人墨客들의 아름다운 이상향理想鄕이 아니었던가!

호남성 서북부에 위치해 있으며 시내인구 25만에 교외인구는 35만 정도로서 투찌아주土家族, 바이주白族, 미오우주苗族 등 소수민족이 72% 차지하며 그중 토가족이 제일 많다 한다. 험한 산골에서 수렵이 주 생업이며 졸이거나 말린 저장음식으로 식사를 할 때에는 각자 흩어져 먹고, 체형이 왜소하고 다리가 짧으며 성미가 급하다 하니 중원지방의 한족들과는 특이한 민속습관을 갖고 있는 듯 하다. 남녀간의 연애감정은 상대방의 발등을 밟는 것으로 그 강도에 따라 적극성이 전달된다 한다. 돼지머리와 꼬리를 신부 집에 보내어 통혼을 하는데 머리를 되돌려 보내면 승낙의 표시로서, 신부는 결혼 날짜 한 달 전부터 부모님에 대한 감사의 표현으로 울어야하고 신랑감은 그 기간동안 음식을 날라주어야 한단다.

물론 봉건사회에 있었다는 관광안내인의 재미있는 소개이지만 이렇게 듣는 즐거움이 무릉원의 비경에 흥미를 더하는 것도 사실이다.

크게 기대하지 않았던 여행길에 운 좋게 찾게 된 무릉원은 장가계시 북쪽 34km에 위치하고 국가 삼림공원 삭계곡索溪谷 자연보호구, 천자산天子山 자연보호구 등 3대 풍경구가 있으며 면적은 264㎢에 이른다.

기奇, 수秀, 유幽, 야野, 험險을 한 몸에 지녀 "천하제일 기산", "중국 산수화의 원본"이라 불리우고 있다. 유엔 산하 유네스코에서도 1992년 "세계 자연유산 명록"에 수록되었다 하고 2000년도에는 중국4A급 풍경구로 선정되었다 한다.

시 경계를 벗어나 무릉원구에 도착하기 전부터 기암들이 들어차 있어 계림경관과 유사하나 수직으로 강하게 솟아오른 바이짱씨아百丈峡에 이르러서는 탄성이 절로 나오기 시작한다. 마치 설악산 대승령 고개 마루턱과 같은 분위기이나 밑에서 치켜본 봉우리 끝이 보이지 않을 정도이니 직각으로 세워진 어마어마한 높이에 그만 압도당 하고 만다. 이러한 수직경관은 서막에 불과하고 천여 개의 산봉우리가 수려함을 다투는 천자산, 우뚝 솟은 황쓰짜이黃獅寨, 푸른빛이 짙은 찐삐엔씨金鞭溪, 신비함이 가득한 황룡동, 높은 봉우리 속에 담겨진 바우펑후寶峰湖, 그리고 원시 공중화원 천문산 등등은 도저히 다른곳과 비교하여 설명할 수 없는 기이한 풍경들로서 그저 감탄사의 연발일 뿐이었다.

그중 "세계에서 제일 아름다운 계곡"으로 불리운다는 금편계는 라우무어완老磨灣으로부터 수이라우쓰먼水擾四門에 이르는 7.5km 계곡을 이르는데 양쪽 언덕에는 석주 및 가파로운 산봉우리, 조용하게 흐르는 계곡물 등으로 전형적인 산수화속으로 들어가는 기분이었다. 마침 구름과 안개가 낀 날씨라 더욱 신비로움을 더하는데 안개에 가리거나 구름 위로 솟은 봉우리들 하나하나는 설악산 계곡이나 금강산 만물상의 연속인 듯 이어져 마치 꿈속을 거니는 듯 하다.

_ 장가계 무릉원 금편계의 수경

더욱이 급한 경사 계곡이 아닌 평탄한 조건에서 연필같이 솟아오른 힘찬 기암군들과 그윽한 생태환경은 이곳이야 말로 무릉도원으로서 명불허전名不虛傳이 아님을 확인하게 된다.

_ 장가계 천자산 정상에서의 선경

계곡을 빠져나와 천자산 삭도를 타고 정상에 오르니 눈 덮인 봉우리와 깊은 계곡의 경치가 가관을 이루고 있었다. 촘촘하게 솟아오른 산봉우리들은 천군만마를 굽어보는 듯하고 더욱이 구름바다 위로 펼쳐진 수많은 봉우리의 석양빛은 영원히 간직하고 싶은 한 폭의 그림이었다.

그 누가 이곳을 천하절정이라 하였던가. 이 자연의 장연함을, 운무의 신비함을, 산곡의 유현함을…. 무릎꿇어 초로인생의 허무함, 왜소함을 통절히 느끼게 하는 창조주의 작품이었다.

귀국길에 북경에 들러 그 곳 지인知人들과 이번 여행담을 들려주었더니 "중국에서 아름다운 곳이 어디 그뿐이겠는가?" 라면서 새롭게 개발되고 있다는 또 다른 비경秘景을 소개하여 준다. 사천성 청뚜成都 북쪽 찌우짜이꺼우라 하는데 일년 전에 3곳을 개방하였다 하고 나머지는 금년 6월경부터 관광이 가능하다 한다. 자존심이 상하면 가리는 구석이 많고 칭찬을 하면 자랑하고 베푸는데 인색하지 않은 사람들인지는 일찍 터득하였지만, 도연명이 노래한 무릉도원 보다 더욱 멋진 곳이라 하니 과연 그곳은 어떠한 곳일까 벌써부터 호기심이 발동하기 시작한다.

하기는 그동안 그들의 시화詩畵나 원림이 허구적인 것으로 오해 하고 싶었던 필자로서는 그들의 끝도 없는 근원을 믿을 수밖에 없게 되었다.

_ 안견의 몽유도원을 생시에 그려보게 된 것이 꿈만같다

중국 서남쪽 유사한 카르스트 지형이면서도 부드러운 봉우리 사이로 선유하는 계림의 산수山水, 솟아오른 바위와 깊은 계곡으로 빨려드는 무릉원의 선경仙景, 분방한 형태와 화려한 색채에 홀리는 듯한 석림 풍광風光이 그들 산수화의 원전源典이라면 구채골의 경관특성은 어떻게 표현될 수 있을까?

금년 여름 그곳이나 찾아 바닥도 모르게 변모하는 중국 도시화의 어지러운 근원이나 풀었으면 좋겠다.

_그래도 넘쳐야 좋을 도시 경주, 아직도 채워져야 할 포항

_역사에 남은 공주, 길 문화의 도시 천안

_의외로 국제적이지 못한 군산, 전통 지키며 세계화 추구하는 남원

_다시 깨어나는 항구도시 목포, 두 번째의 강남 순천

_젊음의 도시 부천, 회춘의 도시 의정부

_남겨져야할 안동, 국제화로 탈바꿈한 구미

_쉴자리를 다듬어야 할 원주, 볼거리를 만들어 가는 강릉

_육지의 것에 오염되는 제주시, 남국의 정취 간직한 서귀포시

_남강과 함께 살아가는 진주, 가고프지 않은 고향 마산

_문화인의 권위가 기대되는 충주시, 사또의 문화가 남아있는 제천시

_한 지붕 두 가족의 성남시

4부_한국의 중소도시공원

아직도 채워져야 할 포항
그래도 넘쳐야 좋을 도시 경주

경상북도는 다른 도에 비하여 면적도 크고 도시도 많기에 좀 더 이야기거리를 찾아 보기로 하였다. 그러자니 논란의 소리가 그치지 않고 있는 경주慶州와 자극의 계기가 되고 있을 법한 인접도시 포항浦項으로 정하게 되었다.

신라 문화권 개발이라는, 명분도 모르고 드나들었던 경주였고, 1980년도에 수립한 포항도시계획에 참여했던 인연도 있고 해서 어느 정도의 도시 배경은 가늠하고 있었기에 우선 경주부터 더듬어 보기로 하였다.

30년 전엔 그야말로 강나루 건너 밀밭길을 구름에 달 가듯한 분위기였고 조상들의 문화유산에 대한 말투정으로 여관집 아들과 밤을 새우기도 했던 그런 시절이었다. 그러나 요즈음은 조상의 유산으로 무위도식한다고 매도하는 그렇게 한가한 다툼이 아니라, 다른지역 인접 도시만큼 잘 살아 보겠다고 시끄러워 졌다는 이야기이다.

이러한 와중이니 공원다운 공원이 남아 있을리 만무했겠고 새로운 공원 하나 제대로 조성되어 있을까 기대하지도 않게 되지만, 그래도 지나쳐 보아야 무언가 묻어나지 않겠는가 !

경주는 매번 새롭게 가슴으로 밀려오는 한국 최고의 역사도시로서 세계인이 인정하는 곳이다. 터를 잡은 지역은 서 · 북쪽이 험한 산맥으로 둘러싸여 있고 동해안과 접하고 있어 당시의 대륙문화와 교류하기는 힘들었으나 부족 발전의 터전으로는 버리기 어려운 보금자리였다.

하지만, 삼국이 대립하던 시기에는 자연의 지형지세로 도성 방위가 용이하였고 사방에 산성을 축조하는 대신 외곽성을 축조하지 않은 유일한 도성으로서 그들의 천년 문화를 담아 내려오게 되었다. 이러한 경주도 망국의 한을 품으며 고려시대에는 종민從民 정책에, 왜구의 강점기에는 그들의 분탕질에 좌절해야만 했다.

그러한 경주가 해방 이후에는 흐트러진 유산 하나 챙기기 힘들었다. 하지만 그 이후 오늘에 이르기까지에는 단지 삶의 멍에로 부담스러워 해야할 지경에 이르게 된 것이다. 이러한 배경에는 1970년대초 정부주도의 국토개발과정에서 국제적 관광지로서의 도시화가 촉진되었고, 이는 당연히 문화재 보존사업과 마찰을 빚게 된다. 이러한 마찰은 보존과 개발에 대한 구체적 지침이 분명하게 제시되지 못하고 있기 때문이기도 하지만, 근본적 원인은 개발제한에 따른 경제적 열등감에서 제기 되고 있는 것이다.

_ 황성공원에 인접되어 있는 유서 깊은 유림. 최근에 이곳으로 도로가 개통된다기에 숲이 아까워 그려 보았다

이러한 배경에 따라 도 · 농 통합형태의 시로 승격하여 개발용지의 확보를 꾀하였고, 고속철과 경마장계획으로 관광산업의 활성화, 도시주변의 공단조성 및 세계문화EXPO 등 국제행사를 유치하여 지역경제를 높이려 시도하고 있으나 개발에 따른 환경훼손으로 논란의 악순환은 끊임없이 이어지게 된 것이다.

이와 같은 도시의 시대적 상황에 경주시 권역의 공원 현황은 국립공원지구만 하여도 8곳, 도시자연공원 1, 근린공원 18, 사적공원, 묘지공원, 천변공원 1개소 등으로 되어있다. 그중 중심생활권에만 12개의 공원이 지정되어 있는데 주로 역사와 관련된 다양한 유적들이 세계적 문화유산으로서 살아 숨쉬고 있다.

지상의 극락정원을 꿈꾸며 정갈한 예술혼이 담긴 불교문화, 죽어서까지도 신비로움을 간직한 무덤들, 화려하게 꽃피워 넘쳐났던 찬란한 문화에 홀리다보면 매번 새롭고 볼수록 진기하게만 느껴지게 된다. 그러나 이러한 유산들도 경주시민들의 자긍심을 북돋

우기보다는 외지인들에게 보여주기 위한 관람시설로 인식되고 있다 한다. 그렇다면 현대적 개념의 공원은 역사가 압도하는 도시에서 어떻게 공존하고 있을까 관심을 갖고 나서게 된다. 그중 기존의 황성공원과 최근에 조성되었다는 용강공원이 기조성된 시설공원이라 하기에 우선 황성공원부터 찾아보았다.

_ 임해전지의 안압지. 용강동의 근린공원을 그리느니 이곳의 경치가 더욱 즐거웠다

형산강을 따라 남쪽의 평야지대에는 옛 도성이 자리하고 허虛한 곳을 보補게 한다는 풍수개념의 비보림裨補林으로 조성되었던 듯 북천北川 건너 개활지에 위치하고 있다. 전체지정 면적은 약 100만㎡에 그중 조성된 곳은 51만㎡로서, 더 정확히 말한다면 기존의 숲이 반만 남아있고 나머지는 이미 훼손되었다는 이야기가 된다. 이러한 숲의 가장자리에 실내체육관이 준공을 기다리고 있는데, 도시경관이나 정태적인 숲의 분위기를 해치지 않겠느냐는 염려의 논란이 있었다고 한다. 그러나 이미 경작지로 이용되었던 곳이고 장래 경주시 발전의 중심지로서 공원안의 도서관이나 공설운동장과 함께 '근린스포츠' 활동의 여건과 규모를 부담하고 있었다.

나머지의 공원녹지 자체는 북천을 사이에 두고 남 · 북, 신 · 구 시가지의 중심축으로서 완충역할을 하며, 주 수종을 이루고 있는 소나무 숲은 형산강 건너 화랑국립공원과 오른쪽 소금강 국립공원과도 횡적인 녹지축을 가능케 하고 있다. 휴식처로서의 숲속에는 특별한 편익시설이 없었는데도 다양한 계층의 이용이 높았고, 특히 노인들이 둘러앉아 한담을 즐기고 있는 모습에서 전형적인 한국의 휴식터임을 보여주게 된다.

오랜세월 이 숲속에는 장승과 솟대와 돌탑, 그리고 당집이 있었을 것이고 주위의 아름다운 풍광을 조망하기 위한 좋은 자리에는 연못과 아담한 정자도 갖추어져 있을 것이다. 때로는 제례나 굿을 위한 성스러운 장소로, 아이들의 놀이장소로, 혹은 유림들의 시작詩作을 위한 원림으로, 한여름에는 농부들의 더위를 피하는 쉼터로서도 제격이었을 것이다.

이와 같이 자연이나 시설로서의 숲은 우리네의 공원문화로 간직되어 내려왔고 오늘날에도 충분하게 그 몫을 다하고 있었다. 믿기지 않을 정도로 넓은 숲, 그나마라도 용케 남아 있는 숲을 돌아 나오자 이번에는 최근에 조성되었다는 용강동 주택가의 용강공원을 찾아 나섰다.

구 도심 북쪽에 조성된 아파트 단지내에나 있을 법한 공지를 기웃거리다 물어물어 간곳이 경공업 지구내의 한 모퉁이였고, 면적 16,000m²에 법적 시설요구만 적절하게 나열된 전형적 공사公社판식의 판박이 공원을 보게된다. 주중이라 그러한지 이용객이 전혀 없었고, 인근 주민들 역시 공원의 존재를 모르고 있었다. 주택가와 떨어져 있음인지, 도시의 정체성과 조화되지 못한 탓인지, 혹은 새로운 공원시설의 필요성이 없었는지 공원 현황실적으로만 인정하기에는 그런대로 성의 있는 시설이었다.

현대적 주거공간에서의 역사성이야 그렇다 치더라도 주제와 특성에 대한 이야기거리가 없는 시설의 나열은 결코 주민들이 선택하지 않을 것이며 자연의 숲 만큼도 가까이 할 수 없다는 것을 확인하면서 서둘러 포항으로 향하게 되었다.

경주의 천년역사를 지켜보고 천여년동안 북으로 흐르다 양동리 안강벌에서 동해 영일만迎日灣에 이르는 형산강 하구에는 포항시가 자리잡고 있다.

한반도에서 가장 먼저 해를 맞이하는 고장으로서 초기에는 어항魚港중심의 항구도시로 출발하다 점차 상업도시의 성격으로 변모되어 왔고, 영일만이라는 천혜의 조건을 배경으로 임해공업이 발전하고 첨단과학 산업도시로 새롭게 자리잡아 가는 곳이다.

신라 이후 조선시대까지도 지역의 명칭이 고유화 되지 못하다 1731년(영조 7년)에 이르러 "갯목"의 한자화로 포항창진 설치라는 지명이 등장할 정도로 한가한 어촌이었다 한다. 그러나 포항이라는 곳이 우리나라 역사에 크게 기여하기 시작한 때는 1973년 이후 경제개발계획의 일환으로 포항제철과 공업단지 건설을 계기로 볼 수 있다.

이러한 포항시의 1980년도 장기 종합개발계획을 들춰보면, 도시 미래상의 설정으로 목표년도(2001년)까지의 계획인구 45만명에 중공업 및 수출산업도시, 동남해안의 경제중심도시, 4000＄에 달하는 고소득 성장도시로의 지향이었다. 그 결과로 본다면 2차산업의 비중이 높아지고 중공업도시의 기틀이 완비되었으며 인구와 개인소득의 목표는 이미 넘어서게 되었다. 그러나 신 · 구 도시의 균형적 발전을 도모하고, 도시개발 위주의 성장을 하다보니 도시 발전의 기본이 되는 생활환경시설은 상대적으로 미흡할 수밖에 없었을 것이다. 이러한 현실은 당시의 상황과 비교하면 그대로 나타나고 있다.

그 당시 공원유원지 현황으로는 도시계획상 10개소(전체면적 7.2Km²)만 지정되어 있었고, 실제 시설공원은 전무한 상태였었다. 다만 유원지로 이용되고 있던 송도松島도 시설의 미비와 수질의 오염으로 해수욕장으로서의 기능이 상실되고 있어 이용객이 매년 감소하고 있는 상황이라 하였는데, 20여 년이 지난 오늘날 역시 시설이 완료된 도시공원은 한 곳도 없다.

그 동안 조성계획 수립만 완성된 곳이 도시자연공원 1개소, 근린공원 4개소, 그중 개발중에 있는 곳이 '해맞이' 공원으로서 1단계가 2000년도에, 완공은 2003년도에 끝나는 것으로 되어 있을 뿐이다. 다시 말하여 20년 동안 신중하게 계획만 했었다는 결과로서, '해맞이' 공원은 스페인 바르셀로나의 '가우디 공원' 과 같은 명소로서 크게 기대를 받게 된 것이다.

아직까지도 송도유원지는 국민 관광지로서 해수욕장으로 이용되고 있으며 주로 횟집 등만 옛 모습을 유지하고 있어, 소나무 숲에 둘러 쌓여 은빛모래를 자랑하던 시기는 이미 지나간 듯 하다.

그러면서도 인구 51만을 위한 홍보책자의 화려한 청사진 속에는 "쾌적한 정주 환경도시", "미래형 자족도시"로 안내하고 있으며, 지역적 차원의 "철강 및 첨단산업, 문화예술, 관광휴양도시"와 국가 · 국제적 차원의 "동해안 제일의 국제교역 및 국가 기간산업도시"로의 이상향만을 보여주고 있다.

_ 포항의 송도 유원지. 도시내에 공원이 없어 오랜만에 찾았으나 오래 있을 수 있는 곳은 아니었다. 포항제철을 선택한 대신 돌이킬 수 없는 천혜의 자연을 잃었다

그뿐 아니라 천혜의 동해안 비경과 태백준령이 마지막으로 빚어낸 절경으로서의 자연자원도 이에 곁들여 홍보하고 있는데, 있는 것을 가꾸고 다듬어 나가는 것이 아니라 쓰고 버린 후 새로운 자연자원도 실적인양, 화려하게 장식하고 있음을 보게 된다.

그러한 곳 중의 하나가 송라면 중산리의 보경사寶鏡寺라 하기에 한편 당혹스럽기도 하고 오랜만에 찾게 되어 반갑기도 하였다. 무척이나 한적한 곳이었고 내연산의 절경과 함께 화진 해수욕장이 가까이 있어 이상적인 휴양지로 추억 속에나 남기고 싶었던 곳이었다. 그러나 이제는 포항시의 행정구역이 넓어져 시민들이 평소 가까이 찾는 곳이 되었다 하니 변하였을 모습에 웬지 두려움이 먼저 앞서게 된다.

아니나 다를까 군립공원으로 지정된 이후 입구의 집단시설부터 이미 먹거리 상가시설들이 자리잡았고, 음식 골목을 지나 경내 입구에 다다르니 사우나탕까지 자리잡은 것을 보면 어디를 가나 똑같은 한국 사람들의 놀자판 공원문화는 알아주어야겠다.

지역의 토속적인 별미도 관광상품이 되어야 하겠지만 입구부터 이러하니 보경사 경내의 훼손된 공간에는 그리 놀라지도 않게 된다. 제법 오래 전 여행길에서는 퇴색된 경내 분위기에 무엇인가 새로운 발견이라도 하듯 두리번거리기도 했었고, 근처의 호젓한 민박집에서의 나그네 정취는 지우고 싶지 않은 그림으로 남아 있었다. 그러나 지금의 사찰 진입과정이나 배치는 옛 기억과는 다른 모습이었고 특히 석축 쌓기나 포장의 기법은 무지의 경우를 벗어난 횡포의 수준이었다.

이러한 상황은 정도에 따라 전국적인 현상이라 하지만 오래 기억하고 싶던 친구의 무덤에 마지막 흙을 덮는 기분으로 되돌아 나오고 말았다. 전통적인 기법이나 공간에 대한 의미해석의 노력도 없이 불사 공양의 댓가가 이렇게 나타나고 있는데 "나의 잘못을 용

_보경사 경내. 그림으로보다는 기록으로나 남기고 싶었다. 포장과 배수, 석축쌓기가 제모습이 아니어서 매우 낯설은 곳이 되어 버렸다

서하듯 남의 허물을 탓하지 마라…" 녹음된 법경소리가 경내의 기념품 판매소에서 울려 나오고 있다. 그래서 선문禪文에 무념무상無念無想이란 말이 있는가 보다.

한 도시의 환경 운영 관리가 그러하고 집단이나 개인의 문화인식이 이러하니 황성공원이나 보문단지를 찾아오는 외지인들을 경주시민들은 어떻게 받아들여야 할까.

한 도시는 추스려야 할 도리道理 때문에 배부른 사람들의 휴식처나 제공하게 되었고, 어느 도시는 홀가분한 품위로서 피난처를 찾아 공격하는 상황이 되었다. 경제 활동이 크고 재산 소유권 발휘에 제한이 없으며 외지로 놀고 먹자판의 이러한 현상을 두고 어느 곳이 정상적인 도시의 삶인지 헷갈리게 될만도 하다.

이렇게 시대의 변천과 자연환경의 적응에 따라 풍요로움과 부족함이 교차하는 것이 도시역사의 흐름이기는 하다. 또한 절대적인 배고픔은 정치와 문화도 저버릴 수 있다는 것을 그 숱한 역사에서 보아오기도 하였다. 그러나 지금쯤은 부족감을 채우려 방황하는 양도시의 비교에서 저버릴 수 없는 그 무엇의 풍요로움은 선택할 수 있지 않겠는가!

꿈같은 도시의 환상을 신명나게 그렸던 지난 시절이 있었다. 그 많은 도시의 시민들과 주민들을 현혹하였고, 필자 역시 그러한 "그림" 속을 찾아갔었다. 어디 그런 그림이 포항, 경주시 뿐이겠냐만 참으로 많이 그리기만 했던 지난 시간의 죄인이 되어 버린 심정이다.

그러나 로마시민들은 그들의 훌륭한 역사 유산을 유지하여 세계의 관광객들을 끌어들이고 있으며, 전 도시를 공원화 하면서도 싱가포르의 시민들은 풍요로움을 이어가고 있으니 그래도 그림 같은 도시는 계속 그려져야만 할 것이다.

그러한 의미에서 도시의 연속성을 구현하고자 하는 많은 사람들의 그림작업은 높이 평가받아야 한다. 역사의 끈을 잇는 작업과 정체성 부각에 가치를 찾으려는 동국대학교의 강태호 교수 같은 분들이 있기에 그래도 오늘의 도시는 내일의 그림으로 이어질 수 있기 때문이다. 외지에서 흘러와 남의 조상제단을 돌본다는 것은, 살길을 찾아 제기祭器를 놓고 떠나야 하는 세시世時에서 무언가 교훈적일 것이며, 살아있는 도시의 목소리들 중 실천적인 정답을 보여주고 있기 때문이기도 하다.

길 문화의 도시 천안
역사에 남은 공주

나는 원래 어려서부터 호기심 많아 나돌아 다니기를 즐겨 했지만 사실은 배고픔을 잊기 위해서라도 그림 여행을 가까이 할 수밖에 없었다. 그러는 과정에 자연은 나를 사랑하고 있다는 것을 터득하게 되었고 가난한 정신을 채우기 위한 여행길은 즐거움으로 변하게 되었다.

당시 50~60년대에야 너나없이 힘든 시기이기도 하였지만 굶주리며 처음 넘던 계룡산은 허기지게도 높았었고, 먼지투성이의 공주길 60리는 사투리만큼이나 지겹게도 멀었었다. 그러나 어느 시장 건어물상에서 허겁지겁 점심을 채운 후 느긋하게 건넜던 금강철교 밑의 푸르름은 오늘날까지도 공주시의 따뜻한 인상으로 남게 되었다. 그때가 4. 19이듬해 봄방학 때였으니 소위 무작정 가출소년으로부터 시작된 여행병은 이제는 피하고 싶지 않은 팔자가 되어 버렸다. 그러하니 대학 졸업후 제대로 사람 대접 받는 출장길은 도시를 떠날 수 있다는 설레임의 여행길이었고 집을 떠난 현장설계 작업은 변화된 생활의 즐거움으로 받아들이게 되었다.

이때쯤은 한창 현충사 복원공사와 아산시(구 온양시) 가로 확장 정비공사가 이어지고 있었기에 천안시를 자주 찾게 되었다. 평소 고향이라는 감성에 항상 결핍증을 느꼈던 서울 태생으로서는 당시의 한적했던 역전 분위기와 여유로웠던 시가지의 풍경은 매우 매력적인 도시로 기억되게 하였다.

이렇게 40년 전의 추억과 30여년 전의 기억들을 더듬어 보게된 것은 세월만큼이나 젊어진 기분으로 매우 유쾌한 나들이를 기대하게 된다.

우리나라 어느 지역, 도시이건 역사적 흔적이 남아있지 않은 곳이 없겠지만, 그중 공주의 역사 속에는 많은 흔적들을 발견하게 된다.

백제 시대에는 왕도王都였으니 말할 필요도 없거니와 그 이후 여러 시대의 왕조를 이어져 내려오며 사회적인 변화의 배경이나 중심에는 어김없이 공주땅이 거론되게 됨을 보게 된다. 그것은 바로 공주가 지니는 역사 · 지리적 성격이 뚜렸했기 때문인데, 충청도의 감영이 위치한 지방세력의 거점이었고, 자연 · 지리적으로 천혜의 전략적 보루이었기에 파란만장한 역사를 담고 있는지도 모르겠다.

멀리 차령산맥의 높은 줄기는 공주의 외곽을 막게하고, 가까이는 금강의 물줄기가 다시 한번 방어선을 만들어 주고 있다. 그런가 하면 계룡산으로 남쪽을 가로막고있는 분지형의 지형은 방어적 도읍지로서 유리한 입지立地였음을 한눈에 읽을 수 있게 한다.

『택리지』에 보면 이러한 금강의 물줄기도 구간마다 여러 이름으로 불려왔는데, 상류지역을 적등강赤登江이라 하고, 공주부근을 웅진강, 그아래를 백마강, 강경강, 그리고 그 아래를 진강鎭江으로 적고있다.

특히 웅진강 연안의 수없이 많은 절경을 배경으로 한 루각樓閣과 정자들의 문화공간은 빼놓을 수 없는 자랑거리이다. 이중에서 가히 백미白眉라 할 수 있는 창벽蒼碧의 절경을 적벽강과 비유한 조선조의 대문장가 남수문南秀文의 독락정기獨樂亭記에는 이렇게 노래하고 있다.

"강의 질펀한 모래밭, 넓게 흐르는 물, 하늘과 물이 한 빛인데, 바람 불면 푸른 주름살이요, 달이 비치면 은銀 물결이라."

또한 조선조 선조때의 충청감사 유근柳根은 공산성公山城의 공북루拱北樓에 올라 시詩 한 귀를 지었는데, "소동파는 적벽강에 놀았으나 나는 지금 창벽에 놀고, 유양庾亮은 남루에 올랐으나 지금 나는 북루에 올랐노라" 라고 읊고 있다.

이러한 공산성의 면적은 533,000㎡ 로서 공주시의 도시자연공원이며 사적 제 12호로 지정되어 있다. 산의 모양이 한자의 "公" 자와 비슷하다고 해서 공산公山이라 부르게 되었다하며 높이는 해발 110m에도 미치지 못하고 있지만 금강과 공주시가지를 한눈에 내려다보며 공주의 어제와 오늘의 내음을 음미할 수 있는 곳으로도 제격이다.

이리저리 뚫린 산책로와 성곽 위를 거닐다 보면 문주왕 원년(475년) 한강 유역에서 이곳으로 천도한 후 삼근왕, 동성왕, 무열왕을 거쳐 성왕 16년(538년)에 부여로 도읍을 옮길 때까지 역사의 길을 더듬는 기분이 된다. 또한 백제가 나당 연합군의 협공에 의하여 의자왕이 태자와 함께 사비성(부여)에서 피난왔다가 항복한(660년) 마지막 역사의 한이 맺힌 곳으로는 너무도 아름다운 장소이기도 하다. 오늘날까지도 공주시민들과 관광객들의 사랑을 받고 있는 것은 이러한 역사적 정서와 함께 깃든 수려한 자연이 곁들여 있기 때문일 것이다. 한가롭게 산책할 성벽길, 역사만큼이나 오랜 수목 사이로 정비된 산책로, 멀리 바라다 보이는 차령산맥들의 물결, 발 아래를 적셔주고 있는 비단결 같은 금강, 능선과 계곡을 따라 쌓은 산성으로서의 지형적인 위요감이 있기에 더욱 그러할 것이다.

그러나 이렇게 공주의 역사와 문화를 느끼면서 자연이 주는 여유를 마음껏 누릴 수 있게된 데에는, 다른 지역 · 도시에서 흔히 볼 수 있는 어설픈 개발 흉내를 볼 수 없었기 때문일 수도 있겠다. 인위적인 레저, 상업시설에 대한 설치 유혹도 있을 법한 오늘의 도시 여건에서 신기할 정도로 제 모습을 갖추고 있다는 것이 새삼 놀라운 발견이 된다.

전통적 역사의식에 대한 흠집내기가 두려웠는지, 그 동안 백제문화권에 대한 예산지원이 인색하였기 때문인지는 몰라도, 부담 없이 옛 시간으로 돌아갈 수 있도록 절제된 공간감은 오랜만에 취해볼 수 있는 멋진 기회가 되었다. 전통의 계승이란 명분으로라도 공간의 변용이나 국적 불명으로 강요하는 조형물이 없었기에, 오늘을 살면서도 변절되지 않는 백제 정신의 상징적 보루를 만나게된 듯 더욱 정감을 남기고 떠날 수 있게 되었다.

백제 24대 동성왕의 둘째 왕자였던 사마(무열왕의 어릴때 이름)의 소년 시절은 매우 비참하였다 한다. 고구려의 침략과 개로왕의 전사로 도읍지를 옮겨야 했고, 권력 남용에 대한 귀족세력의 반항과 부왕의 죽음이라는 비극적 장면, 이와 같은 체험은 국가의 중흥과 국력배양을 위한 교훈이 되었고 왕도王道의 좌표를 설정하는 힘이 되었으며, 백성을 생각하는 정치의 배경으로서 백제를 강국으로 등장케 하였다.

오늘에서야 역사적 현장을 찾아 문득 떠오르게 되는 것은, 지금은 중국땅이 되었지만 길림성 통구하通溝河 집안시集安市에 산재되어있는 고구려 초기의 묘군墓群들과 비교하게 된다. 물론 시대적 상황이나 자연환경여건을 동일시 할 수는 없겠으나 웅장한 석조石造 무덤에 비하여 아담한 토분土墳의 형식은 우선적으로 낯익은 친근감을 갖게 된다.

_ 공주 역사의 현장 공산성. 공산성 북쪽 성벽과 공북루 오른쪽 성밖으로는 비단같은 금강과 군대사열을 했었다는 넓은 백사장이 펼쳐 보인다

또한 거치른 만주벌판에서 이민족의 부실한 관리를 생각한다면 매우 팔자좋은 선조들이긴 하나, 규모나 외형으로 보아서는 대륙을 호령하고 민족의 웅지를 펼쳐보았던 권위나 기상같은 것은 연상할 수 없게 된다.

내부구조는 최근의 유지보수공사관계로 관람할 수 없었지만 전문가가 아닌한 들어가 보고 싶은 마음도 없었다. 다만 별도의 관광교육용으로 지하 모형을 보게 되는데, 우선 공간구조의 과학적인 상세와 역사 · 예술적 가치의 재발견은 백제시대의 감각이나 사상적 배경을 이해하는데 충분한 장소가 아닐 수 없었다.

아울러 이러한 유물을 통하여 새롭게 주목되는 것 중의 하나는, 기록상으로만 전수되었던 수준 높은 국제문화의 성격으로서 일본에 대한 각종 선진기술의 전수와 당시 중국과의 교류를 확인할 수 있다는 점이다. 이렇게 백제 및 백제 문화가 지녔던 당시의 국제성은 오늘날까지도 이어지고 있어 되돌아 나오는 길의 한적한 공원길에는 일본 관광객들의 즐거운 웃음소리로 메워지고 있었다.

_ 공주를 지키고 있는 무령왕릉. 웅진도읍기의 왕과 왕족의 무덤이 군집되어 내일의 공주를 기대하고 있다

살아생전 인접국에 베푼 덕에 1천 5백여년이 지난 후까지 경제적 보탬이 되는 것을 보노라면, 허세좋게 국제화를 부르짖다 나라 경제를 망친 뒷방신세의 우매한 노인과 비교되는 무덤이었다. 공주시 금성동의 아담한 사적공원으로, 하늘에 가깝게 산으로 떠난 왕의 무덤으로는 다소 허술한 듯 하여도 그것이 그분의 뜻이었다면 그는 역시 백성의 편안함을 배려한 자비로운 군주이었나 보다.

인구 14만의 전원도시인 공주시를 뒤로하면서 옛 국도를 따라 북쪽으로 올라오면 홍 타령의 발상지이기도 하고 현대 도시화의 전형적인 과정을 밟고있는 천안시에 도착하게 된다. "천안天安" 이라는 지명은 본시 도솔이라는 땅에 고려 태조 13년 천안부天安部가 도독都督이 배치되면서부터이다. 또한 이곳은 당초부터 "삼국의 중심지요 오룡쟁주五龍爭珠의 지형이니……" 하면서 동국여지승람에 의한 것을 보면 오늘날에도 용과 관련된 지명이 유별나게도 많이 남아 있다. 쌍룡동, 오룡동, 구룡동, 용곡동, 용소곡… 등으로 보아, 용은 위엄이 있는 치수治水의 영물로 옛부터 천안의 지세에는 물이 풍부했고 농사가 원만하였기에 편안한 땅으로 이름이 붙여졌는지 모르겠다. 아니면 충절의 고장으로서 용과 같은 숱한 명인열사名人烈士를 배출할 지세였기에 그러한 지명이 붙여졌으리라 생각되기도 한다.

여하튼 백제의 발원지이며, 고려 개국開國의 근원지이고, 조선시대 삼남三南의 길목으로서 길 문화路導文化의 발상지이기도 한 이러한 맥은 천안인의 생활의식 속에 깊게 자리잡아 오늘에 이르고 있다.

이러한 천안시의 대표적 공원이라면 역시 천안삼거리를 찾게된다. 천안시 삼룡동에 소재하며 그 옛날 삼남대로三南大路의 분기점에 위치하고 있다. 경기도 용인을 거쳐 충주, 청주로 내려오는 길도 있겠으나 거의 천안삼거리를 거치게되어 삼거리는 저절로 주막이 들어서고, 그러다 보니 여인네의 손길이 길손을 유혹하게 되는 것은 예나 지금이나 다를 바 없겠다. 또한 현재의 삼거리 공원이 있는 곳은 풍수지리설에서 온 무상동舞裳洞마을이 있었던 곳으로 옥녀봉의 옥녀가 가야금을 뜯다가 이따금 일어나서 춤을 추는 형상의 지형으로, 무상舞裳이라는 동명이 붙었다 한다. 지명地名이 그러하니 호기스러운 관행官行이나 초라한 선비라도 한번은 쉬어가야만 했고, 청년 재사才士들은 주막 여인네에게 한눈을 팔게도 되었을 것이다.

그리하여 천안삼거리는 갖가지 전설과 민요를 낳게 되었는데 그 중에서 대표적인 것이 전라도의 박현수 어사와 능소의 사랑이 얽힌 흥 타령이다. 그들의 애틋한 사랑을 읊은 글이 민요가 되어 방방곡곡에 퍼지게 되었고 매년 단오절이면 능소 아씨를 상기하며 창포에 머리를 감고 능수버들에 그네를 즐겼으니 그것이 오늘의 행사로까지 이어져 내려 오게된 것이다.

_ 흥타령의 발상지 천안삼거리 공원. 반겨주는 능소아가씨도 없고 창조적 의미도 없는 껍데기만의 빈 공간이다

가로수를 능수버들로 가꾸고 있으며 넓지 않은 호숫가에는 당초 화축관華祝館의 문루門樓이던 영남루永南樓를 1959년 이곳 삼거리 연못가로 이전하여 보존하고 있다.

그리고 연못 가운데에는 돌다리와 팔각정을 세워 제법 지난 시대의 공간감을 가꾸어 놓았고, 중심녹지에는 고려시대의 것으로 추정되는 삼층석탑과 흥 타령 비碑가 배치되어 이곳 삼거리 공원을 강조하고 있었다.

그러나 천안시의 당초 계획 면적은 96,200㎡이었는데 개발되어 있는 크기는 29,326㎡일뿐이다. 1980년대 초 2회에 걸친 연구용역 중에는 장소에 담긴 유래로서 주막거리와 당시의 사회상을 전달할 수 있는 볼거리들이 계획되었었으나 전혀 다른 시설배치로 나열되어 있음을 보게 된다.

그저 일년에 한번 10월이면 열리는 천안 삼거리 문화제 행사장소로 사용되고 앞마을 전통음식점들의 휴식처로서나 이용되기에는 장소에 담긴 이야기에 아쉬움을 갖고 자리를 떠날 수밖에 없었다. 지난 시대에야 어쩔 수 없이 쉬어 가는 주막이라도 찾아 산천을 바라보며 홍 타령이라도 읊었겠지만, 오늘에 사는 시민들로서는 즐거운 정情과 이야기를 나눌 수 없는 공간에서 무엇을 찾을 것인가?

그러나 천안시의 버스터미널 앞 조각광장에서는 이 도시를 찾는 여행객들과 시민들을 유혹하는 시설공간과 반가운 얼굴들이 있었다. 물을 찾아 움직이는 용龍을 연상하리 만치 황량하게 펼쳐지고 있는 이 도시에서 이나마의 쉬어갈 수 있는 샘泉터가 마련되어 있다는 것은 지난날의 능소 아가씨가 반겨주던 천안 삼거리를 제대로 찾은 듯하다.

그것도 공공기관이 아닌 '아라리오 산업개발' 이라는 개인 사업체의 의지로서 조성되었다는데에 의미도 있겠지만, 교통의 결절점이라는 도시의 특성과 역사적 이미지를 현대적 감각으로 새롭게 창조하였다는 것은 가로 문화의 전통계승으로서 깜짝 놀랄만한 장소였다. 즉, 현대적 도시의 관문인 터미널 전면에 대중들의 문화욕구를 충족시켜주고 주위 환경의 쾌적성에도 기여하겠다는 창의적인 목적에도 전연 부족함이 없는 이상적인 시민 공원이었다.

'수백만 마일' 이라는 명제의 거대한 환경 조형물은 아르망Fernand Arman의 신 사실주의적 작품으로서 광장의 한 축을 이루고 있으며, 도시입구의 랜드마크 효과와 함께 도시경관에 크게 기여하고 있을 뿐 아니라, 톨게이트로 이어지고 있는 신부동 가로 조각공원까지의 중심역할을 당당하게 갖추고 있었다.

옛날과 오늘의 도시 차이란 전략적 방어와 경제적 성장에 대한 가치관의 변화일 것이

_ 천안시의 얼굴인 터미널 전면의 조각광장. 천안삼거리의 새로운 이미지로 태어나 도시의 오아시스로 자리잡고 있다

다. 이러한 변화에 적응치 못한 도시는 역사적 도시로 남아있거나 사라져버리고 말았을 것이다. 말하자면 천안시와 같이 성장하는 곳에는 동기 부여와 "필요성의 요구"가 있었을 것이고, 새로운 환경에 대한 필요성의 강조는 도시의 발전이나 시민들의 생존에도 필수적이며 그로 인한 좀더 나은 창조가 가능하기 때문일 것이다. 다시 말하여 필요에 의한 창조적 사고는 기존의 자산에서 부가가치를 얻을 수 있다는 가장 경제적인 방법이기 때문이다. 그렇다면 사회적 공적 경제에 낭비가 많았던 "공공의 경제성" 우선에서 쾌적성에 우선을 둘 수 있다는 새로운 패러다임의 정착이 필요하고 이의 정착은 오늘의 우리 도시에서 매우 시급하기 때문이기도 하다.

여행을 마치고 돌아가는 고속버스 안에서도 T.V나 신문 광고에 생산제품에 대한 컨셉트 애드인이 난무하고 있다. 탱크주의라는 가전제품에서부터 사랑의 … 휴대용 전화기,

친환경적 …… 어쩌고 하는 아파트분양 광고까지 L.A 올림픽이나 서울 올림픽의 성공적 이벤트를 상기 시켜주고 있다.

결국, 막대한 예산을 들인 공원이나 조형물의 가치에서 존재적 의미를 찾지 못하게 된다면 이는 변화에 적응치 못하는 도시의 운명과 같을 것이기에 새로운 문화와 새로운 컨셉트의 기대는 앞으로도 계속될 것이고 지속적으로 추구되어야 할 것이다.

이상적인 환경계획가나 도시 설계가의 본질적 도시의 삶이란 무엇일까? 차창 밖을 내다보며 오늘의 공주시와 천안시의 장래를 예상해본다.

계절은 분명 지난날의 춘궁기를 지나가고 있고, 꽃 시샘을 모르는 듯 꽃망울이 터져 나오는 것도 옛날의 여행길과 변함이 없는데 차창 밖과 안의 세상은 너무도 많이 변해있었다. 변하지 않을 것만 같은 공주시와 변화의 방향을 잃은 듯한 천안시, 교통의 요지로서 변화 혜택을 받고있는 도시와 근대에 들어 이러한 교통 혜택에서 벗어났던 도시였다 하더라도 결국 도시의 "미래 상" 은 새로운 패러다임과 창조적 가치 기준에서만 평가될 수 있을 것이다.

몇년후의 여행길에서는 과연 어느 도시, 어느 공원이 남아있게 될런지?

전통 지키며 세계화 추구하는 남원

의외로 국제적이지 못한 군산

전주에서 서쪽으로 대야大野들을 가로질러 금강 하구 서해안에 이르면 옛 지명인 진포鎭浦에 다다르게 된다. 100여년 전 개항 이후 우리나라 남서해안 지방의 중요한 해상 수송기지를 형성하여 금강 상류까지 물자교류의 요충지였다 한다.

조선시대의 3대 시장의 하나였던 강경의 입구가 현재의 군산항이 되는데, 이중환의 택리지 중 주거지 선정에 있어 이곳 군산은 생리 조건이 가장 큰 요인이 될 것이다. 즉, 토지가 비옥하여 기름진 곳을 제일로 했으며, 그 다음은 배와 수레와 사람과 물자가 모여들어서 서로 바꿀 수 있는 곳이 그 다음이라 하였으니 군산항은 그 조건을 모두 갖추었다 할 수 있겠다. 그래서 왜정때는 김만평야金堤, 萬頃를 배경으로 한 농산물을 일본으로 수탈하는 전진기지로 활용되다가 해방 이후에는 항구로서의 기능은 크게 각광받지 못하게 된다.

그러나 최근 서해안 시대에 즈음하여 동북아 경제권의 중심도시로 다시 한번 발돋움하고 있다 하기에 몇번 들렀던 기억을 더듬어 군산시를 다시 찾아보기로 하였다. 잠시 들를때마다 인상에 남았던 것은 전 · 군全州, 群山 가도의 가로수 벚꽃 길이 장관이었고, 왜정때의 외래문물 전입기의 근대건축들이 자주 눈에 띄었었기에 군산의 대표적 공원이라는 월명공원부터 발길을 옮겨 보았다.

우선 공원에 오르기 전 내항과 도선장을 따라 수산물시장에 이르기까지 상공회의소, 세관 그리고 목조 창고 등은 그나마 철거당하지 않았지만 당시의 도시 분위기를 보여주기에는 너무나도 아쉬움을 남기고 있었다. 그러나 남아있는 선창가의 생선횟집이나 항구도시로서의 생동감은 관광객의 눈요기 거리로 여전하였고, 저녁 네온사인의 어슴푸레한 불빛에 발길을 유혹 당하기에는 너무 이른 시간인 듯 하였다.

어둠도 깔리지 않은 석양에서 자작하는 술잔으로는 『탁류』에서처럼의 문학적인 설레임은 이미 석고가 된 듯 하였고, 틀려진 시대적 배경으로는 제법 흥청거리는 모습도 포기할 수 밖에 없었다.

선창가를 머쓱하게 빠져나오자 포구 뒤쪽으로 배경이 되는 월명공원을 서서히 오르며 습관적으로 주변의 도시여건들을 눈여겨 둘러보게 된다.

_ 군산 월명공원의 守市탑. 공원중턱에서 항구를 내려다보며 군산시를 수호하고 있다

동쪽 내륙으로의 확대되어가는 도시화로 보아서는 월명공원의 자연적 입지는 서북풍의 방파제 역할이 제 기능일 것 같고, 해수면에 인접되어서인지 제법 높이감도 느끼게 된다. 정상에 오르며 조망되는 좌측 금강하구와 남쪽 멀리 외항에는 화물선이 여유있게 드나들고 있었고, 우측 하구둑 상류에는 장장 4백km를 달려온 금강줄기가 강으로서의 마지막 운명을 대기하고 있었다. 서북쪽 장항 제련소 굴뚝 너머로 서해바다가 밝게 펼쳐져 있으며 남동쪽 내륙으로는 시가지가 한창 뻗어나가고 있었다. 바로 눈아래 내항 부두에서는 고만고만한 고깃배들이 바삐 움직이고 있어 옛부터 이곳 공원 안 전방산에는 봉화대가 있었을 법 하였다.

인근 일대를 이렇게 한눈으로 조망할 수 있기에 군산시민들의 사랑을 받는 장소가 되었고, 세련된 편익시설이 없는 자연녹지로도 군산시를 대표하는 명소가 되었나 보다.

정상 못미처에는 "바다를 향하여 불꽃이 일어나고 생명의 원천인 음부처럼 군산은 흥하라"라는 의미를 지녔다는, 그러나 전혀 기원하는 바와 갖지 않게 흉물스러운 수시탑이 높이 솟아 있었다. 정상 가까이에 있는 이곳이 낳은 '백능 채만식 문학비'와 이러한 높은 곳에는 당연히(?) 있어야만 하는 볼품없는 통신시설, 그리고 6. 25 전란때의 용감했던 해병용사들을 기리는 공적비를 들러보니 어느새 은적사 입구에 내려와 있었다.

_오성산 정상 오성현의 다섯무덤. 오늘도 산꼭대기에서 금강하구와 서해앞바다를 지키고 있다

다음날 아침 공원으로 찾아갈 곳이 마땅치 않아 은파 유원지로 향하였지만 조잡한 유흥시설에 오염된 물가에서 취객들의 엠프소리는 역시 예상했던 수준의 행락지였을 뿐이었다. 그래서 다음의 발길은 택시기사의 선택에 따르기로 하였다.

도심에서 동북쪽 금강 하구둑에서 5km 떨어진 근처의 오성산은 여름철 군산 시민들이 즐겨 찾는 곳이고, 백제 말과 임진왜란 때 이곳 금강 하구를 지켰던 민족 수난사의 현장으로서 매년 10월이면 다채로운 행사의 오성문화제가 벌어진다고 한다.

정상에는 5성현의 무덤이 가지런히 서남쪽 금강 하류와 서해바다를 바라보고 있었는데, 이곳에서도 강 건너 충남의 서천군 일대와 장항, 군산항과 대야벌 넘어 만경강萬頃江 하류까지 조망할 수 있었다. 과연 이곳에 올라보니 내륙 곡창지대를 지킬 수 있는 관문이기도 하여 외침에 대한 전략 요충지임을 한눈에 알 수 있었고, 신동엽이 동학혁명을 배경으로 한 '금강'의 장편시나 백능 양만식 선생과 같은 암울했던 일제하의 시대적 상황을 그려낸 『탁류』의 배경도 이곳 군산과 금강이었음을 새삼 인식하게 된다.

하구둑을 거쳐 내려다보이는 금강의 모습은 오늘도 서서히 서해로 나아가고 있었다. 비록 오늘도 탁류이기는 하지만 내일의 모습을 기대하면서 몇 가지 더듬어 생각나는 것들이 있다.

이태리의 나폴리항 보다도 부족함이 없는 자연적 환경, 일본의 요코하마항보다도 역사성이 있는 도시가 어떻게 중국의 상해시 만큼도 못한 공원시설과 도시 분위기가 되었고, 지극히 지역적이신 분이기는 하지만 세계화와 함께 서해안의 시대를 강조하였는데 개화기의 근대건축은 왜 때려부수게 되었는지 궁금하게 된다.

설혹 일본 문화의 잔재로 오해되었었다 하더라도 역사의 과정이 현대화에 걸림돌이 될 수는 없을 터이고, 독선적인 역사 심판만의 되풀이로는 언젠가 다시 『탁류』라는 새로운 소설이 지역 문학사를 장식하게 될 뿐 아니라 이 지역 금강하류의 문화적 탁류도 맑아질 수 없게 될 것이다.

군산시를 떠나오는 차 속에서 들추어보니 사전에 준비되었던 이곳의 공원자료는 역시 '공원결정현황' 표로서 자료적 가치로 간직하게 되었을 뿐이다.

시설로서의 공원보다는 기존의 자연녹지 이용개념이었기에 도심이나 평지에는 교과서적인 공원이 있을 수 없었고, 유원지 시설은 행락 위주로서의 다른 도시와 별로 다를 바가 없었다. 다만, 인천에서 출발하는 서해안 고속도로가 이곳을 경유하게 되고, 최근 새만금개발사업과 임해공단 등 미래를 열어나갈 수 있는 기반시설이 확충된다면 국제무역도시, 관광도시로서의 시드니항과 같은 아름다운 도시를 기대하게 된다. 그때를 대비하기 위하여서인지 최근 전북대학교 김세천 교수 팀에게 명년도부터 집행할 수 있는 공원개발계획을 의뢰하였다 하니 매우 고무적인 사업이라 아니할 수 없겠다.

다시는 빼앗기지 않으면서, 스스로 깨부수는 우를 범하지 않고, 백제문화를 일본으로 전수시켰던 역사적 긍지와 함께 바다와 육지가 알맞게 조화를 이룰 수 있는 금강문화의 꽃이 피기를 28만 시민과 함께 기원하면서 전 · 군 가도를 뒤로 하였다.

어느 도시의 공원이나 유적지를 찾을 적마다 지겨울 정도로 보아왔던 치욕적인 역사 과정과 민족의 수난사를 또 이곳 지리산 자락에서도 만나지 않을까 은연중 걱정을 하게 된다.

비록 인접국가의 비난과 역사 왜곡을 감수하면서라도 우리 민족의 기상과 정복사에 의한 이질문화를 혹시 이곳 산골 도시에서라도 만나게 되지 않을까 하는 허황된 공상을 하면서 남원역을 빠져 나오니 제법 어두운 밤이 되어 있었다.

_ 남원 광한루. 황희 정승이 유배되었을 때 지은 누각이지만 이도령과 춘향의 체취로 이어져 오고 있다

낯선 광장을 두리번거리며 여관방이나 찾아볼까 하였더니 지난 2월 지리산 산행을 위해 잠시 들렸을 때와는 다른 도시 분위기를 느낄 수 있게 된다. 그 유명한 춘향제와 대한

민국 국악제를 한다고 시가 온통 들떠 있으니 참으로 다행스런 기회다 싶어 청사초롱 밝은 길을 따라 급히 공연장으로 향하였다. 벌써 취타대와 풍물패를 선두로 한 길놀이 단이 한판 굿판을 벌리며 지나갔다 하고, 남아있던 풍물패들이 난장판 가운데에서 흥을 돋우고 있었다. 목말랐던 어린애 마냥 이곳 저곳 기웃거리며 사물 놀이패의 징소리가 울리고 있는 광한루 완월정 앞 잔디광장으로 밀려들어갔다. 연못 위의 완월정 밝은 무대 위에는 한창 사물놀이패가 열을 올리며 얼큰하게 취한 관중들과 호흡을 같이하고 있었다.

기대치 않았던 장소에서 별안간 닥친 신명나는 우리 음악에 휩쓸리다 보니 저절로 흥이나고 덩달아 기분이 고조되어 과연 우리 민속악은 "신神의 소리"라는 찬사가 과찬이 아니었음을 확인하게 된다. 이어서 벌어지는 허용업과 김영임 씨 등 경기명창들의 서울·경기 무악과 동해안 별신굿 중 오귀굿의 푸노리 장단 등은 진도의 씻김굿과 함께 삼도 무악의 진수를 보여 주고 있었다.

어두운 하늘을 배경으로 한 광한루의 실루엣은 춘향이와 이도령의 애틋한 사랑 이야기와 함께 새로운 모습으로 가까이 다가왔고, 공원잔디밭에 풀썩 주저앉아 있는 많은 사람들 중에는 낯선 이국인들도 섞여 있어 "얼쑤"를 외쳐대며 장단을 맞춰주는 남원사람들의 흥은 더욱 높아가고 있었다. 영국의 세익스피어 탄생제와 비견할 만한 국제적 행사로 키워낸 남원사람들의 자긍심에 기꺼이 수긍할 수 있었고, 이를 바탕으로 한 "춘향골 남원"은 명실상부한 세계적 관광지로 정착되어 가고 있음을 대견스러운 마음으로 바라보게 된다.

판소리 동편제의 발생지인 '국악의 성지'로서 이 나라를 대표하는 수많은 국창 명창들을 배출해 왔고, 춘향과 흥부문화, 홍도전, 만복사 저포기 등 뛰어난 고전문학이 태동한 곳일 뿐 아니라, 의義와 예藝를 사랑하는 위대한 문화예술의 고장으로서 그 전통과 맥을 이어온데 대하여 무한한 자부심을 가지고 있는 듯 하였다.

다음날은 아침 일찍 요천을 넘어 1995년 춘향제에 맞추어 준공을 하였다는 동편제 거리를 찾아 나섰다. 밤늦도록 축제 뒷풀이 소리에 잠을 설쳤으나 춘향교를 건너 관광단지안 국립 민속 국악원과 춘향문화 예술회관에 다다르니 어느새 발걸음은 빨라지고 있었다. 각종 무대공연과 예술작품 전시가 끊이지 않아 시민들의 전통문화 공간으로 사랑받고 있음과 동시에 찾아오는 관광객들에게는 문화의 교육장으로 이용되고 있었다.

관광단지의 솟을 삼문을 나서면 음악분수대 공원이 나오는데 그 앞의 요천 둔치길을 동편제 거리로 가꾸어 전통의 계승을 시도하고 있었다. 1994년말 전문 용역회사인 토문土門의 설계로 홍부마당, 춘향마당, 심청마당, 적벽마당, 수궁마당 등 판소리 다섯마당을 주제별로 가름하고 있었고, 이곳이 낳은 명창들을 시대별로 가리어 다양한 조형물과 함께 주변과 조화를 이루고 있었다. 그 중 석물에 음각해 놓은 열녀춘향의 수절가 중에서 '사랑가' 한 대목이 이곳 사람들의 심성과 살아있는 춘향을 보는 듯 하여 다시 한번 머릿속에 그려본다.

— 사랑 사랑 내 사랑이야 내 간난 네 사랑이지. 이리보아도 내 사랑 저리보아도 내 사랑 이 모두 사랑 같으면 사랑에 걸려 살 수 있나 어화둥둥 내 사랑 네 예뻐 내 사랑이야 방긋방긋 웃는 것은 화중왕(花中王) 모란화가 하룻밤 세우(細雨)뒤에 반만 피고자 한 듯 아무리 보아도 내 사랑 내 간난이로구나 —.

_ 요천의 동편제거리. 배고픔으로 이어온 전통문화로 풍요로운 오늘을 표현하고 있다

이를 읽다 보면 춘향전 아홉마당 줄거리가 이어지고 이들의 순결한 사랑을 나누었던 광한루와 요천냇가에는 춘향의 체취가 아직도 남아 감돌고 있는 듯 하다.

이렇게 춘향과 이도령의 사랑이야기는 권선징악을 다룬 홍부전과 함께 고전문학의 백미로서 비록 세속적인 삶의 표현이지만 판소리와 고전극의 소재로 널리 사랑받고 있을 뿐 아니라 오늘을 사는 후손들에게도 훌륭한 문화공간으로서 유형문화재로까지 확대되어 있음을 보고 새삼 놀라게 된다.

비록 이태리 시에나의 캄포광장이나 피렌체의 관광축제와 같이 몇 세기를 걸친 관광사업으로 이어지지는 못하였지만, 무력과 탈취가 아닌 사랑과 선善의 문화로서 세계에 소개할 수 있다는 것에 흡족한 마음으로 남원을 떠날 수 있었다.

이러한 길만이 역사유적을 깨부수는 세계화에서 다음 시대의 문화경쟁에서 살아남을 수 있는 것은 물론, 독창적 문화로서 세계를 정복할 수 있는 지름길이 아닌가 생각되어진다. 우리의 것을 수탈당하며 외래문화에 쉽게 동화되어 가는 오늘의 도시화와 비록 산골 오지에서 배고픔을 잊어가며 나의 것을 지켜왔던 경우가 대비 되는 듯하여 내일의 우리 공원 문화에 대한 갈길을 명시하고 있다 하겠다.

남원시의 공원 역시 구획되어진 도시공원의 개념으로 보기보다는 우리 민족의 성품으로 보아 산천이 삶의 터전이요 어디서나 신명나면 즐길 수 있는 장소로 보게 됨을 확인하게 된다. 그러나 이는 역시 아름다운 자연이 가까이 있었기에 가능하지 않았겠나 하는 생각에 차창 밖으로 지나가는 풍경에 따뜻한 눈길이 이어지게 된다.

나의 것을 빼앗기기 보다는 남에게 베푼다는 즐거움으로 어느새 넉넉한 홍부 마음으로 돌아온 기분에 편안히 잠이나 자야겠다.

두번째의 강남 순천
다시 깨어나는 항구도시 목포

I.M.F라는 한파가 계절도 없이 일년을 휘몰아치게 되자 이제는 따뜻하고 편안한 곳을 찾게 되었다. 정신없이 뒤쫓기는 세월 속에서도 잊을 수 없는 맛과 푸근한 풍광, 그리고 우리의 지난 과거를 돌이켜 볼 수 있는 장소를 떠올리게 되니 너나 없이 많이 지치기도 한 것 같다. 그렇게 해서 찾아간 곳이 비내리는 호남선의 마지막 종착지점인 목포木浦시와 소백산맥 마지막 자락의 도시인 순천順天이다.

삼한시대에는 마한馬韓에 속하였고, 삼국시대 때는 백제에 속하다 통일신라, 고려시대를 거치는 역사의 과정은 동일하다. 남도 문화의 예향으로서 전통을 이어온 것이나 선비정신이 살아 숨쉬는 고장으로서도 우열을 가릴 수 없는 곳이다. 그중 목포는 서해 경제권의 중추적 도시로 우리나라의 3대 항구 및 6대 도시로 한때는 번창하였던 시절도 있었다. 그러나 해방후 오늘날까지 인접국의 정치 경제적 변화로 지난 향수에만 젖어 있던 항구도시이기도 하다. 순천 역시 "산과 물이 기이하고 고와 세상에서 소강남小江南이라" 할 정도로 살기좋은 곳으로 인물과 교육을 자랑하던 도시였으나 현대사에 들어 국내의 정치적 격변으로 침체의 늪 속에 빠지게 된다. 이렇게 정체되었던 두 도시의 발전 염원은 지역적인 한恨이 되었으나 건전한 도약을 위해서는 오히려 기회의 시간들이 아니었나 생각된다. 그러한 조짐인지 최근들어 국내외의 정치, 경제적 상황도 격변하고 21세기 한국의 도약은 이러한 도시에서부터 시작할 것 같은 예감이 든다. 그래서 지난 역사에서의 푸근한 정情과 내일의 가능성을 찾아 나서기에는 제곳이기에 흔들리는 남행열차에 몸을 싣게 되었다.

담양, 장성, 광주를 거쳐 나주시를 지나 목포로 유입되는 영

_ 유달산 공원 입구의 노적봉. 이순신 장군이 목포시를 지켜주고 있고, 멀리 내항이 바라다 보인다

산강의 수계는 전남평야의 곡창지대를 일구어 내고 있다. 일찍이 마한의 농경문화와 수준높은 유배문화를 간직하고 있는 이곳은 지역의 토속적인 맛과 품위있는 멋을 함께 보여주고 있다. 몇 년전 경험했던 연포탕도 생각나고 그들의 풍류도 더듬어 볼겸 우선 목포시부터 들러보기로 하였다.

예술이 있고 멋이 있어 좋은 도시, 우리나라 최서남단의 항구도시, 점점이 그림같은 다도해가 어우러진 아름다운 고장, 그래도 그 중에서 목포의 유달산儒達山(해발 228m)은 노령산맥의 마지막 묏부리로서 시민들로부터 가장 사랑을 받고 있는 명산이다. 어느 도시이건 크고 작은 뒷산을 의지하고 있지만 유달산만큼 빼어난 절경의 산을 쉽게 찾을 수 없을 것이다. 자체가 기암괴석으로 어우러져 각기 다른 봉우리와 정상에서 시가지와 바다를 조망할 수 있고 시내 중심가에 위치하고 있어 시민들의 일상적 애환이 담겨져 있는 곳이기도 하다.

시민들의 타고난 끼氣를 담아 우리나라 도시공원사중 제일 먼저(1982년 11월) 야외 조각장을 마련하였고, 시민들의 흐르는 눈물을 적어 노래 비碑로 세웠으니 그 누가 목포를 서러움에 응어리를 속으로 삭히며 오기스럽게 버텨온 도시라 했던가?

"사공의 뱃노래 가물거리고/ 삼학도三鶴島 파도 깊이 숨어드는데/ 부두의 새악씨 아롱 젖은 옷자락/ 이별의 눈물이냐 목포의 설움……" 1930년대 가수 이난영 씨가 불러 선풍적 인기를 끌었던 '목포의 눈물' 이다.

또 유달산 입구에 위치한 노적봉은 임진왜란 때의 공을 기리고 있고, 대반동大盤洞에서의 다도해 석양夕陽은 동해안의 일출日出과 더불어 신이 빚어낸 또 하나의 비경이라 한다. 비록 황금빛 노을로 물든 항구의 모습은 보지 못하였으나 순환도로로 이어진 주변의 자연경관만 보고서도 이곳이 멋과 낭만이 넘치는 예향이고 꿈이 있는 도시임을 직감하게 된다.

이러한 자연경관의 영향이었든지 단일 도시로는 대한민국 예술원 회원을 가장 많이 배출하였고(4명), 지금도 고향을 지키며 열심히 활동하고 있는 예술인들이 많다고 한다. 필자가 기억하고 있는 분으로도 서양화가 수화 김환기, 한국화가 남농 허건南農 許健, 여류소설가 소영 박화성, 극작가 차범석 선생 등이 이곳 출신들로서 우리나라 문화계에 많은 영향을 미친 분들이다. 이러한 예술적 지역 정서 때문인지 목포의 집집마다에는 그림 하나쯤은 걸려있고 각종 전시, 공연이 그칠 날이 없으며 판소리 경연대회(10월), 난영가요제(6월), 목포 가요제(10월) 등 전국 규모의 문화예술 이벤트가 매년 개최되고 있다 한다.

이뿐아니라 목포하면 세細발 낙지와 홍탁이 유명한 먹거리이다. 그 맛이 담백하고 부드러워 신안 앞바다의 뻘에서 자란 낙지를 으뜸으로 치는데, 그 진미를 맛보려고 시내 뒷골목의 독천 식당이란 허름한 원조집을 찾았다.

몇 년전 가을 순천시 낙안 읍성 민속마을에서 뛰어난 멋을 인정받았다는 신문광고도 큼지막하게 붙어있고, 명함을 내미는 주인의 표정을 닮아서인지 오랫만에 다시 찾은 연포탕은 과연 그 비법의 맛을 내고 있었다. "짠하게 먹고 자프면 다시 오시여이" 하는 친근한 인사말을 뒤로하고 최근 개발되고 있다는 갓바위 근처 '문화의 거리' 로 향하였다.

향토 문화관에서는 그 동안의 애환을 자위하듯 지역의 역사와 전통문화의 근원을 설명하고 있었고, 또한 이 지역 남종화의 대가인 고 남농 화백의 기념관이 문화도시로서의 자존심을 지키고 있었다. 길 건너 바닷가에는 국립 해양 유물전시관이 자리잡고 있어 항구도시의 역사적 배경과 신안 앞바다의 유물을 보여주고 있다. 이곳은 앞으로도 우리나라 해양 유물의 요람으로 자리잡기도 하겠으나 인접한 향토문화관등과 대비되는 넓은 광장, 현대적인 휴게공간 등으로 젊은이들의 데이트 장소로도 제격이었다. 이러한 전통교육의 장소를 찾는 젊은이들과 유치원생들의 노란 행렬을 보고 있노라면 터전에 대한 정서적 애정과 전통문화에 대한 소양을 일찍부터 이어받고 있음을 발견하게 된다. 비록 도심의 일반적 가로경관이나 기반시설은 타도시에 비하여 미흡하다 하더라도 풍

_ 국립해양 유물전시관 광장. 신안 앞바다의 유물만이 아니라 가출한 아주머니들이 무서워한다는 새우잡이 멍텅구리 배도 전시되고 있다

요로운 전통의 맥을 잇고자 하는 이러한 노력들은 우선적으로 제공되고 있음을 자주 엿볼 수 있게 된다.

바다에 점점이 떠있는 섬과 아름다운 항구의 야경, 한폭의 그림과 같은 유달산, 갓바위 바닷가의 '문화의 거리', 연인들의 발길이 끊이지 않는 대반동 해변, 흰물살을 가르며 오고가는 유람선 등은 다른 곳에서 느낄 수 없는 목포만의 아름다움이요 정취이리라. 그래서 누군가가 목포는 동양의 나폴리라 했듯이 아직까지는 멋과 낭만이 살아숨쉬는 고장임에 틀림이 없었다.

목포는 국도 1호선(목포-신의주)의 기점도시이기도 하지만 국도 2호선(목포-부산)의 시발지이기도 하다. 먹거리와 볼거리를 어느정도 채웠으니 이제는 국도 2호선으로 순천으로 떠나야겠다.

순천의 가장 오래된 이름은 "모래드리" 또는 "사평沙平"이라 추측되고(순천시사 1997), '주역'의 "탕무혁명湯武革命 순호천이응인順乎天而應人"에 나오는 말이며 1404년 명나라 태종이 북경을 세우고 순천부라 한데서 유래되었다 한다. 또한 순천을 "삼산이수三山二水"의 고장이라 일컫고 소강남小江南이라 자부해 왔는데 이러한 전통은 그대로 남아 현재도 학교의 이름은 이를따라 짓곤한다. 그중 삼산삼호신인三山三護神人이라는 구전에 대하여 『신동국여지승람』의 인물편을 보면 다음과 같다.

"……후백제 김총은 견훤 아래에서 벼슬을 하였고 죽어서는 순천부의 성황신이 되었다. 박영규는 견훤의 사위이다…… 고려왕이 벼슬을 하사하고 두 아들에게도 벼슬을 주었는데 그가 죽어 해룡산신이 되었다. 박난봉은 죽어서 인제 산신이 되었다"고 서술하였다. 그래서 성황신은 언젠가 성황당산(여천에 있는 진례산)으로 불리워 이들 신인들이 머물러 있는 산이 삼산이라 하였다. 그러면 이수는 어느 강을 지칭하고 있을까?

1498년 무오사화때 연루되었던 김굉필과 조위가 노닐었던 임청대臨淸臺의 기문記文에 동계東溪와 서계西溪가 있다. 동계는 동천東川을, 서계는 옥천玉川을 이른 말이다. 이렇게 삼산이 있고 이수가 있으므로 중국의 강남江南지방에 빗대어 소강남이라 고려말에 이름한 듯 하다. 또한 중국의 강남지방인 소주蘇州와 서주徐州는 지금까지도 경치가 아름답기로 유명한데 서주의 연자루燕子樓의 이름을 따서 순천 읍성의 남문루에 그대로 붙였다 한다.

그러나 강남은 마음의 고향이고 이상향일 뿐이다. 그래서 조상들은 강남을 좋아했던 것 같다. 이러한 표현은 우리나라 어느 지역에서도 흔히 있는 현상으로 당시의 한문을 즐기고 모화사상에 젖었던 사람들이 중국의 이름을 우리의 자연경치에 붙이는 사례가 많았다.

필자가 몇회에 걸쳐 중국의 소주와 항주를 여행하면서 느낀 바로는 그곳의 자연 풍광은 우리와 견줄바는 못되었으나 꾸미고 장식하기를 즐기며 공상적으로 표현한 결과에 따른 시대적 상황일 뿐으로 판단된다. 다시 말하여 요즈음과 같이 서양문명에 심취되어 서구적 가치로 우리의 생활, 환경과 대비하여 비교하는 경향과 다름아닐 것이다.

이렇게 시의 지난 역사를 설명한 것은 도심의 한가운데를 흐르는 동천을 건너 죽도봉竹島峰 공원에 올랐을 때의 낯설은 시설명들에 대한 그 배경을 확인하여 보고자 한 것이다. 순천 시민들의 휴식처로 사랑받는 죽도봉 공원은 조선시대 화살로 사용했던 신이대밭이 있고 섬같이 생긴 곳이라 하여 죽도란 이름이 붙여진 곳이다.

순천의 상징인 팔마탑八馬塔과 연자루가 중간능선에 있어 대숲과 동백이 우거진 사이로 내려다보는 시가지 전경도 한폭의 그림과 같다. 동천이 시 중심을 남북으로 흐르는데 북서쪽상류는 서천이라 부르며 순천시의 오랜 젖줄로 시민들의 정서가 흐르는 곳이다.

팔마비 역시 고려시대 순천부사 최석의 선정을 기리기 위한 기념비이다. 최석이 내직으로 전임되자 부민들이 말 8필을 정표로 바쳤는데 도중에서 낳은 새끼말까지 합하여 9마리를 돌려보냄으로써 청백리의 표상이 되었다 한다. 이러한 정신은 오늘날까지도 순천의 상징으로 남아 인근의 향교와 서원, 충열사 등에서 그 뜻을 모시며 기리고 있다. 이처럼 유교 문화적 배경 속에서 선비 정신으로 살아간 인물은 이곳에 무수히 많다. 그중 대표적인 사람이 한훤당寒暄堂 김굉필金宏弼이다. 실천궁행에 투철하였고 의리지학義理之學과 위기지학爲己之學을 생활화한 학자이다.

유배지였던 이곳 순천에서 제자들을 육성한 그는 조선전기 호남사림의 큰 줄기를 이루었고 사화기 호남지역의 사림계에 매우 큰 영향을 미치게 되었다. 조선시대 5현이며 문경文敬이라는 시호를 받고 현재는 옥천서원에 모셔져 있다.

_ 죽도봉 공원의 연자루와 팔마탑. 대나무와 동백숲으로 역사를 간직한 채 내일의 강남을 지켜보고 있다

이와 같이 후손들의 교육에 뜻을 이은 사람이 있으니 우리나라 근대사에서 암울했던 51년간의 세월을 오로지 민족적인 인재를 양성하며 일생을 보낸 분이다. 우석 김종익金種翊선생으로 인하여 고향 순천만이 아니라 전국의 수많은 인재들이 그의 뜻을 이어 각계각층에서 조국의 동량으로서 국가 민족을 위해 제몫을 다하고 있음을 볼 때 순천을 교육과 인물의 도시로 평하게 됨은 당연하다 하겠다.

그뿐 아니라 그는 우리 고유문화가 위축되어 가는 것을 매우 안타깝게 생각하고 국악을 위한 연구와 후배 양성에도 남다른 후원자였다. 이에 힘입어 당대의 명창들이 모여들었고 국악의 전승과 회생을 도모하여 오늘의 남도음악과 지역의 독특한 문화를 창출하는데 커다란 기초와 기둥이 되어 주었음은 주지의 사실이다.

그러나 이러한 전통도 요즘 들어 색이 많이 변하였다 한다. 이러한 현상은 전국적인 것이긴 하지만 순천의 경우 대표적 예향이었던 점을 감안할 때 다른 도시에 비해 그 정도는 심하다고 할 수 있을 것이다. 북경의 경극京劇이 없어지고 이태리의 도시 가로에서 오페라의 노래소리를 들을 수 없게 된다면 과연 북경과 이태리의 참맛을 느끼게 될 수 있을 것인가! 죽도봉 연자루에서 읊건 동천 냇가에서 판을 벌리건 언젠가 순천거리에 판소리가 들리고 소리선생이 다시 모여들어 제대로 대접받는 시절을 다시 보았으면 좋겠다.

돌아오는 길에는 낙안 읍성을 둘러보며 오랜만에 옛 정취를 더듬어 보았다. 초가 지붕 위의 저녁노을과 밥을 짓기 위해 피어오르는 연기는 지난 시절을 되돌아 보는듯 옛 정감 그대로였다. 시간이 흘러도 변치 않는 이러한 곳이 가까이 있기에 순천 시민들은 행복할 것이다.

아울러 오랜만에 찾는 외지인들까지도 따뜻하게 담아줄 수 있다는 것이 자랑스럽다. 도심의 천박한 시설 공원보다는 오히려 우리의 영혼이 살아 숨쉬는 이러한 삶의 터가 그립고 아쉬운 것은 어인 일일까? 오랫동안 머물 수 있도록 그대로 남아있었으면 좋겠다. 짧은 시간의 여행이었지만 쉽게 접촉하게 되는 택시기사, 밥집아줌마, 호텔 종업원들의 세련되지 않은 느긋한 언행과 고향에 대한 거침없는 자부심에 편안한 신뢰감

_ 낙안읍성 입구. 순천의 푸근한 인심과 옛 정취를 담고 있다

을 갖게 된다. 이러한 모습들은 시민들 스스로의 전통에 대한 자긍심과 보이지 않는 일상적 교육의 흐름이 아니었겠나 싶어 건전한 도시로서의 발전 가능성과 기대를 하게 된다.

그러한 의미로 본다면 목포나 순천 같은 도시들은 어쩌면 21세기를 위해 "준비된 땅"이고 내일의 기회를 위해 숨겨놓은 도시가 아니었나 생각된다. 그래서 그런지 '국제 자유도시 건설' 을 발표한 목포시의 방침은 시의적時誼的으로도 적절하고 동북아의 전략적 관문으로서도 당연한 목표설정이라 보여진다.

1995년 1월 인접된 승주군昇州郡과 통합되어 조계산 도립공원과 어우러진 전원도시로서 도시의 역사와 배경을 그대로 이을 수 있는 기회라 판단된다. 또한 인근의 여천 석유화학단지, 광양, 율촌 공업단지의 배후 거점도시로서 21세기의 환경 친화적 도시건설을 강조하고 있다.

이는 천혜의 자연조건을 제대로 인식함으로써 제2의 "강남" 으로 다시 태어나려는 자세이리라. 27만 시민들의 문화적 소양으로는 가능하리라 기대하며, 목포시와 함께 21세기의 서해안과 태평양시대를 선도해 나갈 중심도시가 되기를 기원한다. 다시 여는 개항과 제2의 강남으로서 지난날 남 · 동해안의 공업도시와 같은 전철을 밟지 않기를…… .

회춘의 도시 의정부
젊음의 도시 부천

그 동안 여러 중소도시들을 답사하면서 느낀 것 중의 한 가지는 그 도시의 위치조건과 제반 여건을 감안한다면 도시의 살림살이가 들여다보인다는 것이다. 또한 공원을 거닐다 보면 사는 사람들의 생활과 그 도시의 배경이 담겨져 있음을 발견하게 된다. 그래서 이번에는 서울 수도권 인접 도시들의 어제와 오늘을 살펴보고 내일에 대한 모습을 더듬어 보기로 한다.

그중 서울의 서쪽인 한강하류에서 새롭게 커가고 있는 경기도 부천富川시와 서울 북부 도봉산 너머의 의정부議政府시는 한강의 의미와 수도로서의 위상 조건에 어떻게 적응하고 있는가를 비교하기로 하였다. 마침 필자가 태어난 곳의 주변이기도 하고 성장기 때의 정서가 남아 있는 곳이기에 쉽게 접근할 수 있으리라 기대하며 우선 경인京仁 전철에 올라탔다.

1960년대 말(1967년) 우리나라에 처음으로 고속도로가 개통되었을 때, "도로가 달린다" 라고 신기해하기도 하였고 스튜어디스(초창기의 안내양)들도 멋쟁이였기에 서울을 벗어나는 나들이로는 인기가 있었던 코스였다.

특히 '소사' 의 복숭아는 "수밀도" 라 하여 수원의 딸기, 안양의 포도와 함께 소문난 맛으로 유명했었고, 요즈음과 같이 4, 5월 복사꽃이 필 때에는 들판의 아지랑이와 함께 서울의 젊은이들을 유혹하기도 하였다. 그러나 이제는 서울과 붙어버려 그나마의 한적한 경치는 볼 수도 없게 변모되어 버렸다.

부천시는 1973년 시로 승격되기 전까지만 하여도 일명 "복사골" 이라는 마을이었는데 경인 철도가 전철이 되면서 1998년말 현재 78만의 대도시로서 25년 동안 무려 12배 이상의 인구증가를 보여주고 있다.

서울이 한참 도시화되어 확장되어 나갈 때 서울에 입성할 수 없었던 젊은 중산층들이 주로 교통의 편리성과 한강 하류로의 공장 이전 때문에 대거 전입한 것이다. 그뿐아니라 전세계로 연결할 수 있는 김포공항과 새로 건설중인 인천 신공항이 자리잡게 되고, 최근 신시가지의 개발로 더욱 생동하는 젊은 도시로 면모를 갖추게 된 것이다.

_ 부천시 중앙공원. 녹지광장의 진입 측으로 도시의 미래가 바라다 보인다

시 인구의 70% 이상이 20~30대의 젊은층으로서 지난해 I.M.F영향으로 현재의 재정자립도는 82.6%라 하지만 한때 1990년대 초에는 100%에 이를 정도로 대단한 활력을 갖춘 도시로 내일에 대비하고 있는 것이다.

이러한 도시 활력에 힘입어 다른 도시에서 생각할 수 없는 새로운 문화를 발견하게 되었는데, 1997년도부터 시작된 국제 판타스틱 영화제의 개최이다. 지난해 겨울 영화제 기간 내내 새로 지은 시청 앞 잔디 광장에서는 야외 스크린을 설치 상영하여 가족단위의 많은 시민들이 즐길 수 있었고, 앞으로도 국제 영화제에 대한 시민들의 기대는 매우 크다고 한다. 이에 곁들여 21세기 지식, 문화산업시대에 대비코자 만화산업을 육성시키겠다며 주식회사의 설립, 만화 정보 센타, 교육기관과 특수 영상기술을 육성하고 있었다. 이와 아울러 부천 국제대학 애니메이션 페스티벌을 개최하여 국제 영화제와 함께 문화도시로서의 부천의 이미지를 높여 가고 있는 것이다.

그러나 한편으로는 이러한 신흥도시에서의 문제점인 도시의 역사성과 정체성正體性확보에 대한 고민도 함께 엿보게 된다. 오늘날 미국사회가 전통에 대한 갈증으로 조그마한 역사적 가치에 의미를 부여하려는 노력과 같이 후손들을 위한 "족보"만들기에 역점을 두고 있는 것이다.

도시의 명예와 자녀 교육에 대한 관심으로서, 도시 배경에 대한 홍보의 노력도 그들의 발전과정 만큼이나 대단하다. '소사'라는 지명地名 그대로 풍수지리설에서도 "물이 잘 빠지는 조리터"라는 수준으로, 옛부터 큰 부락을 이룰 수 있는 자연적 여건을 갖춘 곳도 아니었으니 역사를 지배하던 인물도 드물었을 수밖에 없었을 것이다.

그래서 서울에서 태어난(1898) 수주樹州 변영로 선생의 호가 고려때 이 고장의 명칭이기도 하고 어린 시절 이곳에서 자랐다하여 중앙공원 안에 시비詩碑로서 기리기도 한다. 충북 옥천이 고향인 시인 정지용(1903~?)도 일제 말기에 이곳에서 지냈다하여(1943~1946) 그의 옛집 벽면에 푯돌을 붙여두기도 하였다. 또한 세계적인 문호 펄벅 여사가 방문하였었다는 기록을 소개하기도 하고, 동요작가 목신일(1913~1986)선생의 "따르릉 따르릉 비켜나세요…"등을 기리기 위하여 원미공원 안에 어린이 교통공원을 설치하기도 하였다. 봉산탈춤의 기능보유자 김애선씨(1937~?) 역시 황해도 봉산 태생으로 서울에서 살다 1984년 이곳으로 이주한 분이다.

그렇다고 지역의 경관이나 역사적 흔적이 그리 부각되는 곳도 아니다. 정지용의 대표작 "향수"에서도 "넓은 벌 동쪽 끝으로/옛이야기 지즐되는 실개천이 회돌아 나가고/얼룩뱅이 황소가/해설피 금빛 게으른 울음을 우는…" 정도이고, 1969년 장왕록 교수가 펄벅 여사를 만나고 쓴 글의 일부에서도 "…경기도 소사의 큰 거리에서…과수원을 끼고 올라가노라면 소나무가 듬성듬성 산아래…여사는 한국의 아름다운 설경을 이야기하며 우리에게 커피를 권했다." 이 정도이고 보면 이는 전형적인 한국의 농촌 풍경일 수밖에 없겠다. 역사적 유적 역시 조선시대의 공장공 변종인과 청백리 박처륜, 이한규의 묘, 그리고 청평군 한언, 청천군 한준의 신도비가 있을 뿐이다.

그러나 최근 시의 북동쪽 넓은 한강평야가 바라다 보이는 고강동 청룡산에서 선사시대의 유적이 발굴되었다 하니 이곳 부천 시민들의 고무된 모습은 가히 상상할 수 있을 것이다. 1996년 1차 발굴 조사에 이어 2차 발굴된 보고서 첫머리에 "부천시와 시민들의 특별한 관심은 발굴하는 사람들에게 큰 응원이 되었고 앞으로 이 유적이 부천 시민들에겐 휴식의 장소가 되고 역사적 교육의 현장이 되도록 할 것임을 확신한다" 고 기록된 것을 보면 고강동 유적이 부천에 주는 의미를 짐작케 함을 알 수 있다.

이렇게 도시의 역사성과 배경을 강조하면서 그들의 척박한 환경을 가꾸려는 노력 역시 공원 개발에서도 보여주고 있다. 그 동안 답사하였던 다른 지역의 오래된 도시일수록 녹지 개념의 공원으로서, 근본적으로 도시 공공시설로서의 필요성에 인색하였으나 이곳 중앙공원의 경우 과감한 규모나 질적인 내용에 우선 감탄하게 된다. 새로운 고향으로서 정착하려는 젊은이들의 도시이고, 토지보상비에 부담이 적을 수도 있겠다 이해하면서도 신축된 시청 전면의 넓은 녹지공간은 건강한 내일을 약속하고 있는 듯 신선한 충격을 느끼게까지 한다.

1996년 12월 시청사와 함께 준공된 중앙공원에서의 국제 영화제에 늦게나마 축하를 하고 싶고, 민족시인 변영로 선생의 뜻을 기리어 새로운 시대를 맞이하려는 부천시민들의 의지에 뜨거운 갈채를 보내게 된다.

총면적 44,269평으로 성곽처럼 둘러싸인 인근 아파트 단지 내의 주민들에게 자랑스러운 보금자리로 자리잡고 있었는데, 이러한 규모는 도심의 상징적 공간이라 하더라도 시 외곽의 원미산 자락에도 대규모의 시민 휴식공간이 자리 잡고 있었다.

어린이 교통공원, 각종체육시설과 시립도서관, 현충탑이 함께하여 도시의 젊은이들과 청소년들을 위한 교육에도 많은 비중을 두고 있었으니 여하튼 편안한 마음으로 다시 서울행 전철에 몸을 싣게 되었다.

의정부시는 서울의 병풍인 도봉산과 수락산 너머에 자리 잡고 있다. 도심으로는 중랑천이 남류하여 한강으로 흐르고, 예로부터 수도 서울의 북쪽관문으로 경원선이 지나 금강산으로 통하던 길목이었다. 지난 시절에는 서울 북방의 군사도시로서의 이미지가 강하여 필자에게는 당시의 설레임이 오늘날까지도 남아 있는 곳이기도 하다.

서울 출신 장정들이 논산에서 훈련을 마치고 이곳 101보충대에 도착하였을 때의 안도감, 부모님들의 면회라도 기대하며 철망 넘어 바라보던 시간, 위수衛守지역의 헌병들을 피해 뒷골목을 헤메었던 순간들이 빠르게 지나가고 있었다. 그 후 제대를 하자 교외선으로 이곳을 지나칠 적마다 도심 속의 미군 헬리콥터장이 있던 곳 등으로 기억하고 있을 뿐, 지역의 균형 발전에는 정체된 도시로서만 인식하고 있었다. 그러나 이러한 옛 회상만으로 의정부역에 도착하니 전혀 낯선 곳으로 변모되어 있었다. 저녁노을의 철조망과 뒷골목 어디엔가의 버스 주차장은 찾을 길이 없어 멀리 보이는 낯익은 산봉우리를 더듬으며 겨우 시청사 앞에 다다르게 되었다.

35m의 시민로 좌우에는 넓은 광장과 공원이 펼쳐지고 있었고 1995년도에 완성되었다는 시청사와 함께 33만의 시민을 위한 택지개발도 도시외곽에서는 계속 올라가고 있었다.

_ 도봉산 국립공원 입구. 이렇게 아름다운 산이 시민들의 시름을 덜어주고 있다

그 동안 서울 북부 자연공원의 개발 제한과 70%나 차지하던 군사 시설보호구역, 중랑천 오염의 염려로 산업시설의 유치도 힘들었으나 1988년도부터 군사시설 보호구역이 해제되고 근년에 들어 북방개발의 요충지로 인식되자 겨우 도시 발전의 계기를 마련하고 있다 한다. 아름다운 자연과 수도권 방위의 전초기지로 경제적 여건도 원만치 못한 상태에서 시로 승격된지(1963년 1월) 실로 35년만에 맞은 봄으로 우리나라 분단 역사의 한 단면을 보게 되는 듯 하다.

그러나 오늘이 있기 이전의 지난 시대에는 그런대로 축복받는 마을로서 출발하였다. 서울 북부에 위치하다보니 조선시대의 역사가 곳곳에 남겨져 있는데 주로 태조 이성계와 관련된 흔적들이다.

그가 함흥에서 한양으로 환궁하다 잠시 머물며 이곳까지 마중 나온 조정대신들과 정사를 논의할 때 태상왕의 윤허를 받았다 하여 공식 관청명인 의정부議政府를 이곳의 지명으로 삼았다 한다. 그후 1912년 지방 행정구역 명칭으로 되기는 '양주군 둔야면 의정부리'라고 경기도 편에 공식으로 등장하게 되었고 시로 승격되면서 양주군에서 독립되어 지금에 이르고 있다.

또한 이와 관련된 문화행사로서 회룡 문화제가 있다. 이성계가 왕이 되어 돌아왔다는 회룡回龍설화에 따라 1986년 10월 10일 의정부 시민의날부터 고유한 향토문화제로 자리잡아 가고 있고, 회룡사回龍寺 역시 신라시대 의상스님이 창건하여(618년) 법성사로 불리어 오다 무학대사와 3년간 수도한 후 왕이 되어 돌아왔다 하여 회룡사라 부르게 되었다 한다.

문화유적 역시 조선시대와 관련이 있는 묘墓들로서 지역적인 특성이 있었던 것 같다. 정문부, 신숙주, 윤은보 선생은 장군이나 대신들이었고, 신항과 경명군은 성종成宗의 사위와 열째아들이었다. 그와 아울러 눈여겨지는 것은, 선조대왕의 일곱째 아들인 인성군과 인성군의 셋째아들 해원군, 그리고 인성군의 생모인 정빈 민씨, 해원군의 여섯째아들 화릉군과 화창군의 묘가 금오동 산23과 31번지에 함께 모셔져 있다. 시의 북쪽인 주내면과 접한 천보산 동쪽자락으로 서울 북부의 다른 능, 묘들과 관련 뿐 아니라 당시 이곳의 풍수지리적 여건도 감안했던 것 같다.

이와 같이 시로 승격된지는 부천시보다 10년이 앞서나 도시 개발에 따른 경제적, 제도적 미흡으로 도시의 공원시설 역시 시청 앞 '평화의 광장'(5000평)과 백석천 근린공원(3500평) 이외에는 별로 공원다운 곳을 찾아 볼 수 없게 된다. 광장에는 야외무대, 장미동굴, 시의 상징 조형물 등이 있어 젊은이들의 명소가 되었으나 그 이상의 필요에는 시민들의 요구가 시급하지 않았었나 보다.

_ 의정부시의 평화의 광장. 통일의 날에 대비한 청소년들의 춤 연습이 한창이다

다른 도시와 달리 사회산업국 농림과에 소속된 공원 녹지 실무자들의 지적과 같이 "중소도시에서의 공원문제는 개발의 후순위일 수밖에 없고, 건설부의 도시공원법을 무시하면서 개발 위주로 진행되는 현실적인 문제"는 의정부시만의 사례는 아닐 것이다. 그러나 오죽했으면 1998년 10월 지자체의 구조 조정 때 건설국에서 사회 산업국으로 임무가 이전되어 이제는 동등한 입장이 되었음을 강조하는 데에는 생각하여야할 대목도 없지 않았다.

여하튼 왕족들의 묘가 남아 있을 정도로 주변에 산 좋고 물 좋은 곳이 많고, 시 경계를 벗어나면 북한산 뒷자락이나 동두천의 소요산 계곡이 있고 광릉수목원의 숲과 일동, 이동의 넓은 하천이 있으니, 옹색하고 제한된 도심보다는 수려한 자연에서 오늘의 현실을 잠시 접어두는 것이 편할 수도 있었을 것이다.

하기야 70%의 재정자립도에서 수도권 방위와 통일로 가는 길목이라는 이중의 중책을 수행하기에는 매우 버거우리라 이해되고 다른 도시와 달리 미래에 대한 원대한 포부도 쉽게 마련할 수 없었을 것이다.

이러한 분단 현실의 아픔과 통일을 기원하는 의정부시의 고통을 그대로 부각시켜 보여주고 있는 것이 통일 예술제이다. 1994년부터 시작되었다 하는데 매년 5월 이맘때 시화市花인 철쭉꽃이 만개하는 시기에 '통일로 가는 길', '통일 솟대놀이' 등 다른 도시에서 볼 수 없는 그들만의 목소리를 펼쳐 보여준다 한다.

35년전 서울을 뒤로하고 전방으로 떠날 때 이곳 보충대에서의 초조감, 한창 데이트에 들떠 교외선의 경치로만 보아왔던 군부대의 철조망들, 이 모든 것들이 지나갔지만 아직까지도 남아 있는 이러한 영상들은 언제나 지워질 수 있을 것인지….

같은 수도권에 인접되어 있으면서 한강 이남의 부천시는 2천만 소비시장을 가진 최적의 산업도시로서 풍부한 인적 자원과 입체적 교통망으로 무한 성장의 잠재력을 일구어 가고 있다.

그러나 수도권 북부의 의정부시는 통일이라는 족쇄에 묶이어 이상적인 생활도 유보한 채 육로로서의 금강산 관광길에 서성거리고 있는 상태였다.

"금강산도 식후경" 이라고 근래에 들어 계기를 마련하였으나 언젠가 다시 의정議政을 나눌 수 있는 새로운 날이 다시 오기를 기대한다. 그때에는 공원 한 두 개가 문제이랴! 전국이 금수강산일텐데….

따뜻한 봄날 광장의 무대에서 음악에 맞추어 흔들어 대는 청소년들의 몸놀림이 예사롭지 않게 보인다. 아마도 그날에 대비한 연습들인가 보다.

국제화로 탈바꿈한 구미 남겨져야 할 안동

안동을 중심으로한 경상북도 북부지역은 소백산맥과 태백산맥으로 둘러싸여져 있고 서남쪽으로 흐르는 낙동강의 상류지역에 위치하고 있다. 그러다 보니 교통이 발달할 수 없었고 외부와의 교류가 활발치 못하자 자연히 보수적인 성향을 띄게 되었다. 또한 낙동강 7백리의 수자원을 보호하느라 공업화를 이루지 못하였고 농업을 위주로 한 산업기반의 취약함은 경제적, 사회적으로 곤란을 겪게 되었으며 전통 유교문화에 가치관을 둔 이 지역 주민들의 자긍심 마저 흔들리게 되는 결과를 초래하게 되었다.

그러나 역사적으로 보면 민족사를 주도하며 국난극복에 앞장서온 충절의 고장이고, 산재되어 있는 문화재의 보유고는 우리나라의 어느 도시보다도 높다. 아울러 경상북도 북부지역의 중심도시로서 일반적 정서는 선비정신을 이어받아 예와 의를 중시하고 있다.

이렇게 명산들의 산세를 배경으로 하고 있어 백두대간을 밟다 지치면 내려와 쉬는 곳이 이곳이고 경치가 좋은 물가에 볼거리가 남아있으니 전통 문화를 이야기하다보면 자연스레 이곳 안동지방을 찾게 된다.

그 중에서도 안동의 문화적 토대와 전통 속에 민속문화의 전형으로 소문이 난 곳으로 하회마을이 있다. 절묘한 지리적 형상과 아름다움을 간직하고 있어 여행길 가장 먼저 거치거나 마지막으로도 들려야할 곳으로 굳어지게 되어버렸다.

눈감으면 되살아 나는 마음속의 고향과 같이 매번 들려도 싫증나지 않는 곳이 바로 하회이고 마을을 구성하고 있는 모든 것에 정겨움을 간직하게 되다보니 잊지 못하게 되었나 보

_ 상봉정에서 건너다본 하회마을. 비오는 날의 촉촉히 젖은 연꽃과 같이 새로운 경치를 하나 발견하였다

다. 20여년 전부터 시도 때도 없이 찾을 적마다 시대조류에 때묻어 가는 모습에 안타깝기도 하였지만 그래도 언제나 들려야만 했던 곳이기도 하다.

이러한 하회마을을 일명 "물도리동"이라 하기도 하고 다른 한편으로는 하회下廻, 곡강曲江, 하상河上, 강촌江村, 하촌河村, 하외 등으로도 불리워 왔다.

시성詩聖 두보杜甫의 시에 나오는 "청강일곡포촌류淸江一曲抱村流를 줄여서 표현한 한국인의 이상적 전통마을이다. 그 절묘한 지리적 형상을 두고도 여러 가지 풍수적 표현이 있는데 마을의 모둠살이 역시 여느 마을에서 보기 드문 파격적인 모습을 보여주고 있다.

각양각색의 가옥 좌향과 구조적 형태는 자연과의 조화이기도 하지만 하회탈춤의 해학적인 내용이나 그것을 수용하는 마을 구성원간의 정신적 얼개의 표현이기도 하다.

마을 사史역시 그들의 지혜로운 조화를 발견하게 되는데 마을 구석구석에 박힌 자연에 대한 절제감각과 함께 어우러져 그 공간의 넋과 교감交感하지 않을 수 없게 된다. 이는 자연의 이치를 밑바닥에서부터 터득하지 않는 한 그러한 겸손과 지혜를 상상할 수 없으며, 자연의 모든 존재를 벗으로 삼아 더불어 살려는 뜻이었기에 가능한 일이었을 것으로 판단된다. 이러한 뜻은 서애西厓선생의 맏손자인 졸재拙齋류원지 공이 지은 하외십육경에서도 나타난다.

_ 하회마을 입구에 들어선 상혼들. 지켜왔던 주민들의 자존심을 제사지내는 곳과 같다

원래 그림 같은 자연환경이기도 하지만 이들 한곳한곳을 수채화처럼 그려낸 것을 읽다보면 새삼 그들의 시상詩想에 감탄하게 된다. 하외십육경은 현재 양진당養眞堂 사랑마루에 걸려있는데 하회마을의 아름다움을 16개의 경치로 노래한 것이다.

"사시의 경치가 같지 않고 아침저녁으로도 그 모양이 각기 달라 언어로 표현할 수 없을 정도다四時之景 不一而朝暮之態各異有難以言語名狀"라는 서문의 표현은 아주 적절한데, 잠깐 스쳐가는 길손들은 제대로 그 모습을 볼 수 없겠지만 다녀왔던 사람들이라도 다시 한번 음미하여 본다면 부락의 정경을 한눈에 그려 볼 수 있을 것이다.

입암청창立巖晴漲 입암(형제바위)의 맑은 물 경치
마암노도馬巖怒濤 마암(갈모바위)에 부딪치는 성난 물결
화수용월花峀湧月 화산에 달이 돋는 경치
산봉숙운蒜峯宿雲 구름에 잠긴 마늘봉 경치
송림제설松林霽雪 만송정 앞에 눈개인 경치
율원취연栗園炊烟 백율원百栗園에 연기어린 경치
수봉상풍秀峰霜楓 남산 수봉의 단풍 경치
도잔행인道棧行人 상봉정 비탈길을 지나는 행인 구경
남포홍교南浦虹橋 남산으로 건너는 나루의 무지개 다리 구경
원봉영우遠峯靈雨 원지산에 내리는 신령한 비 구경
반기수조盤璣垂釣 겸암정 앞 물가 바위에서의 낚시질 경치
적벽호가赤壁浩歌 부용대 앞 뱃노래 경치
강촌어화江村漁火 강 마을의 고기잡이배의 불빛 경치
도두횡주度頭橫舟 옥연정 앞 강을 건너는 배 구경
수림낙하水林落霞 수림에 떨어지는 노을 경치
평사하안平沙下雁 드넓은 강변에 내려 앉는 기러기 구경

주로 겸암정사와 옥연정사에서 노래한 글이기에 이번 여행길에는 강 건너 상봉정翔鳳亭으로 접근하여 보았다. 원래 이곳은 "서애西厓"라고 불리던 곳으로 서애선생이 지난날 부친을 모시고 거닐었을 때에는 지금처럼 황량하지는 않았었던 모양이다. 그러나 이곳까지를 생활터전의 경계로 잡았을 만큼 그리 빼어난 주변환경은 못되었다. 청

전青田의 그림에서나 볼 수 있을 법한 분위기는 이미 가셨고 양수펌프장과 아스팔트 도로, 새로 보수하고 있는 상황으로는 옛스러움을 찾을 수 없게 되었다. 다만 눈을 돌리어 물위에 떠있는 듯한 하회마을의 정경을 보니 이곳에 정자를 지은 사유를 충분히 이해할 수 있겠다.

잔잔한 호수 위에 연꽃이 피어난蓮花浮水 듯 하고 배경으로 보이는 화산花山이 비안개에 가리어 젖어있는 모습을 보니 그 동안 부용대에서만 조감하던 마을 분위기와는 또다른 맛이 있었고 노래 한수를 보태어 그림으로 그릴 수 있음에 즐거움이 더하였다.

이러한 하회마을이 요즘들어 유명세를 치르느라 큰 중병을 앓고 있다. 큰고개안峴內에까지 현대식 여관이 슬그머니 들어서고 언제부터인가 주차료와 입장료까지 받고있으며 잡다한 관광상품이 마을 안에까지 잠식하고 있었다. 긴 장죽을 문 장난기의 관광객 중에는 종택앞에서 "이리오너라"를 외치지 않나, 짧은 바지 차림의 젊은 여성은 "왜 부엌 가마솥에서 장작으로 밥을 짓지 않느냐"라는 필자부터도 짜증이 날 질문들을 하고 있다. 오죽했으면 '관광객 출입금지'라는 표지판으로 문을 걸어 닫았겠는가!

어느쪽이 먼저 타락하기 시작하였는지 모르겠으나 하회마을은 그들의 600여년을 이어온 삶의 터전이다. 마을과 건물만 볼 것이 아니라 마을 사람들의 "오늘의 삶"도 함께 이해하여 줄 수 있는 제도적 지혜도 있어야 하겠다. 사람들 때문에 사람이 살지 못한다면 그곳은 폐허가 된다. 조상 대대로 이어져온 삶의 터전을 지키고 가꾸는 사람들이 있기에 내일도 하회는 우리의 고향으로 오래동안 간직할 수 있기 때문이다.

이렇게 안동의 도시공원보다는 하회마을을 먼저 찾은 데에는 나름대로의 사유가 있다. 20만에도 채 이르지 못하고 있는 도시 인구에 아직까지도 씨족 중심의 의식체계에서 공공에 대한 이해가 부족하고, 경치좋은 산하를 거닐만한 생활문화의 공간이 남아있는데 다른 도시와 견줄만한 도시공원이란 있을 수 없었다.

현대적 공 개념에 의한 도시공원이 우리나라에 이입된 지 1백여년이 지나고 있지만 천박한 장식과 제도적 시설로서 만들어진 계획된 장소보다는 몇번인가 찾았어도 싫증나

_ 금오지의 아름다운 모습. 일개 저수지였으나 이제는 풍요로운 구미시의 모습을 보여주고 있다

지 않는 도산서원이나 임청각臨淸閣 군자정君子亭을 다시 한번 둘러보는 것으로도 안동시에서의 즐거운 휴식에는 부족함이 없었다.

낙동강 구비구비 국도를 따라 이리저리 남서쪽으로 내려오면 지보면, 다인면, 선산읍을 거쳐 구미시龜尾市에 다다르게 된다. 벌써 오래 전 은사님을 모시고 금오산 도립공원과 관광호텔 계획에 참여하느라 인연을 맺은 지가 어언 30여년이 가까워 오고 있는 곳이다. 그래서 제일 먼저 달려간 곳이 금오지金烏池 주변의 채미정과 자연 학습원, 금오산성을 들러보게 되었다.

야은冶隱 길재吉再선생의 충절과 학덕을 추모하기 위한 채미정에는 단청을 새로 입힌 것 외에는 크게 변함이 없었고, 자연 학습원도 기대이상으로 잘 이용되고 있었다. 금오저수지를 끼고 진입하게 되는 자연경관도 아름다웠지만 그간의 세월동안 유지 관리되었던 호수 주변의 경치는 시민들을 위한 시설로서 나무랄 곳이 없었다. 연간 3백만명의 관광객이 이용하고 있는 도립공원으로서의 기능보다는 오히려 구미시의 도시 자연공원과 같은 효과로 시민들에 사랑받는 공간으로 변화되어 있었지만, 특히 금오랜드의 유기시설과 저수지 밑의 원평공원 일대의 근린시설인 학생도서관이나 민속관 건립 등은 당시의 접근과정을 도저히 기억할 수 없을 정도로 주변환경이 변모되어 있었다.

_ 낙동강 건너편의 동락공원. 강은 그 도시의 거울이 된다. 시민들의 의사와는 상관없이 그들 삶의 흔적이 투영되고 있다

한산하기만 했던 이곳에 체육시설로서의 잔디운동장 및 휴게, 편익시설 등은 중소도시로서의 경제적 능력을 과시하고 있는 듯 하기에 시의 담당 부서를 찾았더니 6개의 근린공원이 조성되어 있다는 것이다. 우리나라의 현실적 도시 여건에 다소 놀라웁기도 하여 낙동강변에 준공을 기다리고 있는 동락공원을 찾아보기로 하였다.

구미시 중심가에서 낙동강까지의 전답은 이미 제 1공업단지로 변모되어 있었고 구미대교를 건너 옛 인동仁同벌까지도 제 2, 3단지가 펼쳐지고 있었다. 주로 첨단 전자제품과 합섬제품 및 신소재 등이 개발 생산된다 하는데 현재의 539만평에서 제4공단 조성시에는 720만평에 이를 예정이라 하니 윤택하게 활기를 띄고 있는 도시 분위기가 안동시와 비교되어 가히 짐작할 수 있게 된다. 그러나 이러한 개발과 발전과정에는 환경과 복지에 대한 사회문제가 있었던지 도시경관의 이미지 재창출과 도시민의 여가휴게공간을 수용할 생활문화 공원의 조성을 이루게 되었다 한다.

낙동강 건너편 제3공단 서측의 약 10여만평(338,201㎡)에 시민 전 계층이 이용할 수 있는 레저, 편익시설 공간과 녹지공간의 조성 등으로 환경 친화적이며 시민문화활동이 가능한 이상적 공원으로 기대하게 된다.

공단과 낙동강의 전망도 함께 고려되었음직한 대상지였고, 삶의 터전을 이룩한 구미시민들의 잃었던 정서를 되찾는 데에도 도움이 될 수 있는 사업이었다. 금오산에 올라 구미시의 지형을 내려다보면, 마치 낙동강에서 끌어올린 배의 형상 같기도 하고 흡사 거북의 꼬리를 닮았다하여 구미라 한다. 30년전 까지만 하여도 우리나라의 전형적인 농촌이었지만 오늘날에는 편리한 교통망, 풍부한 용지와 용수 등 양호한 입지여건 위에 첨단 산업기지와 선진농업이 조화된 이상적인 도시여건을 구비하고 발전을 거듭나고 있다.

1978년 2월에야 읍에서 시로 승격되었고 1995년 1월에는 선산군과 다시 결합하여 통합 구미시로 발족한 것만 보아도 그 잠재력과 자신감을 예측할 수 있겠다. 32만의 시인구에 재정자립도 60%로서 첨단산업과 복지가 이루어지는 21세기에는 테크노 폴리스의 구현으로서 세계적 수준의 산업, 무역, 정보, 문화, 생태도시로 부상하고자 함을 보게 된다.

시의 중앙을 낙동강이 관류하며 영남팔경의 하나인 금오산 등 명승지를 두루갖춘 천혜의 땅이었지만 우리나라 현대사에 큰 획을 그은 고 박정희 대통령의 각별한 관심이 있었기에 오늘과 같은 풍요로움이 가능했으리란 것은 그 누구도 부인할 수 없을 것이다.

70여년 전 상모동 초가에서 내려다보이는 낙동강변의 가난은 이제 풍요의 땅으로 변한 것을 보면 임진왜란 당시 난리를 다스린 재상으로 "산하재조지공山河再造之功"을 세운 서애선생 형제분의 하회마을과 비교하게 된다. 물론 당시의 상황과 여건을 직접 비교할 수는 없고, 개인의 의지력과 영향도 중요하지만 사회구조가 바뀌면 그 사회에 몸담고 있는 인간의 가치관도 달라져야 한다. 글로벌 시대는 다원사회를 지향하므로 지역주민들의 의식과 행동양식도 세계화하지 않고는 국가 경쟁력도 불가능하다. 이러한 지방화 시대와 함께 변화될 사회적 특징 중 한가지는 문화에 대한 새로운 인식이다.

안동을 떠나오면서 다른 지역과의 상대적 빈곤에 대한 문제가 사회적 갈등으로 부상되고 있고, 지방화 시대를 맞이하여 생존을 위한 자구의 몸놀림이 전과 같지 않다는 지방 유지분의 말씀에 구미시와 비교하여 그 가능성을 기대하게 된다.

1970년대 한창 문화계의 논란거리였던 콘크리트 기둥위에 베이지색을 칠한 것이 우리시대의 단청문화로 강요되었다면 비록 퇴색한 목조 단청이 안동시의 잠재적 생명력이란 점을 강조하고자 한다.

그에 대한 구체적인 움직임으로 "안동 국제 탈춤 페스티벌 97"과 금년도에도 추진중에 있는 지역문화의 부흥운동이다. 우수한 문화예술이 관광산업을 포함한 각종 산업발전의 불가결한 요소라는 인식이 높아가는 이때에 국제행사로서 처음 개최되었다 함은 매우 뜻깊은 일이라 하겠다. 특히 우리 탈춤은 현대 공연예술의 새로운 조류인 퍼포먼스performance와도 맞닿아 있고 디자인 요소도 뛰어나 세계인이 함께 즐길 수 있는 축제의 마당으로 이어질 수 있다고 확신하게 된다. 그러나 더욱 바람직한 것은 집단의 정체성과 지역적인 멋과 맛으로 지역주민들의 결속력을 가지게 되었다는 것은 참으로 다행스러운 일이라 아니할 수 없겠다.

여하튼 낙동강을 하나의 끈으로 하여 상류에서의 수자원을 안동시에서 배려하여 주고 그에 대한 보답으로 이곳 구미시의 경제력이 어우러질 수 있다면 그야말로 신판 지주중류비砥柱中流碑가 탄생하게 되지 않을까?

필자가 지주중류비를 금번 여행길에서 찾아보지는 못했으나 겸암 류운룡 선생이 1587년(선조 20년) 안동 현감으로 부임하여 야은冶隱 길재吉再선생의 충절忠節을 동생 서애의 명문으로 비를 건립했다 한다.

구미시 오태동 아래 유유히 흘러가는 낙동강물을 바라보며 천추千秋에 우뚝 서있는 비가 바로 안동 사람들이 구미시에 세운 지주중류비라 한다. 동쪽이 편안하고 서남쪽의 거북이도 발전한다면 겸손과 조화를 추구하였던 안동의 유학자들이나 야은선생도 그 아니 기쁘겠는가!

볼거리를 만들어 가는 강릉 쉴자리를 다듬어야 할 원주

우리나라에는 산이 많다. 산은 물을 담고 있어 생명의 젖줄 역할을 한다. 그리고 많은 생명들을 포용하고 있다. 지대가 낮고 물줄기가 넓은 곳에서는 큰 터를 일구게 하고 높고 좁은 곳에서도 허용할 수 있을 만큼의 삶을 가꾸게 한다. 이렇게 의지할 수 있는 산의 크기에 따라 크고 작은 삶의 표현을 만들어 내지만 터전을 이룰 수 있는 경계 역할을 하기도 한다.

그러한 한국 문화를 대표적으로 이해할 수 있는 곳이 강원도다. 산이 많은 강원도에는 아직까지도 원초적인 문화요소가 남아 있고 태백산맥의 흐름과 물줄기에 따라 각기 다른 모습을 보여주고 있다. 그와 같은 태백산맥을 좌우로 하여 영서嶺西와 영동嶺東지방으로 구분되고 그 중심도시로서 원주와 강릉을 인식하게 된다.

산과 계곡, 동해안의 바다를 연상하게 되는 청정지역, 강릉江陵과 원주原州가 합하여 강원도라 하지만 산을 의지한 방향이나 물줄기의 흐름만큼이나 살아가는 모습에서도 미묘한 차이가 있다 한다. 하기는, 같은 물길에서도 서로 다른 생활표현을 보게되는데 서로 등진 방향과 물맛이 틀린 상황에서 어느 정도 구분할 수 있을까 새삼 관심을 갖게 된다. 그러면서도 소문날 정도의 순박한 지역 인심, 무어라 흉내낼 수 없는 청순한 사투리, 산자락에 의존했던 공통의 정표인 감자와 옥수수의 도시를 찾아 이번의 여행길을 나서기로 하였다.

특별한 경로가 아닌 한 필연코 이 곳에 접근하려면 물길 따라 원주를, 산길 따라 강릉을 거치게 되겠기에 우선 원주부터 찾아 들었다.

송강 정철松江 鄭澈이 관동별곡關東別曲에서 그 절경을 예찬한 "한수漢水를 돌아드니 섬강蟾江이 어디메뇨, 치악은 여기로다"라고 푸른 강물과 넓은 백사장, 삼산천 계곡의 맑은 물과 기암 준봉이 병풍처럼 그림자를 띄우며 원주시의 서쪽 입구를 안내하고 있다. 이렇게 시의 상징으로 나타나는 치악산雉岳山은 동쪽을 막아주고 충북과 경기도의 경계를 이루는 남쪽의 백운산과 서쪽의 명봉산은 넉넉하게 원주고을을 감싸고 있었다.

그중 경기, 충북, 강원 3도의 경계를 이루는 이곳 은섬포銀蟾浦는 지방의 조세미租稅米를 조정으로 운반하던 강상江上수송의 요충지였으나 육로의 개발과 함께 지금은 수변 관광지로서 즐겨 찾는 이들의 명소가 되어 있었다.

도시가 자리잡고 있는 넓고 비옥한 평지에는 사람들이 일찍부터 정주定住할 수 있는 좋은 입지 여건을 갖추고 있어 고구려와 통일신라시대를 지나 고려, 조선시대를 거치는 동안에도 중부지역 행정의 중심기능을 담당하기도 하였다 한다.

_ 강원 감영이었던 포정루. 현재는 제2의 시 청사로 이용되고 있으나 선화당과 함께 강원 감영으로 복원되어 새로운 공원으로 가꾸어질 것이다

특히 조선조 태조 4년(1395년)에는 강원도 관찰부가 신설되면서 500년간 강원감영江原監營의 소재지로서 원주가 강원도의 명실상부한 수부首部가 되었던 곳이고 지금도 당시의 선화당宣化堂과 포정루布政樓가 보존되어 있다.

그 외 문화재로는 조선 세종 4년때의 원주향교와 몇 개의 불교유적, 향토를 빛낸 인사들의 기념비 등이 몇몇 남아 있으나 도시의 배경이나 입지여건에 비한다면 전통문화의 흔적은 그리 대단치는 못한 편이었다.

하지만 수려한 자연경관을 자랑하는 국립공원 치악산은 예로부터 동악명산東岳名山이라 하여 신라 천년의 역사어린 고찰古刹을 비롯하여 기암괴석과 울창한 산림들로 뒤덮여 천하절경을 이루고 있었다. 당초 적악산赤岳山이라 하다가 '꿩의 보은 전설' 이 연유되어 많은 산악인과 관광객들로부터 원주시를 기억할 수 있는 명소가 되었다. 산자락에는 역사적인 산성, 계곡과 물을 이용한 금대유원지, 치악산 드림랜드, 자연 숲을 이용한 휴양림이 있고 남쪽 백운산 기슭에도 백운, 용수계곡 등이 지역의 특성을 자랑하고 있었다.

그리고 섬강줄기의 서쪽과 북쪽으로는 간현艮峴국민관광지와 판대유원지, 칠봉, 옥산유원지 등이 원주시 외곽의 수변관광의 절정을 이루고 있어 해마다 관광객의 발길이 잦아지고 있다한다.

이러한 현상은 최근에 조성된 제천까지의 중앙고속도로와 영동고속도로의 4차선 확장으로 더욱 두드러지게 나타나고 있는데 주변 주요 인접 도시에서의 접근이 편리하여지고 충분한 경관자원들을 감안한다면 관광 전초기지로서의 도시 이미지는 매우 미흡한 편이었다.

찾아간 계절이 마침 철이 지난 때이기도 하지만 사계절형의 가능자원은 다른 지역도시와 견줄 수 없는 잠재력을 갖추었는데도 이용체계나 특성 부각, 특히 시설의 전근대적 가설적假說的 수준이라는 것에 안타까움을 금할 수 없었다.

집중적 도시화가 이루어진 곳과 전원田園에 동화 될 수 있는 시설의 외형적 성격을 구별하지 못하는 감각문제는 경제성과는 별개로서 어느 도시 주변에서도 지적할 수 있는 문제이기도 하다. 그렇다고 무모한 개발을 요구하는 것이 아니라 자연과 친근할 수 있는

_ 원주시 장미공원의 시계탑 주변. 시의 꽃인 장미가 많이 심겨져 있고, 경사진 지형으로 새로운 분위기의 시민공원으로 사랑받고 있다

습관적 표현으로서 다른 도시와 유별난 그 무엇이 묻어나오지 않을까 하는 희망적 기대일 뿐이다. 그런데도 아직까지 자원에 대한 인식과 해결방법이 여타 다른 지역의 도시와 유사한 수준이라면 이들은 또한번의 역사적 기회를 잃지 않을까 염려하게 된다.

국토개발 여건상 동 · 서축의 중심도시이고 남 · 북축과도 교차하는 교통의 요지라는 것은 비록 경제적인 지형 조건과 군사적인 전략지점이었다 하더라도 도시의 역사로 본다면 다시 한번 찾아온 절대적 계기임에 틀림없을 것이다.

그 동안 군사도시라는 회갈색의 도시경관과 효율적 토지이용의 제약을 극복하려함인지 최근에 조성되고 있는 서남쪽 주택단지를 중심으로는 새로운 도시의 면모를 보여주고 있었다. 특히 1990년도 이후부터 조성된 공영개발사업으로 단계지구 택지개발사업이 활발히 진행중인 것 같았다.

그러한 덕분에 그나마의 도시근린공원도 한곳 생겼고 어린이공원도 아파트 단지 주변에 제법 밀집되게 되었다. 그중 단계지구내의 근린공원인 장미공원이 대표적이다. 평탄한 장소를 내놓기가 아까웠던가 아니면 산에 에워싸인 도시경관을 고려하였음인지 완만한 경사지에 조성되어 있었다. 부감경府瞰景에 대한 효과도 있어 다른 도시공원에서 느낄 수 없었던 분위기를 보여주고 있고, 프라이버시를 해결할 수 있는 배식의 효과도 기대 이상이었다. 면적은 약 15,000㎡였고 담장을 공간 분할과 조형적 요소로 활용한 적당한 사례의 공원이었다.

원주의 먹거리로 대표적인 것은 찰옥수수인데 이를 특성화한 삶은 찰옥수수, 옥수수엿, 옥수수엿술, 옥수수 동동주, 올챙이묵 등 제법 다양하게 개발하여 놓고 '열림의 날', '화합의 날', '장애인의 날', '경로의 날', '환경의 날', '보은의 날', '가족의 날', '원주의 날' 등 원주시민들과 군軍이 어우러진 한마당 축제도 벌어진다고 한다. 이때에는 으레 로아노크광장에서 거행되는데 원주천 둔치를 정비하여 다목적 장소로 사용하는 것은 어느 도시와 다를 바 없다.

인구 25만에 재정자립도라야 다른 도시보다 열악한 편이고 그 동안 산 좋고 물 맑은 원주지키기 운동 덕분에 산천은 깨끗한 편이나 앞으로 어떻게 보존하고 이용하느냐로 원주시의 장래는 결정될 것이다. 그러나 이렇게 도시수로 정비사업 차원만이 아닌 맹목적 대도시 답습 결과는 원주시의 전원적 분위기를 해치고 있음을 그들은 아직도 이해하고 있지 못한 듯 했다.

여하튼 천혜의 볼거리와 개발된 먹거리, 이를 홍보할 수 있는 모임의 행사도 마련하였는데 쉬어갈 수 있는 장소만 제대로 가꾸어 놀 수 있다면 시정목표인 도약하는 일등의 원주시를 달성할 수 있을 것이다.

영서 남부의 교통중심도시이고 수질 좋은 공업용수의 확보가 용이하여 전문인력을 배출해 낼 수 있는 교육기관과 곁들여 관광요소의 정비까지 서두른다면 도내 유일의 인구증가 도시로서 그 가능성은 클 것이고, 군사도시로서의 한계를 극복할 수 있음도 기대할 수 있을 것이다.

원주시를 뒤로하면서 이렇게 장래에 대한 기대를 하였으나 그래도 이해 못할 구석이 남아있기는 하다. 원래 산천이 깊어 소리가 나지 않는 곳이기는 하여도 그만큼 숨겨진 것들도 제법 있으려니 하고 챙겨보았으나 역시 골이 깊고 산이 높아서인지 그 무엇을 발견할 수 없었다. 보수적이거나 전통에 대한 집착도 다른 도시에 비하여 유별난 것도 없었고, 그렇다고 현대에 들어 교통요지로서의 도시건설에 대한 극성스런 떠들썩함도 아니었다. 허구이나마 미래에 대한 야무진 청사진도 기억할 수 없었던 그저 서쪽내륙의 오염된 도시를 무감각하게 받아들이고 있는 것은 아니었을까? 대하大河의 근원지로서 역사를 가름할 인물보다는 사회에 밑거름이 되고 봉사적인 인사들이 배출되었던 청정 도시로서의 원주를 기억하게 될 뿐이다.

어느덧 이리저리 돌고 오르다 보니 대관령에 다다른 듯 하다. 강릉시의 입구로서 어느 도시의 진입부 보다도 인상적인 곳이다. 예로부터 이곳을 지나 영서지방을 거쳐 서울로 가는 데에도 자연의 도움 없이는 불가능했을 것이고 굽이치고 오르내리는 과정에서도 하늘에 대한 무한한 의존이 따랐을 것이다. 당시에는 외지와 접할 수 있는 유일한 하늘의 길로서 영동사람들이 이곳에 대한 외경심은 대단했던 것 같다.

강릉시의 대표적 축제인 단오제端午祭도 이곳 대관령 국사 서낭신大關嶺 國師 城隍神의 성황굿부터 진행된다 한다. 가장 높고 신성한 이곳은 주민들의 삶을 관장하고 보호해 준다고 믿었고, 오랜 세월을 두고 영동지역 사람들의 마음의 고향이 되어 왔다.

그래서 이곳 사람들은 외지와 단절된 채 살아오면서도 특유의 문화를 전수하여 오고있다. 도시의 역사는 BC 108년 중국 한무제漢武帝까지 거슬러 오르며 낙랑樂浪시대를 거쳐 고구려, 신라의 반도 역사에 흡수하게 된다.

_ 시민들의 문화공간인 선교장. 격조 높은 시민정신의 고향으로 넓은 잔디마당에서는 민속공연이 이어지고 있다

토속적인 전통문화 행사로는 주로 산과 바다에 대한 제사로서의 망월제望月祭와 좀상날 '하평답교 놀이', 강릉 풍어제豊漁祭와 같이 풍요와 안녕을 기원하는 것으로부터 운정동 고봉제나 소금강 '청학제'와 같이 지역별로 산재되어 있는 성황당에서 자연에 대한 제를 올리는 것도 게을리 하지 않는다. 또한 강릉 단오제江陵端午祭와 같이 국태민안과 개인의 재앙을 물리치고 복을 기원하는 굿 등과 함께 복합적인 민속놀이가 곁들여지기도 하고 강릉을 성씨의 본으로 하는 6곳의 각종 다례제와 대현 이율곡선생제, 향교 '석전대제' 등 조상에 대한 제사와 뜻을 기리는 행사가 일년을 두고 진행되고 있다.

제의와 놀이와 난장, 이것이 바로 우리의 전통적인 축제의 모습으로 부족 국가시대부터의 전통이 오늘에까지 살아 전수되고 있는 것이다. 집단적인 체험을 통해 공동체에 대한 긍지와 강한 소속감으로 어우러진 한마당이 우리 축제의 전형이라 하겠다. 요즈음 들어서는 이러한 행사를 관광자원화 하여 주변의 자연경관을 이용한 다양한 축제로 이어져 일년 내내 축제의 도시로서 이미지를 구축하고 있는 듯 하다.

여름에는 경포 해수욕장에서 벌어지는 여름바다 예술잔치가 있는가 하면 벚꽃계절에는 경포대 '벚꽃잔치', '모래시계'의 인기를 타고 각광을 받는 정동진 '모닝콘서트'는 매월 마지막주 일요일 새벽 해돋이 관광객을 위하여 준비하고 있다. 그뿐 아니라 시민들을 위한 '한마당잔치', '개천예술제', '영동종합예술제', 강릉시립예술단의 '음악회' 등 각종 행사로서 시민들의 단합과 문화예술에 대한 자긍심을 일깨워 주기도 한다. 일년내내 이러한 축제가 벌어지다 보니 축제 공간으로서의 빈터나 냇가, 강변, 바닷가 등이지 시설로서 이루어진 별도의 공간이란 있을 수 없었다.

특히 강릉에는 뛰어난 자연 경관이 많아 일찍이 누정문화가 발달하였고 축제를 벌일 수 있는 공간은 너무나도 많다. 대표적인 곳만으로도 선교장船橋莊, 해운정海雲亭, 경포대鏡浦坮, 방해정放海亭, 강릉향교江陵鄕校, 칠사당七事堂 등의 전통 건축물과 경포해수욕장, 소금강, 대관령, 정동진역正東津驛 등 자연을 배경으로 한 장소들이 오늘의 축제문화로 자리잡아 가고 있는 것이다. 어떻게 보면 전통과 자연이 어우러진 공원 속에 자리잡은 도시와 같아 별도로 소개하여 줄만한 공원이 없다고 계면쩍게 말하는 시 담당자의 말을 반 정도는 믿을만하다.

잠을 자도 잠꼬대가 없을 것 같고, 화장실도 필요 없을 것 같이 청명한 시민들이 이러한 아이디어는 어디로부터 이어지고 있을까? 무장공비가 지나가자 이를 교육의 장소로 자원화 하는 순발력은 그 동안 은폐생활에서의 자생적 지혜이고 전통문화를 간직하여 온 잠재력이 아닐까 생각하게 된다.

평소에 일반시민들은 관광객이 많이 찾고 자주 들렸던 도시내의 명소는 피하고, 가까운 산이나 계곡을 찾아 자연을 즐긴다 한다. 오대산, 소금강, 설악산 국립공원으로 이어지는 자연의 보고 속에서 농 · 수산물의 풍부한 여건, 쾌적한 기후 등으로 강원도민들이 가장 선망하는 주거 도시라 하니 결국은 한국에서 가장 살고 싶은 도시라 아니 할 수 없을 것이다.

_ 경포호수의 홍장암. 주위의 송림과 함께 아름다운 사랑이야기가 전해오고 있고 갈대밭의 호숫가에는 겨울철새가 날아들고 있다

그러나 이들 시민들에게도 오랜 세월동안 숙원이었던 다른 지역과의 교류를 위한 교통망의 확충을 요구하고 있고 지역의 특성과 자원을 최대한 활용할 수 있는 고원관광과 휴양지 개발을 도모하려 하고 있음을 보게 된다. 특히 관광개발의 형태는 환경보존 위주의 개발을 원하고 있으며 경제 수익성 위주의 개발보다 대형공연이 가능한 공연장이나

문화 예술 공간을 희망하고 있음을 보게 된다. 역시 뿌리깊은 지역문화와 아름다운 보금자리를 가꾸는데 깊은 애정이 배어 있는 24만의 강릉시민들임을 발견하게 되자 편안한 마음으로 하룻밤을 쉬게 되었다.

강릉에 도착하기전 원주시와 비교하여 갖고 있었던 그 동안의 선입관에 수정을 가하여야겠다.

1970년대 이전까지는 네것, 내것 구별 없는 속절없는 어항이었고 동 · 서가 뚫리자 관광산업의 과잉으로 소비도시로서만 인식하고 있었으나 수 천년 동안 간직했던 내 것으로서의 지역문화를 넘치도록 간직하고 있었고, 자연과 더불어 살아왔던 지혜가 남아있으며 내일을 위하여 이를 소개하고자 노력하고 있는 슬기로운 시민들임을 깨닫게 된다.

동쪽으로 뚫린 바닷길도 상대가 없자 남북으로만 왕래를 하였고, 서쪽의 험한 내륙과의 지형적 분절은 강한 연고주의를 갖게 되었음도 이해하고 싶다. 원주까지 뚫린 4차선의 고속도로가 언젠가 동해안의 맑은 공기를 내륙까지 실어 나를 수 있도록 좀 더 가까운 시일 내의 개통을 기다리게 된다. 그날부터는 옥수수와 감자의 도시가 아니라 내륙을 4통8방 통할 수 있는 활기찬 내륙 제1의 도시로, 외롭지 않은 동해안의 중심도시로서 청정하고 쾌적한 공원도시가 유지되기를 기원한다.

남국의 정취 간직한 서귀포시
육지의 것에 오염되는 제주시

큰애가 결혼 적령기를 넘기기까지 제주도 여행 한번 같이 할 기회가 없었다. 금번 여행길에는 그래서 모처럼의 귀한 벗과 동행하기로 하였다. 당시 제주도로의 신혼여행은 별천지를 다녀오듯 했기에 엄두도 못 냈었고, 산이 좋다는 핑계로 기껏 속리산 문장대에 올라 철모르던 신부를 맞았었다.

그후 날이 밝으면 나갔다가 해가 지면 들어오고, 나다니는 것이 일이고 둘러보는 것이 습관이었으니 가족과 함께 시간을 함께 한다는 것은 부모님 대로부터 내력에 없었던 일이었나 보다.

세월도 흐르고 세상도 많이 변하여 주변을 따르게 되는 것이 순리이고 뒤를 돌아보는 본능은 어쩔 수 없어, 근래에 유행했던 해외여행도 함께 했었다. 그러나 아직도 근력이 남아서인지, 관심사가 틀려서인지 모처럼의 기회에서도 아내의 뜻을 채워주지 못했었다.

그러하니 시간이 더 흐르기 전에 면죄부도 받을 겸 넌지시 제주도 여행에 운을 띄어보았으나, 한편으로는 오래전부터 제주도에 대한 밝지 못한 인상이 남아있었다. 선뜻 내키지 않는 곳으로의 나들이라 엉거주춤 했으나 아내는 평소에 없이 나서서 준비물을 챙기는 것이 아닌가.

한참 관광 개발이 시작될 때 실망했던 도시경관과 고약한 바람, 마지못한 출장 길이었건만 30여년이 가까운 요즈음, 지난날의 선입감을 갖기에는 그곳도 많이 변하였다 한다. 그러나 무엇보다도 "제주도 한번……"을 벼르던 아내였으니 아무래도 제주도행 비행기에 따라 오를 수밖에 없게 되었다.

이렇게 마지못한 기회였으나 조심스런 기대감으로 내려다 본 한라산의 모습은 옛날과 조금도 변하지 않은 자세로 바다위에 솟아나 있었다. 다만 바닷가 평탄한 지대에 도시의 터전이 확장되어 나간 듯 하고 골프장과 목장의 초지가 빠르게 펼쳐지며 다가오는 것이 새로운 변화일 뿐, 어느덧 바닷가 공항으로 미끄러지고 있었다.

사람이란 환경에 간사할 수밖에 없나보다. 배고프고 외로운 길에서야 풍요롭게 보일 리 없겠으나, 한껏 분위기를 잡아야 할 상황이라 그러한지 더욱 고무적일 수밖에 없게 된다. 여하튼, 오랜만에 다시 찾은 제주공항의 주변 모습은 바람에 휘날리는 먼지와 돌 투성이의 척박했던 옛날은 아니었다.

새롭게 보여질 수밖에 없는 필자의 연륜이나 상황도 변화일 수 있겠으나, 그 동안 잊혀졌던 이곳 특유의 강한 빛과 어두움의 대비는 새삼스레 눈을 자극하게 되고, 묻혀있던 제주도의 특성이 하나하나 정리되어 나타나기 시작했다. 시내로 들어서자 오랫동안 공백으로 남겨졌던 이러한 흔적들은 전혀 낯선 도시의 외관으로 다듬어져 있었고, 변모된 도시의 형태와 다양한 색채의 호기심은 지난 인상과 비교하려는 충동으로 변질되어 나갔다.

도시의 이 공원 저 구석을 뒤지며 좀더 시간이 흐르자 이러한 충동은 그나마 옛 기억의 장소나 풍물에 반가워지고 낯설고 새로운 공간에서는 결국 30여년 전의 어두운 이미지만 되새기게 할뿐이었다.

이러한 장소들은 관광차원이기는 하여도 제주도에 대한 지역적 배경의 교육적 효과와 기념비적 공간의 장소성을 기리려는 뜻에 쉽게 이해할 수 있는 공간들이기는 하였다. 또한 이곳의 독특한 잠재력을 일구어 내려는 노력으로도 깊이 공감할 수 있겠으나 문제는 표현되어 나타나는 시각언어의 구사

_ 제주시 바닷가의 레포츠 공원. 자연이 지배하는 이곳에 도시형의 시설이 그림을 망치고 있다

능력이었다. 몇 개의 공원시설과 전시공간의 형태나 공간감은 육지적 감각이 그대로 현대적 의사로 발전되고 있을 뿐, 전혀 지난날의 부정적 이미지는 개선되지 않고 있었다.

지난날의 제주도야 원래 화산암으로 뒤덮여 화전이나 산판도 일굴 수 없었으니, 산자락에서의 제한된 농업보다는 바다에 의존한 물질이 주요 생업일 수밖에 없었을 것이다. 생존 수단이 그러하니 산에 대한 외경심畏敬心보다는 바다에 대한 의존도가 높아 무속적 주술행위도 거친 바다를 대상으로 하게 되었고, 생활의 터전으로서 이웃과 포구를 잇는 교통망이 겨우 제구실을 할뿐, 뭍의 산물인 돌은 바람을 막거나 보호시설로서만 이용되었을 따름이었다.

생활공간의 모습도 산에 의지하는 육지와 달리 바람에 방어적 자세이면서 순응하는 형태를 취하고, 생명의 젖줄인 식수를 확보하기 위하여 좀더 낮은 바닷가에 배치되어 있음을 유추類推하게 된다. 또한 오랫동안 육지와 떨어져 있었던 역사적 배경으로 보아 지배계층에 의한 귀족적 문화유산보다는 "말을 낳으면 제주도……" 라는 식의 유배지로서의 토속적 민속이 더 인상적일 수밖에 없었다.

90여년간의 몽골의 침략으로 대륙문화의 흔적이나 육지에서와 같은 교육, 종교시설도 없지 않지만 주로, 자연환경에 저항하고 순응하기 위한 현실적 삶의 표현이 지역의 정체성으로 남아 섬 문화의 특성을 보여주게 되었을 뿐이었다.

오늘날에 와서야 지난날의 처절했던 삶의 지혜가 지역의 독특한 관광요소로 변하였는데, 신산新山공원에서와 같은 올림픽 채화 기념공간의 조형물이나 민속 자연사 박물관과 같은 건축물의 재료와 외관표현은 수 천년 내려온 이곳 서민들의 생활지혜보다도 못한 미숙한 표현으로 군림하고 있었다.

이렇게 지난날의 흔적이나 환경과도 타협적이지 못한 표현은 해안도로변의 공원 시설에서도 발견하게 된다. 오히려 주변의 원시적 풍경을 해치지 않고 안전과 편익만 보완해 줄 수 있는 최소한의 시설이 편안할 정도로, 이곳의 아름다운 자연은 주변을 지배하고 있었다. 흐트러진 돌담가에는 갈대가 휘날리고 현란할 정도로 짙푸른 바닷가의 바위에는 흰 포말이 뿌려지고 있는데 오염된 서구형의 시설은 그림만 망칠 뿐, 지역특유의 강인한 의사표현으로서의 조형물이 아쉽기만 하였다.

비교적 작게 대지에 엎드려 있으며, 반투명으로 서로 의지하면서 가늘게 세워진 이곳의 조형적 특징을 신神이 선물한 환경의 특성과 절묘하게 조화시키기보다는 아직까지도 천박한 육지의 조형물에 미련을 갖고 헤어나지 못하고 있는 듯 하였다.

그러한 유산을 나름대로 이어받으며 여름철 이용객들로 붐빈다는 항구 옆 해변공연장도 둘러보았다. 제주의 냄새가 물씬 풍기면서 축제의 광장으로 이용되고 있었는데 이나마 환경에 적응할 수 있게 강요한 자연의 여건도 복종만 강요한 것이 아니라, 천혜의 아름다움도 제공되었기에 가능할 수 있었고 특유의 미적 감각으로 다듬어져 내려올 수 있었을 것이다.

이와 같은 아름다움은 오히려 삼성혈三姓穴진입로의 바닥포장 재료나 짙은 녹음수 밑의 돌무더기의 배석配石들과 같은, 전통적이고 토속적 문화유산의 전시공간에서 더욱 세련되고 친근한 정감으로 다가서게 된다.

자연의 아름다움이야 섬 가장자리의 물가가 모두 수려하지만, 구석구석마다 독특한 멋을 자랑하고 있어 사실 27만 제주시민들로서는 별도의 시민공원이나 설익은 시설이 필요치 않을 정도로 4계절 풍요로운 환경의 혜택을 받고 있다 하겠다.

이러한 곳 중의 하나로 성산포城山浦일출봉에 다다르니, 봄소식이 물씬 풍기는 바닷가

_ 성산 일출봉. 유채꽃밭을 넘어 바닷가에 이르니 봄소식이 기다리고 있었다

의 절경으로서 탄성이 절로 나올 정도의 선경仙景이었다. 특히 일출봉 화산구에서 몇 개의 '오름' 을 거쳐 빛나고 있는 한라산 정상의 모습을 바라보노라면, 마치 움직이는 그림 속에 살아 숨쉬고 있는 듯 그 기분은 절정에 이르게 된다.

느즈막의 아내 덕분에 새로운 세상을 보게 되나 싶어 새삼 신혼여행길의 젊은이들 부럽지 않은 기분으로 표선表善해수욕장을 거쳐 제주 민속촌을 둘러보니 남국 정취가 묻어나는 서귀포시에 도착하게 되었다.

하나의 섬으로 이루어진 제주도는 한라산을 중심으로 남과 북쪽으로 생활터전이 분리되었지만 바닷가로 이어진 삶의 수단은 강한 연고주의로 묶어주고, 제주시와의 지역적 기후 차이는 남쪽의 해양문화와 조화를 이루어 또 다른 독자적 문화를 형성하고 있는 듯 하였다.

1970년대초 처음 이곳을 찾아 5.16도로를 넘어섰을 때의 서귀포읍은 아담하고 조용한 어촌으로서 이러한 독특한 멋과 향기는 변할 것 같지 않은 분위기였다. 그러나 1991년 7월 중문면과 통합되어 서귀포시로 승격되자 국제적 관광도시로 소문나게 되었고 옛 모습을 쉽게 찾을 수 없게 되었다.

관광안내원의 긍지로서 임한다는 택시기사의 자랑으로는, 아름다운 자연에 열매가 풍부하여 인심이 좋으니 대문, 도둑, 거지가 없었다고 설명하는데 관광지로 변모된 요즈음의 인심은 어떠한지 궁금하게 된다.

아직까지도 1차 산업이 주요 수단으로서 경제 기복이 적으며 빈부의 격차가 적은 것은 사실인 것 같았고, 기후탓인 점도 있겠으나 이렇게 경쟁요소가 적고 자극적 외래문화와의 접촉 기회가 적었던 탓인지 시민의식이 정태적인 점이 제주시와는 다를 것이라고 귀띔하여 준다.

그러나 외형적으로 나타나는 서귀포시의 풍요로운 모습은 신시가지의 조성과 놀랄 정도로 변모된 중문관광단지에서 보게 된다. 필자가 그 동안 내륙 중소도시에서의 궁색한 도시공원만 찾다가 이곳 서귀포시의 공원결정 31개소 중 18개소(근린공원 6개, 어린이공원 12개소)가 조성되어 있다하기에 우선 양적으로도 놀라운 현황이었고, 그중 도심의 몇 개 공원을 둘러보니 주로 주변 경관의 연장으로서 이국적 풍경을 보여주고 있었다.

중문 관광단지 역시 개발과정에서 도면으로만 연상되었던 분위기와는 완전히 다른 모습이었는데, 열대 수종으로 가꾸어진 가로경관이나 정겨운 돌담길의 토속적 관광어촌, 액운을 막기 위해 돌로 쌓았다는 방사탑과 대표적 상징물인 돌하르방 등이 지루하지 않게 눈길을 유혹하게 된다. 그중 여미지 식물원 근처의 워싱톤 야자와 카나리언센스로 조성된 가로수 길은 쉽게 상상할 수 없었던 남국의 정취였고 오랫만에 다시 보게된 옥색의 바닷가는 영원히 잊지 못할 장소로 남게 되었다.

_ 서귀포시 중문관광단지 가로. 남국의 정취로 유지사람들을 유혹하고 있다

그뿐 아니라 앞으로는 컨벤션센터 건립, 2002년 월드컵 유치, 동계야구 전지훈련장 등, 주로 관광수익 목적의 사업들을 추진하고 있다하니 몇 년후의 이곳이 어떻게 변화될지 기대와 염려를 함께 하게 된다.

이렇게 서귀포시가 세계적 관광지로 개발되어 가는 것과 살기 좋은 도시로의 발전에 이곳 유지들은 자부심과 함께 기대되는 사항들도 지적하고 있다. 특히 최근 각종 여론기관에서 "가장 살기 좋은 도시"로의 평가와 서귀포 고유의 정감어린 미풍양속의 지속, 빼어난 자연경관의 보전, 미흡한 교육여건, 문화생활의 발전과 함께 후진들의 진취적 교육에 커다란 관심을 나타내고 있었다.

인구 8만5천에 전래되어 오는 '서귀포 칠십리'를 구현하고자 이상적인 도시를 가꾸어 가는 끈질긴 모습을 보노라면, 물질로 생활을 잇고 감귤농사로 자녀교육을 시켰던 억척스러움의 댓가로서 그들의 장래에 깊은 기대를 하게 된다.

주로 바닷가로만 이어진 명승지를 기웃거리다 구도심 정방동 비탈길 주택가에서 우연히도 이중섭李仲燮 특별회고전을 발견하였다. 마침 문화시설이 빈약한 이곳에서 이러한 장소를 접하게 되니 반갑기도 하여 허름했던 그의 거취를 더듬어 보게 되었다. 주로 아이들, 꽃, 닭, 게, 물고기 그림으로서 천진한 창작능력을 보게 되는데 그의 감각은 감히 남이 도달하지 못한 깊은 곳까지 파고들어 미의 영토를 개척했던 것 같다.

그린다는 것은 산다는 것과 마찬가지로 그에게 있어서는 살아가는 방법이었는데, 인간적인 매력과 생애의 비극적인 종말 때문에 대중들은 다소 그의 예술성에 인색하지 않았었나 생각하게 된다. 6.25피난시절 잠시 인연을 맺었던 따뜻한 서귀포의 이미지는 그의 작품 소재로 자주 등장하게 된다. 특히 '서귀포의 환상'은 한 예술가로서 그가 얼마나 서귀포를 사랑했는지를 절실히 보여주고 있었다. 그래서 결코 그는 이곳의 자연 풍광을 저버릴 수 없었을 것이고 미술과 문학이라는 만남의 가교까지도 충분한 몫을 다한 듯 하다.

그러한 그의 창작 열기와 불멸의 예술성을 후대에 기리기 위하여 1996년 3월 이지역 일대를 '이중섭 거리'로 지정하고 당시의 모습을 정비하였다 한다. 그러나 이렇게 우연한 기회에 만나게 된 이곳에서 일부의 지역 예술단체가 "문화의 사대주의"로 이의를 제기하고 있다하니 놀라움을 금할 수 없게 된다. 그가 비록 짧은 기간의 서귀포 체류였지만 그의 미술활동에 커다란 영향을 미치기도 하였고, 이곳 후진들의 예술적 감흥에 기여한 바가 있다면 그와의 따뜻한 인연은 순수하게 기리는 것이 바람직할 것이다. 문화나 예술은 물과 같아서 흐르다가 고이고, 만났다가 헤어지기도 한다. 추사 김정희도 한때는 인연을 맺었었지만 바다는 산과 같이 단절을 의미하기도 하고 물길을 통한 문화의 통로 역할을 하기도 한다. 그렇다면 "가장 민족적인 것이 가장 세계적인 것"이라는 괴테의 말과 같이 그의 한국적 예술의 특질은 이곳 서귀포의 특성을 기리 보전할 수 있는 계기가 될 뿐 아니라 그의 예술혼은 이곳 예술 문화진흥의 촉매가 될 수도 있을 것이다.

서귀포항을 내려다보며 그의 체취가 묻어 있을 듯한 이곳은, 어설픈 시설공원보다도 몇 배의 흡족감을 느끼게 되고 여행에서의 모든 피로를 한번에 풀어주는 장소가 되어, 새로운 명소로서 역사적 장소가 될 것임을 예감하게 된다. 기념관을 나오자 그가 거닐었음직한 서귀포 앞바다의 석양이 아름답게 빛나고 있었다. 이 거리 저 풍광을 몸소 체감하고자 헤메이고 나니 여행비가 떨어진 상황이 되었다. 평소 카드의 비밀번호도 기억하지 못한 준비성에 결국은 아내의 눈치만 다시 살피게 되는데 앞서가는 아내로부터 급히 부르는 소리가 들린다. "여보 갓잡은 따뜻한 생선이 있으니 빨리 들어보세요." 정말 따뜻하고 먹음직한 포장마차의 붕어빵이었다.

_ 서귀포의 석양. 이중섭이 거닐었음직한 정방폭포 앞의 노을은 감히 그림으로 표현하기가 두려웠다

그래서 아내는 인생의 동반자라 했던가. 사는 것이 여행이라고 주례사에서만 되뇌였는데…. 역시 싱싱한 두마리를 먹고 나니 제법 숙소까지 걸을 만 하였다.

그 동안 무엇에 쫓겼던지 이 핑계 저 궁리로 밖으로만 나돌았으나 새삼스레 별다른 여행의 묘미를 맛보게 되었다.

무관심의 대상이었던 남국의 아름다움도 새롭게 발견하게 되었지만 지역의 별미라는 갈치탕과 고등어회, 담백한 돔배고기와 자리젓쌈, 모듬생선의 뚝배기맛도 일품이었다. 며칠간의 짧은 만남들로서 호기심의 사투리를 포함한 모든 제주도적 요소에 친근감을 갖게되고 되돌아 볼 수 있는 다행스런 여행길이었다.

그러나 무엇보다 중요한 것은 이번 여행에 대한 아내의 평가이다. "여보 다음엔 어데로 갈까?" 흡족한 표정인 것을 보니 다시 한번 제주도나 찾아야겠다. "고랑 몰라 바사 알쥬마심"(말해서 몰라요 보아야 압니다).

더 이상 필자의 짧은 글보다는 늦기 전에 남녘의 봄소식을 직접 맡아보도록 권유하고 싶다.

가고프지 않은 고향 마산
남강과 함께 살아가는 진주

지리산 산행을 마치면 으레 찾아가는 곳이 진주이다. 습관적으로 산자락의 산사山寺를 찾고 문화유적을 훑다 섬진강따라 남쪽으로 내려오면 편안하게 맞아주는 도시가 진주시이다. 지리산에서부터 묻혀온 피로를 풀 겸 남강가에 이르면 한폭의 그림속으로 끌려 들어가는 곳이 진주성과 촉석루다. 덕유산 육십령 고개와 지리산 천왕봉의 영천이 모여진 남강은 진주시의 중심부를 서남쪽에서 동남쪽으로 가르며 낙동강으로 흘러들고 있다.

성안 북장대에서 내려다보이는 옛 진주고을은 서울지형의 축소판으로, 북쪽 멀리 지리산의 연봉이 병풍을 이루고 고을을 에워싼 비봉산과 좌우변의 낮은 산들은 남강 줄기와 함께 생활터전의 경계를 이루고 있다. 서울의 남산과 같은 조건의 진주성은 진주고을의 안산격案山格으로 이끼진 섬돌마다 진주역사가 묻어 나오고 유유히 흐르는 남강의 물줄기는 진주의 지난날을 말해주는 듯 하다.

낮은 산 아래 너른 들판 사이로 강이 흐르는 풍광은 온화하고 넉넉한 마음으로 여행객의 마음을 푸근하게 채워주고 있었다. 특히 눈에 띄는 것은 진주성문 앞 변영로의 '논개' 에

_ 경남 문화예술회관 앞 광장과 야외 공연장

대한 시비로서, "거룩한 분노는 종교보다도 깊고 불붙은 열정은 사랑보다도 강하다. 아! 강낭콩 꽃보다도 더 푸른 그 물결위에 양귀비꽃보다도 더 붉은 그 마음 흘러라. 흐르는 강물은 길이길이 푸르리니 그대의 꽃다운 혼 어이 아니 붉으랴" 를 읊노라면 과연 남강을 굽어보는 촉석루와 진주성은 진주에서 첫 번째로 꼽는 명승유적지임을 알게 된다.

또한, 촉석루와 논개의 사당을 거치면서 성내城內에 서려있는 진주사람들의 나라를 생각하는 단심과 불의에 저항하는 의기가 깃들어 있음을 느끼게 되어 예로부터 전해오는 "조정 인재의 반은 영남에 있고 영남 인재의 반은 진주에 있다" 함을 수긍하게 된다.

공원으로 꾸며진 성내에는 임진왜란 때의 진주성싸움을 돌이켜볼 만한 유적이 곳곳에 남아 있으며, 국립진주박물관은 가야의 유물과 유적이 일목요연하게 전시되어 있어 박물관의 건축적 가치를 더욱 빛내 주고 있다. 이와 같은 전통적 공간의 성격이 강해서인지 지역문화재 1호인 개천예술제와 진주농악이나 진주탈검무, 진주 한량무 등 전통문화 행사가 자주 열리는 장소로서도 진주시민들의 사랑을 받는 공원이 되었다.

그뿐 아니라 도시 전체의 경관적 측면에서도 진주성을 에워싼 남강의 경치와 촉석루의 모습은 한폭의 산수화처럼 고즈넉한 멋을 자랑하고 있어 어느도시에서도 쉽게 찾아볼 수 없는 도시의 얼굴이 되고 있다. 이렇게 오랜 역사와 뛰어난 자연환경을 배경으로 해서인지 문화시설확보에 대한 노력도 돋보이고 있었다.

1988년도에 완공한 칠암동의 경남 문화예술회관과 그 주변 공간들은 한껏 진주시민들의 자존심을 과시하고 있었고 지방문화 창달을 위한 종합문화예술의 전당으로 부각되고 있었다. 또한 칠암, 망경지구 남강변 일대 2.9km에 이르는 문화거리의 조성은 1991년부터 1999년까지의 9개년에 걸친 사업으로, 기념비와 환경조형물, 야외공연장, 휴식시설 등을 설치하고 죽림을 복원하여 문화예술도시의 면모를 일신시켜나가고 있었다. 일부 완성된 예술의 전당 근처 야외공연장에서는 내일의 진주문화를 이끌어나갈 젊은이들의 리허설이 열심이었다.

그 옛날 남강변 너른벌에서 벌어졌던 춤판과 비교하면 질겁하게 기묘한 서양춤이지만 보아주는 이도 없이 녹음테이프에 맞추어 신명나게 연습하고 있는 모습을 보노라면 비록 춤사위는 변했다 하더라도 전혀 다를 바 없는 조상들의 몸놀림이었다.

_ 문신조각공원에서의 마산 항구

이외에도 시민들이 평소에 자주 찾는 곳은 남강변에 즐비하게 들어선 장어구이 집으로 특유의 경상도 분위기를 즐기게 된다. 보신을 즐기고 있어서 그러한지 평소보다 더욱 큰 목소리로 지역적 특성을 발휘하고 있어 금년 봄에 개장된다는 남강변 백사장에서의 투우장 분위기는 오죽할까 은연중 그 분위기를 상상할 수 있게 된다.

흔히들 경상도 사람을 일러 '泰山矯岳 雪中孤松' 이라 하여 건드리지 않으면 탈이 없고 언제나 눈속의 소나무같이 절의가 있다 한다. 언쟁이 일어나면 요란하고 외대하나, 내허하고 오기가 세면서 결백하고, 직행성인데 외강내유하다 하니 이는 바로 진주의 시민성이 아닌가 할 정도로 진주인들은 전형적인 경상도 사람들이었다.

그러한 기질로 조선시대에는 사림파의 근학결의勤學結義 모임인 금난계金蘭契가 조직되었고, 영남학파의 중심지로 해동의 노지향魯之鄕으로 명성을 날리어 오늘날에는 교육도시로서의 명예를 간직하고 있지 않나 생각하게 된다.

또한 많지않은 역사유물이 산재되어 있으면서도 잘 보존되어 있는 것을 보면 전통역사도시로서의 맥을 남강과 함께 도도히 이어가고 있음을 보게 된다.

그뿐아니라 농업, 임업, 조경분야에 진출한 전문인사들을 보더라도 진주출신들이 많고 남이 부러워하는 향토정신으로 그들의 자존심을 지켜나가는 것 같았다. 비록 짧은 시간이었지만 남강변을 중심으로한 진주시민들의 공원과 문화를 소개하는 진주산업대의 강호철 교수의 진지한 자세는 인구 34만의 진주시민을 대표하는 듯 하였고, 한가지 내용이라도 빠트리지 않으려는 모습에서 진주시의 앞날을 보는 듯, 아쉽지만 흐뭇한 마음으로 다음 여정에 올랐다.

사실 요즘과 같은 시대에 지난날과 같은 낭만과 환상적인 여행을 기대하기에는 교통수단의 발달에 의해서도 깨어지게 된다.

여행의 즐거움이란 권태로운 일상에서 벗어난다는 것으로 이는 감성의 해방에서 비롯되고, 동시에 무언가를 느끼고 배우는 충만이 있기에 가능하다. 그러나 지난날과 같이 털털거리는 비포장도로를 달리면서 산천풍광을 더듬다가 문득 낯선 도시에 도착한다는 미묘한 설레임은 이제는 사치가 되었나 보다.

남해고속도로를 달리면서 지나온 진해시를 다시 음미하기에는 이미 마산시 입구에 도착에 있었다. 마산시에 대한 선입관은 우리나라 도시발전 과정상 어느정도 이해할 수 있었지만, 항구도시, 예술을 사랑하는 도시라는 이미지는 이미 머릿속에서 지워지고 있었다. 숨막힐 듯한 도시경관과 방향감각을 잃을 정도의 혼잡한 교통상황에서 내키지 않는 마음으로 시내로 흘러 들어갔다.

우선 발길이 닿는 공원이라도 찾을까 하여 올라간 곳이 무학산 바로 밑의 추산공원이었다. 그러나 말이 근린공원이지 시설은 고사하고 숲과 지형마저 황폐되어가고 있었다. 이럴수가 있나 하여 근처에 있는 문신조각공원으로 발길을 돌렸다. 마산만馬山灣이 한눈에 들어오는 비탈진 언덕을 깎아 전시장과 옥외조각장이 아담하게 마련되어 있었다. 작품의 예술적 가치를 떠나 태어난 곳에 대한 애착심과 작품의 집념이 이러한 옹색한 공간이나마 차지하지 않았나 하여 몇 배 넓이의 녹지확보보다도 의미있는, 황량한 육지의 섬과 같은 곳이었다. 이러한 개인의 애향심이 도시의 자존심과 시민들의 긍지를 이어가고 있을 뿐, 아름다운 예술품은 회갈색의 도시 배경과 격이 맞지 않아 오늘의 현실에 대한 무언가의 외로운 저항감을 표현하고 있는 듯 하였다. 과연 오늘과 같은 도시환경에서 어떻게 저러한 작품이 나올 수 있었고, 언제까지 이러한 전시공간을 유지할 수 있을는지 내일에 대한 불안과 의문을 함께 하게 된다.

해가 떨어질 저녁무렵 마산에서 유명하다는 아구찜집을 찾아보았다. 골목마다의 정취가 지난날 서울의 무교동 낙지골목이나 청진동의 해장국집과 같이 고만고만한 골목방이 아구찜의 원조이고 진짜 아구찜을 즐기려는 시민들로 붐비고 있었다. 항구도시로서의 바닷가를 거닌다는 것은 엄두도 낼 수 없었고 즐길만한 공원녹지가 없다보니 그나마 남아있는 옛분위기란 이곳뿐이 아니겠나 싶기도 하여 오랜시간 머물고 싶었으나 맛인심은 소문만 같지 않았다.

그러나 다음날 찾아간 산호공원에 있는 시詩의 거리는 신선한 충격을 받게되었다. 오르기도 힘든 자연녹지에다 기념이 될 수 있는 시설 몇 개로 근린공원이라 정하고 있는 것은 이곳 역시 마찬가지이기는 하였다. 그렇지만 지난날의 마산의 긍지와 정서를 잠시나마 일깨워주고 있는 곳이 이곳이 아닌가 할 정도로 가고파, 고향의 봄, 선구자 등의 노래가 조용한 동산의 숲을 울려주고 있었다. 도시와 항구가 내려다보이는 공원 길에는 마산이 낳은 문인들의 아름다운 시詩로서 이곳 마산이 예술을 사랑하고 문화를 즐길 수 있었던 도시였음을 보여 주고 있었다.

경제 우선 정책에 초라하게 밀려 명색만 유지하고 있는 한적한 공원 거리에서 호흡을 멎고 김용호씨의 '오월이 오면' 을 되뇌어 본다.

_ 산호공원의 詩의 거리

"무언가 조용히 가슴을 흐르는게 있다. 가느다란 여울이 되어 흐르는 것, 이윽고 그 것은 흐름을 멎고 모인다. 이내 호수가 된다. 아름답고 정다웁고 부드러운 호수가 된다. 푸르름의 그늘이 진다. 잔무늬가 물살에 아롱거린다. 드디어 너, 아릿다운 모습이 그 속에 비친다. 오월이 오면 호수가 되는 가슴 그 속에 언제나 너는 한송이 꽃이 되어 방긋 피어난다."

그러나 이렇게 아름다운 분위기의 음악과 시를 뒤로하면서도, 불의를 참지 못하는 혁명의 발원지였고 뜨거운 향토적 시민정신의 근원지를 떠나기에는 무언가 메울 수 없는 허탈한 감정을 갖게되는 것은 무엇 때문일까?

본래 골포라 불리는 마산은 포상입국이라는 부족국가로 출발하다 가야제국伽倻諸國을 거쳐 신라시대新羅時代에 이르는 오랜 역사적 배경을 갖고 있는 도시이다. 해방 이후 마산부에서 시로 되었고 1970년대 이후 산업화 · 도시화의 선도적 도시로서 1993년에는 50만에 이르는 도시면모를 갖추었으나 현재는 43만의 도시인구로 주저앉고 있는 모습을 보여주고 있었다. 한때는 마산수출자유지역이라는 경제개발의 촉매역할로 지역경제가 활성화되었으나 오늘날에는 경남의 중추도시로서의 기능과 역할이 버거워 보일 정도로 도시의 한계를 느끼게 됨은 비록 도시 공원 녹지의 열악한 상황만은 아닐 것이다.

경제 개발이라는 가치 아래 천혜의 자연 자원인 바닷가는 산업화에 양보하게 되었고, 무학산 자락의 비좁고 개성없는 도시화는 자연녹지뿐 아니라 삶의 터전마저 떠나야 하는 결과를 낳게 되었다. 이러한 현상을 더욱 가속화시키고 있는 것은 최근 부쩍 늘어난 교통량으로 이미 도시의 교통 통제를 넘어선 제2의 혁명적 도시 같았다. 서둘러 마산을 떠나면서도 관리 부서를 찾아 내일의 '가고파' 와 '고향의 봄' 이 나올 수 있는 청사진이나 들어보려 하였다. 그러나 흔히 예상할 수 있는 예산부족마저도 거론치 않는 것을 보면 미래에 대한 꿈을 포기하였거나 오염된 마산과 높디높은 무학산 자연림만 기대하고 있는 듯 하였다. 그렇지 않으면 아직도 지난날의 '가고파' 와 '고향의 봄' 노래나 들으며 보행감각을 익히고 있는 고혈압 환자들만의 거리에 만족하고 있든지…. 그 노인분들의 불편한 몸은 결코 아구찜과 같은 맵디매운 식사습관 때문은 아닐터인데….

이글을 정리하면서까지도 머릿속에서 지워지지 않는 사람이 있다. 유별나게 고향을 사랑하고 특유의 기질로 마산을 자랑하던 대학 동문으로, 불치의 병을 안고 지난 가을 임종에 즈음할 때에는 결국 고향 마산에 내려가 눈을 감았다 한다.

일생을 두고 찾았던 어린 시절의 마산포구와 갈매기들을 내려다보며, 젊었던 날 그렇게도 낭만적이었다는 거리를 잠시나마 거닐다 갔다면 얼마나 좋았을까!

이러한 친구가 있었기에 그림같은 도시 경관을 기대하고 찾았던 것은 사실이지만, 저항할 수 없는 커다란 힘에 홀리어, 내일을 잃고 방황하는 도시에서 가까웠던 친구마저 잃지 않았나 하는 생각이 자꾸만 머리속에……. 고향마저 잃고 간 친구의 명복이나 다시한번 빌고 싶을 뿐이다.

사또의 문화가 남아있는 제천시
문화인의 권위가 기대되는 충주시

충북에는 2개의 강이 흐른다. 동북쪽으로는 한강이 시작되고 서남쪽으로는 금강이 흐른다. 역사적으로 올라가 B.C 3~4세기 경에는 마한馬韓에 속해 있었고, 삼국시대때는 한강을 따라 고구려가 남하하고 남쪽에서는 금강을 거슬러 신라와 백제가 북상하였다. 마주친 곳이 지금의 충북땅이고 경계를 이루는 곳이 소백산맥 자락이었다. 그래서 충북에는 유달리 산성이 많고 다양한 문화가 남아 있다. 삼국의 전화戰禍속에서 고유의 문화를 간직할 수 없었고 조석간으로 변한 소속국가의 상황에 따라 혼재되고 절충된 문화가 중원中原 문화다. 그래서 그러한지 충북인들의 삶에는 반항의식보다는 굴욕을 참는 인종문화忍從文化속에서 살아왔다고 한다.

조선조 정조때 규장각에서 팔도인물을 사자단구四字短句로 평설評說할 때 충청도는 청풍명월淸風明月이라 했다. 물론 청풍淸風이란 지명의 고을이 있기도 하였지만, 청풍명월이야 대자연 도는대로 따라 돌아가는 것이 아닌가.

또한 충북인들은 소문난 양반들이다. 다른 지방의 굿은 신명나게 뛰는 '선 굿' 이지만 충북의 굿은 북과 징만 두드리며 젊잖게 경經이나 축문祝文을 외워대는 '앉은 굿' 이 특징이다. 기교적인 힘이나 멋이 없는 그저 미지근한 그야말로 소위 '양반 굿' 이다. 이러한 충청도 양반의 후예들이 충북문화를 지배하고 있다. 그래서 충북의 문화인들은 권위있는 문화인보다 권력있는 문화인이 많다고 한다.

이러한 중원지방의 대표적 도시인 충주시의 공원을 답사하기로 하였다. 그런데 충주시 주변에는 거대한 산맥의 흐름에 힘입어 빼어난 자연경관과 독특한 문화유산들이 많아서인지 도심에서의 공원은 막상 찾을 만한 곳이 없다.

이 곳 역시 풍부한 문화자원을 이용하거나 자연경관에 의존된 자연공원 뿐으로, 독창적이고 지역 특성을 갖춘 공원을 찾기가 어렵다는 것은 어쩌면 당연하리라 생각된다.

또한 전통적인 사또체질로 목민관 행세를 하려는 천박한 문화표현과 송덕비를 염두에 둔 실적과시 현상에서는 더욱 기대할 수 없게 된다.

이러한 상황에서 우선 성내동의 중앙공원(7,488㎡)이 정리되었다 하기에 옛 관아터였던 청녕간淸寧軒을 찾아 보았다.

1984년도 공원개발 기본계획팀에 참여하였다가 몇 가지의 견해차이로 포기했던 장소였기에 기억을 더듬어 신축된 정문 누각 밑을 들어섰다.

관아지역이 있던 지방도시들 대부분의 경우 도시개발과 용도전환으로 남아있기가 흔치 않은데, 충청북도의 관아건물 10개 중 2개씩이나 보존되어 있다니 대견스러운 마음으로 둘러 보았다. 우선 경계식재된 노거수들이 공간의 역사성과 지난 풍설을 말하려는 듯 좁은 공간을 압도하고 있었고, 청녕간淸寧軒과 제금당製錦堂, 그리고 산고수청각山高水淸閣(투숙객을 위한 주실廚室 혹은 화장실)은 알뜰하게 남아 있었다.

그러나 계획수립 당시 논란이 되었던 인접된 문화복지회관의 덩어리는 그대로 준공되어 있었다. 또한 현대식의 국악회관도 오늘날까지 유지되고 있어 공간 내부의 흠집으로 예측되었던 부조화를 그대로 보여 주고 있었다.

당시 신축예정이던 문화복지회관은 일정거리를 두어 배치하거나 국악회관만이라도 이전하도록 강력하게 제안했었으나 경제적 여건과 공간의 가치에 대한 견해차이는 결코 좁힐 수 없어 결국 계획팀의 참가를 포기하게 되었었다. 그러나 오늘날까지 공존하는 것을 보면 권력있는 사또들의 무감각은 알아주어야 하겠고 즐겨찾는 시민들의 과묵한 인내정신도 여전히 전수되고 있음을 보게 된다.

권위있는 문화인이 지도하는 참여문화의 부재는 마당의 땅가름이나 정원기법의 식재에서도 나타난다. 마당 개념의 전통공간안에 잔디녹지와 향나무의 점적인 식재는 공간의 의미와 질質을 저하시키고 국적불명의 공원녹지를 그대로 모방하고 있었다.

충북의 속담에 '동네 송아지는 커도 송아지' 란 말이 있다. 그래서 '다른 집 개는 좋아 보이고, 제집 개는 나빠 보인다' 하니 이러한 충북인의 정신풍토는 선진문화의 모방과

_ 충주시 성내동의 중앙공원. 뒷배경의 문화복지회관과 좌측에 가려진 2층 흰색의 국악회관이 구도잡기에 가려졌다

절충으로 오늘날까지 후진문화지대라는 평을 받게 된다. 그래서 그러한지 충북에는 신화가 없다. 여러개의 신은 존재하였어도 신화는 없다고 한다. 그만큼 창조성이 없다는 이야기일 것이다.

중앙공원을 나와 몇 군데의 근린공원을 둘러 보았으나(지정 35개소, 조성 14개소, 미조성 21개소) 창조적 신화로서 소개할만한 곳은 못되었고, 최근에 조성되었다는 중앙탑 문화사적공원中央塔 文化史蹟公園으로 발길을 돌렸다.

중앙탑은 현재 남아있는 신라의 석탑 중 제일 높은 탑(14.5m)으로 신라 원성왕元聖王때 건립되었다 하고 통일신라의 중앙에 건립하였다 하여 중앙탑이라 불려지고 있다고 전하다. 남한강변 탑평리에 위치한 7층석탑(국보 제 6호)으로 17,600평의 면적이 1992년부터

공원으로 조성하였다 하니 현대적 개념의 중원문화에 대한 기대를 갖고 둘러 보았다.

이 고장에서 출토되고 있는 각종 유물을 전시한 향토민속자료전시관과 일대에서 수집한 독특한 수석전시관이 있었다. 특히 이 공원은 충주댐 조정지호調整池湖의 수려한 경관과 호수 건너 충주골프장이 한 눈에 보이는 절경絶景으로, 개방된 녹지공간과 복잡한 도심외곽에서 이 고장의 문화를 함께 즐길 수 있다는 충족감에 시민들이 즐겨 찾는 것 같았다. 그러나 무엇보다도 놀랄만한 사실은 도예전시장과 함께 있는 옥외 조각전시장을 발견할 수 있었다는 것이다. 비록 공원끝자락의 소규모 전시장이었고 타도시에서도 흔히 볼 수 있는 시설이었지만 이렇게 공개적인 장소에서 창의적인 예술품의 가치를 인정하고 있었다는 것 자체가 사또문화의 변화로서 평가할만 하였다.

_ 중앙탑 문화사적공원. 중원문화를 집약한 장소로 충주시와 충청북도의 자존심이 표출된 곳이다

작품의 수준과 양을 떠나서라도, 권력있는 사또 등살에 권위있는 문화인들의 수모를 생각한다면, 권위를 인정받고 참여할 수 있는 문화인을 발견한 것이 무엇보다 기쁘다. 조그마한 시작이고 발견이지만 이제부터라도 이곳 중원인中原人들의 자긍심을 인정키로 하여야겠다.

고구려비와 중앙탑, 탄금대彈琴臺의 슬픈 가락 등으로 지난 시대의 도시였고 지역개발이 낙후된 정체도시의 사례였으나, 택견의 본 고장이고 온천문화의 선두이며 전천후 관광지로서 한반도의 중심도시로 다시한번 우뚝서려는 충주시민의 창조적 노력에 다시한번 기대를 하게된다. 그래도 무엇인가의 가능성에 위안을 갖고 울고 넘는다는 박달재를 홀가분한 마음으로 넘어 제천 의림지로 달려 갔다.

_ 중앙공원 외곽의 조각전시장. 심지곤은 애국지사의 배출에 비하여 창의적 예술가들의 활동은 낮은 풍토에서 새로운 가능성을 발견한 것 같다

제천은 도시명 그대로 물과 제방을 뜻하고 있다면 의림지를 염두에 둔 듯하다. 의림지의 생성년대는 불확실하지만 기록으로는 고려시대에 쌓았다고 되어있고 삼국시대나 그 이전까지로 조성연대가 올라갈 수도 있다고 한다. 옛부터 제천시 북부의 농사를 위한 젖줄이기도 하고 제방가의 정자들과 몇백년 묵은 소나무 숲은 제천시민들의 유일한 휴식처가 되고 있다.

흔히들 충청도를 호서湖西지방으로 부르는 데는 의림지 서쪽에 자리잡고 있는 지역이라는 뜻인데, 이를 본다면 제천이야말로 충청도의 발원지라 할 수 있는 큰 고을이었다.

전통적으로 자부심이 강하고 특히 제천사람들은 '속곳 바람으로 십리를 달려도 끄덕없다' 라고 할 정도로 빠르고 세다는 평을 듣는다.

이러한 세간의 평은 인접지역사람들과 비교해서 나온 것이지만 소백산맥과 차령산맥의 산악지대에 위치해 있고 유동인구가 많은 교통, 상공업 도시로 발전해 온 때문일 것이다.

그 외 제천하면 생각나는 것이 의병의 고장, 맑은 바람 청풍의 고을, 금봉이의 애절한 사랑이야기가 담긴 박달재가 떠오른다.

이러한 제천시에서 우선 찾은 곳이 의림지였으나 1970년대 초 처음 찾았을 때의 감동적인 장소는 이미 아니었다. 그 후 몇 번 들릴적마다 점진적으로 훼손되어감을 안타깝게 보아왔으나, 지자체 이후 시대적 상황에 따라 더욱 훼손된 것을 보면 이곳 사또 역시 문화적 수준을 한 눈에 가늠할 수 있게 된다. 자연 경승까지 겸한 문화유적지에 빌붙어 시민들의 알량한 잔돈푼이나 긁어 들이려는 천박한 착상은 시민을 위한 공공시설로서의 공원개념은 염두에도 없었을 것이다. 품위있게 곱게 차려입은 한복여인에게 깡통차고 구걸하게 만든 모습으로, 도시의 품위와 시민들의 긍지를 무시한 상업, 유기시설의 설치 허용은 아마도 이방이나 아전 정도의 발상이었을 것이다.

아람드리 소나무숲을 등지고 있는 영호정과 경호루의 경관은 어느 전통공간에서도 쉽게 찾을 수 있는 곳은 아니었는데, 공간감을 의식못한 조잡한 상가시설의 접근은 도저히 그림의 구도가 될 수 없어 마치 난처한 인연의 만남을 보는 듯 하였다. 몇 번인가 제방위를 오가며 소개하고 싶은 장소를 만들어보려하였으나 멀리 배경으로 움직이는 유기시설이 머리를 어지럽게 할 뿐 다시는 찾지 않으리라 다짐하며 시내로 내려오고 말았다.

잠시 머리를 식힐겸 몇 년 전 자문의뢰가 있었던 중앙공원이나 올라가 보기로 하였다. 원래 구릉지가 많은 도시라 완만한 곳은 도시화로 잠식되었고, 왜정때는 신사神社가 있었던 곳으로 경사가 급하고 자연녹지라 용케도 잘 버티어 온 것 같다. 공원경계까지 알뜰하게 개발하느라 요즈음 유행하는 젊은이들의 치켜깎은 짧은 머리처럼 도심속의 외로운 섬이 되어 버렸다.

당초 이곳을 평탄하게 밀어붙여 개발하려 했던 곳이고 지자제 상황에서 정상부의 공원시설은 크게 기대하지도 않았었다. 경사가 급하다 보니 나선형의 계단으로 숲을 올라 보았다. 역시 마지 못해 찾은 노인분들의 처지를 보는 듯, 의도적인 계획개념이란 굳이 찾을 필요도 없었고, 구색을 갖추기 위한 편익시설 몇 개가 나열되어 있을 뿐이었다.

높지 않은 정상에서 내려다 본 도시 가운데의 녹지봉우리들은 관심없는 무인도로서 마지못해 지정된 천덕스로운 공원들이리라.

몰라보게 달라진 도로망과 과밀화한 고층아파트가 들어서야 현대도시로서 인식하고 있는 이들에게 공원녹지와 녹도綠道의 필요성이 무엇이고, 도시속의 공원보다 공원속의 도시를 보고자 출발했던 당초의 여행길이 결국 무모한 시도였음을 자탄하게 된다.

_ 제천시 중앙공원 정상. 경사가 급한 자연녹지라 그나마 연명되어 가고 있다. 그림으로 실상을 고발하기에는 새삼 한계를 느낀다

오히려 20여년 전 기억하고 있던 아름다운 의림지의 인상을 간직하면서, 개발의 뜻도 모르고 개발의 능력도 없는 상황의 무능한 사또시절이 오히려 제천시의 장래를 담보할 수 있지 않았을까하는 생각을 하게 된다.

시대時代는 가도 문화文化는 남는다. 과밀한 아파트에 시민들의 삶을 볼모로 하고, 지극히 근시안적인 경제논리로 제 닭을 잡는, 선무당같은 사또들의 권력에 더 이상 오늘의 문화를 맡겨서는 않되겠다.

비록 두 개의 강물이 충북문화의 형성에 불행한 제약을 주었다 해도, 자연적 환경을 능가하는 인간적 환경의 문화가 가능한 오늘의 시대가 아닌가. 이제 충북의 문화는 미래를 향한 창조만이 있어야 한다. 이미 삼국시대와 왜정은 지나갔다.

"지난 날의 사또들은 물러가라!"

"스스로 참여하는 공원문화를 이룩하자!"

"권위있는 문화인은 궐기하자!"

돌아오면서 외쳐보는 구호였지만 금년 여름은 너무나도 무더웠다. 쉴 곳을 잃은 제천시민들은 어디로 피하여야 할까?

정말로 짜증스러운 제천 더위다.

한 지붕 두 가족의 성남시

이전에 서울을 중심으로 서쪽과 북쪽의 도시를 소개하였으니 남쪽과 동쪽의 도시에서 찾아야 하겠지만 동쪽은 한강의 상류로서 떠오르는 도시가 없다. 남쪽으로는 경부선을 좌우로 여러 개의 오랜 도시가 있으나 특별히 개성있는 도시가 생각나지 않는다. 그러던 차에 제자의 결혼주례를 위하여 식장으로 가던 중 성남시로 결정하기로 마음을 굳혔다. 구 성남 출신의 신랑이 결혼을 계기로 분당에 신방을 차리면서 환경의 격차를 강하게 느끼게 되었노라는 이야기에 쉽게 이해할 수 있는 구석을 찾을 수 있을 것 같았기 때문이다. 하도 오래전 고등학교 시절 그림 친구들과 어울려 광진나루를 건너 남한산성으로 스케치 여행을 갔을 때가 이곳과는 처음 인연이었던 것 같다. 그러다 어느날 갑자기(1969년 5월 2일) 서울의 철거민들이 '선입주 후건설' 이라는 이상한 이름표를 달고 이곳 탄천炭川 우측 산성자락 골짜기에 버려지고, 이어서 광주廣州단지 사태(1971년 8월 10일)가 신문지상을 어지럽혔던 곳으로만 기억하고 있었다.

그 후 탄천의 좌측 국도가 고속도로로 정리되고 이를 전후하여 국가 시설로서의 비행장, 군사시설, 각종 연구소가 들어가기까지도 이곳 지역에 대하여 특별한 관심없이 지내왔다.

이때쯤인가 대학 은사님을 따라 '신도시 개발 기본계획(?)' 팀의 현지답사때 현재의 분당과 광주군 일대를 답사하면서야 어렴풋이 산성 서쪽과 남쪽자락에 대한 중요성을 깨닫게 되었다. 하지만 당시 여건에서야 하도 큰 광역계획이어서 지하철 노선의 개념도 실감할 수 없었고 그저 이상적인 계획안이려니 하고 그 실현성에 의문을 갖고 한동안 잊고 지내던 곳이기도 하다. 그러나 이러한 과정 속에서 "수도권의 인구집중 억제와 수도권 주변의 무질서한 도시확산 및 서울특별시 외곽도시의

_ 성남시 수성구 희망대 공원

합리적인 육성을 위하여"라는 명분으로 성남시가 태어났고(1973년 7월 1일) 1980년대의 재개발기를 거쳐 오늘에 이르고 있다. 이어서(1989년 4월) 성남시 남단 녹지였던 곳에 40여만의 인구를 수용하는 분당 신도시가 건설 되었다. 즉, 또 다른 국가 단위시설이 성남의 남단에 위치하게 되었는데, 이번에는 없는 자들에게 기회를 주겠다는 위정자의 정책사업이었다.

이렇게 성남지역은 지리적 자연환경이나 역사적 여건을 살펴볼 때 자생적 도시발전이 아니었고, 국가 의지에 의해 버려지고, 선택된 위성도시로 위장되어 다시 태어난 것이다. 그러자니 20여 년의 시간 차이를 두고 자생력이 없는 소외계층과 철저한 사전 계획에 기회가 주어진 고소득층의 젊은 세대가 입주하는, 한 주택 두 가구의 묘한 살림살이를 하게 되었다. 도시의 슬픈 역사만큼이나 시련의 아픔은 복지환경 살림에서도 그대로 나타나고 있는데 공원현황 역시 현격한 불균형을 보여주고 있다. 즉, 인구밀도가 높은 구 도시보다 신 도시 지역의 공원 면적이 약 2.4배 이상 많은 수치를 나타내고 있으니 실제 일상권에서 체감하는 공원 면적의 차이는 이보다 훨씬 클 것으로 예상된다.

구 도심 속의 예식장에서 양가 부모님을 모시고 결혼식을 마치자 개발기부터 입지하였다는 '희망대공원' 을 우선 찾아 나섰다. 서울과의 교통이 편리한 간선도로변의 밀집지역을 벗어나자 격자형 도로망으로 인한 초기의 과밀과 난개발의 흔적이 나타나기 시작한다. 몇 번인가 오르내리막길의 곡예를 마치고 공원입구에 도착하니 지난날 서울 남산의 신사神社를 오르는 듯한 계단이 가로막고 나선다. 한 계단 한 계단을 등산하는 기분으로 오르자 분수대 광장이 나오는데 이곳은 정상이 아닌 중간 절개지를 정리한 곳이었다. 인내심을 갖고 20여 미터를 더 올라 정상에 오르자 도시를 조망할 수 있는 전망대가 나타난다. 그러나 보고싶은 전망을 찾기보다도 산 높이만큼 차 오르는 가쁜 숨을 조절한 후 계단을 내려올 수밖에 없었다. 성남시에는 노인회도 없는지…… 경로당을 찾지 못한 것이 천만다행이었다. 이 정도로 인내를 시험하는 시설이라면 중원구의 '황송공원' 은 얼마나 놀라운 시설일까? 다음 공원을 찾아 나서며 체력 훈련하는 기분으로 단단한 각오를 하게된다. 지난해 지자체선거에 즈음하여 공원녹지를 주거지로 용도변경하면서까지 주민들에게 선심을 쓰신 전임시장의 마지막 작품이라 소개하는 신구대 안성로 교수의 표정이 비장하기까지 하다.

그나마 시 외곽 산성의 녹지자락에 붙어있어 도심의 섬과 같은 희망대공원보다는 덜 삭막하였다. 그러나 골짜기의 쓰레기 매립장을 메운 곳에서는 악취가 진동하고 있었고, 도시쪽으로 내려다보이는 저지대에는 아파트단지가 버티고 있어 시야를 가리고 있었다. 충청도 양반으로 왠만하면 얼굴까지 붉히지 않던 안교수였는데, 공원구석까지 안내하려 했던 뜻을 알만 하였다. 어떻게 이러한 산비탈에 체육시설을 설치하려 했고, 인류의 자유수호와 평화애호정신을 기리기 위한 해외참전 기념탑까지 배려하게 되었는지….

1998년 5월 14일 선거 몇 일전 급조된 건립비이다. 꽃다운 젊은 용사들의 이름을 빌리면서까지 장한 꿈을 펼치려했던 전임시장의 갸륵한 뜻에 명복을 빌고 싶다.

이주 초기 수 십대의 불도저가 험산을 밀면서 야산지역 윗부분부터 천막촌 생활이 시작된 당시로서야 공원녹지가 저지대에 배치될 여지도 없었겠지만 비오는 날에는 천장만 바라보고 연탄가스 걱정과 식수난으로 집단식중독까지 겪어야 했던 그들에게 공공시설로서의 공원이 무슨 의미가 있었을까?

_ 성남시 분당구 백화점 앞 광장

첫 단추가 잘못 끼워진 도시, 당초부터 구도構圖도 없이 잘못 그려진 터전이었기에 시민들이나 외래 방문객에게도 살고싶은 도시는 고사하고 떠나고 싶은 고향일 수밖에 없었을 것이다. 최근 들어 이를 자극하고 있는 것은 배다른 동생이나 세들은 신접살림이 짭짤하게 보인다는데 더욱 그럴 수밖에 없을 것이다.

그러면서도 "사는 방법이 틀리고 세상을 보는 눈이 틀려질 수밖에 없더라" 고 하는 새신랑의 표현을 듣자하니 두 구간의 지하철역을 사이로 30년의 시간을 오가면서 우리 사회의 단면을 보게 되는 듯 하다. 당초 시 담당자의 추천대로 3개구區의 대표적 공원이라면 분당구에서는 당연히 '중앙공원' 이었기에 탄천을 건너 잔디광장에 들어섰다.

_ 성남시 분당구 중앙공원

조선조 중기부터 한산 이씨의 자연 부락이었던 곳이었으며, 숲안마을이라하여 수내동樹內洞이라 할 정도로 기존의 숲이 무성하던 곳이란다. 공원 내에는 한산 이씨 종중묘와 수내동 가옥, 보호수목 4주 등이 대부분 원상보존되고 있어 전통적 분위기에 맞는 시설과 수경관이 조화를 이루고 있었다. 수내동 65번지 일대의 야산을 포함, 약 12만6천평의 작지 않은 크기인데도 공원 외곽을 에워싸고 있는 고층 아파트군이 너무 높아 상대적으로 공원규모가 축소되어 보인다. 도심 속의 자연적 분위기를 해치고 있는 것이 흠으로 지적되지만 위치가 평지이고, 기존의 하천을 끼고 있으며, 시설의 질적 수준이 높아서인지 다양한 경관 연출이 가능하고 이용도 역시 만족한 듯 보였다. 지역의 전통을 체험하려는 학생들의 분방한 움직임과 한적한 수목 아래 산책하는 시민들을 보고 있노라면 구도심 산비탈의 공원풍경과 비교되어 중첩됨은 어쩔 수 없게 된다.

분당구에만 시설완료된 근린공원이 21개소인데 최근에는 이매동에 81만평의 '율동도시 자연공원' 이 준공을 앞두고 있다. 이뿐 아니라 서현동 시범구간의 어린이 31호 공원, 백화점 앞 광장, 일반 가로 녹지대 등은 구 성남 도심과의 비교가 아니라 우리나라 어느 도시와 견주어 보아도 손색이 없는 녹지 환경을 보여주고 있었다.

성남시 자료에 의하면 수도권 타 도시들과 비교하여도 공원 면적율이나 시설면적은 월등하게 높은 편이다. 그러나 이러한 현상은 분당 신도시 개발로 조성된 공원시설면적이 포함되어 나타난 결과로 구도시의 주민들에게는 상대적 빈곤감의 근거가 될 수밖에 없을 것이다. 동일 도시계획구역 내에 국내 최상급과 최하수준의 도시환경이 공존하는

셈이며, 국내외를 막론하고 사상 유래 없는 불균형이 나타나고 있는 것이다. 성남시의 입장에서는 이렇게 나뉘어진 두 부분을 효율적으로 통합하기 위한 방안을 부단히 강구하고 있겠지만 두 도시 사이의 그린벨트를 훼손하면서까지 통합하려 한다 하여도 30여 년의 공백은 메울 수 없을 것이며 행정적으로 묶여있다 하더라도 물리적 통합이 바람직한지는 의문으로 남게된다. 결국 지난 시대의 냄새를 새로운 포장으로 덮으려는 발상으로 7월 1일이면 시 승격 26주년을 맞이하게 된다. 인구 100만을 바라보게 되는 이때에 예상되는 주변화, 탈 도시화 경향이나 본격적인 지방자치시대와 관련하여 심각하게 고민해 볼 필요성이 대두되는 시점이라 판단된다.

성남시를 마지막으로 우리나라 중소도시의 공원 답사를 마치게 되었다. 당초 출발 당시의 의도에서는 빗나간 부분도 없지 않았지만 도시배경에 의한 공원현상을 볼 수 있었다는 점에 개인적으로 매우 유익한 여행이었다.

20여년 가깝게 조경설계 가르치기를 하면서 "그렇다더라" 식의 전달보다는 체험에 의한 사실 인정에 부족감을 메울 수 없었고, 특히 우리나라 도시공원의 현상을 평가하기보다는 나타나기 이전의 배경과 과정의 중요성에 더욱 관심을 가질 수밖에 없었다. 그러나 예상 못했던 문제점 즉, 이야기거리를 나눌 수 있는 공원 대상이 없었다는 점이다. 최소한 교과서에 의하거나 그 동안 필자의 미숙했던 경험과도 비교할 수 있는 공간이나 시설대상을 전혀 발견할 수 없어 당혹감을 감출 수 없었다.

여행계획을 포기하면서 초기의 충격이 6개월이 지나가자 이러한 현상을 받아들이고 각 도시의 자연환경과 역사적 배경, 현대 도시에서 자생할 수 있는 입지적 조건, 국가적 차원에 의한 여건 등의 시각으로 재접근하기로 마음을 정리하였다. 이러한 조건들이란 개인이나 단체의 성장기준이 될 수도 있고, 시대사조의 지정학적 여건에 따른 국가 흥망성쇠와도 비교될 수 있는 일반적 기준일 수도 있을 것이다. 그러면서도 우리나라 중소도시의 공공성에 대한 인식부족에는 의문이 남게된다. 해방된 지 반세기가 넘었으나 국가적인 격변기에 대응하느라, 경제적 여건의 부족이라 이해할 수도 있겠지만, 그보다 근본적인 것은 공공시설로서의 외부공간에 대한 필요성과 공원에 대한 인식이 정착되지 않았음을 들게된다. 이에 대한 근원 역시 우리 민족의 전통적인 사상과 습관일 수 있겠으나 공원시설에 관한한

_ 성남시 중원구 황송공원

일제에 의한 왜곡된 인식도 큰 이유중의 하나로 지적하고 싶다. 구한말 개국과 동시에 요구된 강제적 시설이었으며, 일제에 의한 신궁新宮건립과 신사참배라는 피지배에 대한 거부 의식이 공개념에 대한 잘못된 인식일 수도 있을 것이다. 그 외에 소극적인 환경 정책과 2차 대전 말기에 즈음한 방공녹지의 개념, 역사적 경승지를 공원화함에 따른 전통공간의 오해, 도시주변의 산림을 공원이란 미명으로 지정한 편법, 지역사회의 광장이나 공유의 마당을 정비 또는 장식한 수법 등이 오늘날까지 이어지고 있기 때문일 수도 있다.

1980년대를 전후하여 집단주거단지가 조성되자 현대적 개념의 도시공원이 나타나고 있지만, 이것 역시 개발업체에 의한 입주민들의 결과적인 부담일 뿐이다. 이러한 자치단체의 의지부족과 시민들 스스로의 외부공간에 대한 요구가 없었기에 정부행정 예산편성에 하순위를 자초하지 않았나 생각하게 된다.

즉, 한국인의 전통적인 자연주의 사상과 생산의 목적이 우선되는 주거지의 선택, 휴식을 위하여는 산수가 좋은 곳으로 찾아가야 한다는 택리지의 발상과 일제의 잔재가 남아있는 행정적 오류가 근본이 아니었겠나 하는 생각이다. 그러한 결과 도시국가로 출발하거나 산업사회로부터 출발한 서구의 공개념과는 인식의 괘를 달리하게 되었고, 나타난 시설 역시 가변적이고 가설적인 수준을 벗어날 수 없게 되었을 것이다.

내부공간에서의 전통적인 집기나 생활용품은 매우 섬세하고 세계적인 예술품으로 평가받고 있음을 볼 때 이는 결코 미적 감각이나 기술수준의 문제가 아닌 분명하게 비교할 수 있는 의도적인 표현일 것이다.

현대에 들어 산업디자인 분야의 괄목할만한 발전과 도시계획분야의 공인된 사회인식은 결국 우리조경분야의 출발과 10여 년의 차이를 넘지 못하고 있는데, 우리의 전통적인 이러한 인식과 관습이 우리 조경분야발전에 상대적 영향을 미치지 않았겠나 판단하게 된다.

해방과 더불어 밀려들기 시작한 산업사회에 쉽게 접목할 수 있었던 전통적인 장인의식과 상대적으로 뿌리가 빈약했던 도시의 개념은 새로운 출발에 부작용이 적었을 것이다. 그러나 조경분야에서의 전통적인 여가개념은 분명히 서구사회와 다른 의식의 뿌리가 있었기에 이러한 결과에 지배적인 영향이 미쳤으리라 생각하게 된다. 그렇다면 서구적 개념의 도시 공원보다는 우리의 의식과 관습에 적합한 휴식장소와 방법, 그에 따른 시설을 갖추는 것이 바람직하지 않을까 선부른 제안을 하게 된다.

그러나 이러한 생각을 단정하기에는 그 동안 21개 중소도시의 답사에 따른 결과일 뿐 앞으로의 인구 증가에 따른 도시화 현상, 서구적 생활패턴으로 인한 습관의 변화, 시대사조를 좌우할 수 있는 사상적 변화 등을 예상한다면 이에 대한 결정적 결론은 유보하도록 한다. 다만 언젠가 우리나라 대도시 중심의 공원답사와 우리와 유사한 시기에 출발한 중국의 경우를 둘러보고, 우리를 앞질러 가고 있는 일본의 추이를 관찰한 후 우리나라 도시공원에 대한 방향을 정리하고 싶다.

여하튼 우리의 도시공원은 변하여야 하고, 무엇인가 서구와 달라야 한다는 전제하에 출발하고자 하며, 비록 시간이 걸린다 하더라도 '여행' 이라는 친구가 있는 한 실천적 체험을 기꺼이 즐기고자 한다.

요즘 즐겨입는 청바지가 우리나라에 도입되기 시작한지는 조경의 출발과 비슷한 시기라고 한다. 그러나 우리 젊은이들의 체위에 맞는 디자인으로 서구제품보다 인기가 있다는 점에서라도 필자는 떠나야 하겠다. 그 동안 두서없는 졸필이나마 지면을 할애하여준 '환경과 조경사' 에 감사드리고 후학들에게 맞는 청바지를 찾도록 일깨워준 계기가 되었다면 더욱 고마울 따름이다.

지은이 _ 장태현 張泰賢, Chang, Tai Hyun

■ **학력**

1943. 10. 11 • 서울 출생
1964. 9 ~ 1974.10 • 홍익대학교 공과대학 건축학과 졸업
1979. 3 ~ 1981. 2 • 홍익대학교 환경대학원 조경설계 전공(석사)
1988. 3 ~ 1997. 2 • 홍익대학교 대학원 도시계획 전공(박사)
1999. 9 ~ 2000. 8 • 청주대학교 해외파견 연구교수(중국 연변 대학교)

■ Teaching Careers

1981 ~ 2008 • 청주대학교 환경조경학과 정교수
1983 ~ 1987 • 경희대학교 조경학과 강사
1986 ~ 1988 • 경원대학교 조경학과 강사
1990 ~ 1992 • 충북대학교 도시공학과 강사
1991 ~ 1992 • 목원대학교 건축학과 강사
1995 ~ 1996 • 홍익대학교 건축학과 강사
1997 ~ 1999 • 청주대학교 도시 · 지역개발연구소 소장
1999 ~ 2000 • 청주대학교 해외 파견 연구교수
2001 ~ 2002 • 청주대학교 이공대학 학장 겸 산업경영대학원 원장
2002 ~ 2003 • 청주대학교 이공대학 학장 겸 산업과학연구소 소장

■ Landscape Architecture Careers

1974 ~ 1977 • 한국종합조경공사 설계실 근무

1977 ~ 1981 • 조경설계사무소 "모아 디자인" 자영

1981 ~ 2008 • 한국조경학회 상임이사

1983 ~ 2008 • 한국조경가 협회 상임이사

1992 ~ 1995 • 한국조경연합회 북방외교 분과위원장

1993 ~ 1995 • 한국조경학회 부회장

1997 ~ 1999 • 청주대학교 도시 · 지역개발연구소 소장

2003 ~ 2008 • 한국조경사회 상임이사

2005 ~ 2008 • 한국환경계획 · 조성협회 상임이사

■ 주요 자문 활동

1984 ~ 1998 • 한국 산업인력관리공단 출제위원

1996 • 충북 정도 100주년 기념사업 추진위원회

1998 ~ 2000 • 중앙건설심의위원회 위원

1999 ~ 2000 • 청주시 도시계획위원회 위원

2000 ~ 2001 • 한국 건설 신기술 심의위원

2003 ~ 2005 • 태백 관광 개발 공사 설계자문 위원

2006 • 충청남도 도청 이전 추진위원회 평가위원

2006 ~ 2008 • 청주시 사전재해 영향성 검토위원회

2007 ~ 2008 • 청주시 설계자문위원회 위원

2007 ~ 2008 • 청주시 도시공원위원회 위원

■ 학위논문

1981 • 도시환경 구성요소로서의 가로시설물 디자인시스템에 관한 연구
홍익대학교 석사학위

1997 • 도시광장의 공간구성에 관한 연구
홍익대학교 박사학위

■ 전시

1994 • 조경가 2인전
1996 • 조경가 3인전
1997 • 제10회 건축가협회 회원전
1998 • 제5회 한국조경가협회 회원전
1998 • 제3회 조경가 미술전
2000 • 제4회 조경가 미술전
2000 • 제13회 건축가협회 회원전
2001 • 제14회 건축가협회 회원전
2001 • 한 · 중 조경 · 원림 설계 작품 전시회
2001 • 제5회 조경가 미술전
2002 • 제6회 조경가 미술전
2002 • 제15회 건축가협회 회원전
2003 • 제1회 장태현 스케치여행 전시회
2003 • 제7회 조경가 미술전
2003 • 제16회 건축가협회 회원전
2004 • 제17회 건축가협회 회원전

2004 • 제1회 대한민국 환경조경대전

2007 • 제 19회 한국건축가협회 충북지회 회원작품전

■ 수상

1992. 12 • 청주시 감사패

1994. 11 • 청주시 감사패

1994. 12 • 청주시 감사패

1996. 05 • 중국 연길시 명예시민 金質賞

1996. 10 • 청주시 문화상(학술부문) 수상

1998. 12 • 교육부장관 표창

2004. 06 • 청석학술상

2004. 10 • 중국 동북삼성 성시계획 학술논문 2등상

2006. 08 • 제 15차 동북삼성 도시계획 학술교류회 2등상

■ 저서

1981 • 조경설계 제도(서울, 기문당)

1985 • 조원실습(문교부)

1988 • 오늘의 정원(서울, 기문당)

1990 • 조경설계 표현기법-번역판(서울, 기문당)

1993 • 조경설계 제도기법(서울, 기문당)

1994 • 조경제도 · 표현 Ⅰ,Ⅱ(서울, 도서출판 조경)

1999 • 조경설계론(서울, 기문당)

2006 • 조경제도 · 표현(개정판)(서울, 도서출판 조경)